U0252572

教育部高等学校电子信息类专业教学指导委员会规划教材
高等学校电子信息类专业系列教材

Technology and Application of Modern Sensors

现代传感器
技术与应用

陈文仪　王巧兰　吴安岚　编著
Chen Wenyi　Wang Qiaolan　Wu Anlan

清华大学出版社

北京

内 容 简 介

本书以详述传感器相关概念、强化应用为宗旨,讲述了各种传感器的基本原理、特性、调理电路及其在工程中的应用。

第1章为传感器概述;第2~8章分别阐述了电阻应变式、电容式、电感式、压电、磁电感应式、热电式和光电传感器的工作原理、特性及应用。基于 Multisim 和 LabVIEW 的仿真案例中,联合运用传感器信息采集与单片机控制是本书独特之处,开辟了理解传感器和调理电路协同工作的新思路。第9、10章在介绍新型传感器的基础上,进一步阐述了传感器的综合应用。

本书可供相关专业工程技术人员阅读,也可作为高等院校机电类相关专业的教材。

本书封面贴有清华大学出版社防伪标签,无标签者不得销售。

版权所有,侵权必究。举报:010-62782989,beiqinquan@tup.tsinghua.edu.cn。

图书在版编目(CIP)数据

现代传感器技术与应用/陈文仪,王巧兰,吴安岚编著. —北京:清华大学出版社,2021.1(2024.2重印)
(高等学校电子信息类专业系列教材)
ISBN 978-7-302-56419-5

Ⅰ. ①现… Ⅱ. ①陈… ②王… ③吴… Ⅲ. ①传感器 Ⅳ. ①TP212

中国版本图书馆 CIP 数据核字(2020)第 171387 号

责任编辑:赵 凯
封面设计:李召霞
责任校对:梁 毅
责任印制:杨 艳

出版发行:清华大学出版社
  网 址:https://www.tup.com.cn, https://www.wqxuetang.com
  地 址:北京清华大学学研大厦 A 座   邮 编:100084
  社 总 机:010-83470000   邮 购:010-62786544
  投稿与读者服务:010-62776969,c-service@tup.tsinghua.edu.cn
  质量反馈:010-62772015,zhiliang@tup.tsinghua.edu.cn
  课件下载:https://www.tup.com.cn,010-83470236
印 装 者:三河市龙大印装有限公司
经 销:全国新华书店
开 本:185mm×260mm 印 张:15   字 数:362 千字
版 次:2021 年 3 月第 1 版   印 次:2024 年 2 月第 3 次印刷
印 数:2501~3000
定 价:69.00 元

产品编号:081363-01

前言

PREFACE

现代传感器与检测技术是物理学、计量学、计算机技术、信息处理技术、微电子学、精密机械、仿生学和材料科学相互交叉的综合性前沿技术,也是自动控制技术不可缺少的重要组成部分。传感器是人工智能系统的感知元件,没有传感器就没有人工智能。传感器在自动化中的应用,已渗透到工农业生产、交通运输、军事国防、宇宙开发、海洋探测、环境保护、资源调查、医学诊断、生物工程甚至文物保护等领域,是衡量一个国家智能化、数字化、网络化程度的重要标志。

作为工程管理人员、工程技术人员,甚至普通人,时刻都要与传感器打交道。传感器与检测技术课程对于高等院校自动化、电气工程及自动化、机电工程、测控技术与仪器等专业的学生也至关重要。

本书从应用的角度出发,介绍传感器原理、类型之后,重点阐述测量系统及其具体应用;基于 Multisim 和 LabVIEW 的仿真案例,联合运用传感器信息采集与单片机控制是本书的独特之处,开辟了理解传感器和测量电路协同工作的新思路。

承担本书编写任务的主要是厦门大学嘉庚学院的教师,还有南京农业大学和西南科技大学教师的加盟。编写发起人是厦门大学林育兹教授,组织者吴安岚,主要执笔者陈文仪、王巧兰、吴安岚,严琴、李林、任万春进行了许多补充与修改,全书由王巧兰、吴安岚统稿。

本书编写过程中得到厦门大学林育兹教授的支持和帮助,并提出了宝贵意见和建议,在此表示感谢。

传感器技术涉及内容广泛且技术更新迅速,由于时间和作者水平所限,书中不妥之处请读者指正。

编　者

2021.3

目录

CONTENTS

第1章

传感器概述

本章介绍传感器的基本知识,包括传感器的定义和功能,从不同角度对传感器进行分类,使读者从总体上初步了解传感器的性能、测量误差及信号处理方法;然后介绍传感器数据手册的作用、传感器系统及其展望,让读者对传感器系统建立初步概念。

1.1 传感器的定义与作用

传感器、通信网络和控制计算机三者构成了工业自动化的信息体系,分别扮演着"感官""神经"与"大脑"的角色,指挥着各种执行机构动作,共同构筑了各种类型的自动检测控制系统。

在工业控制利用信息的过程中,首要问题是获取各个环节与工序准确、可靠的信息,这就是传感器的使命。没有高精度的传感器提供准确及时的信息,计算机控制系统再完善,也无法提高工业自动化生产的水平。

电测量是一种较成熟的技术,而传感器通常是将非电量转换成电量后进行的间接(电)测量。现代传感器与检测技术广泛应用于航空航天、航海、军事、能源、交通运输、冶金、机械制造、石化、轻工、医疗、商业运营、食品工业、舞台控制、摄影摄像、环境监测、技术监督等领域,也进入到人们的日常生活。可见,检测水平是衡量一个国家科学技术现代化程度的重要标志。

1.1.1 传感器的定义

"传感器"从字面上理解是传递感受敏感信息的器件。

根据 GB 7665—87,传感器定义为:能感受规定的被测量并按照一定的规律转换成可用输出信号的器件和装置。其含义主要有:①传感器是由敏感元件和转换元件构成的检测装置;②能按一定规律将被测量转换成电信号输出;③传感器的输出与输入之间存在确定的关系。

图 1-1 为传感器的结构示意图。其中,敏感元件直接感受和响应被测量的大小和变化,

转换调理电路将敏感元件感受和响应的被测量信息转换或调理成适于传输和测量的电信号,输出电路再把转换后的电信号调整成便于判断、处理、显示、控制的标准电信号。转换调理电路有电桥、谐振、整流、滤波、放大、比较器等多种形式。敏感元件的工作需要一个系统为它服务,才能圆满地使最终的输出与输入之间存在确定的数量关系,这个系统常称为传感器系统。对于一个传感器,只有认识了它的整个系统,才能正确地应用它。

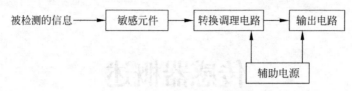

图 1-1　传感器的结构示意图

1.1.2　传感器在现代科学技术中的作用

日常生活中,人们使用着各种各样的传感器:电冰箱、电饭煲中有温度传感器;空调中有温度和湿度传感器;煤气灶中有煤气泄漏传感器;水表、电表、电视系统中有红外遥控传感器;照相机中有图像传感器;智能家居中有防火烟雾传感器和防盗红外传感器。

一辆轿车中有多达几十上百种传感器,如倒车雷达传感器,在倒车及出现追尾碰撞危险时,可提前发出警告;车速传感器,用于检测汽车行驶速度,能提醒司机进行速度控制,还能给其他部件提供速度信号;油、水液位传感器、温度传感器,监测发动机的运行参数;碰撞传感器在监测到强烈振动时,输出信号使安全气囊自动弹出保护司机;曲轴位置传感器测取配气相位,为精确控制点火时刻提供重要信息;节气门位置传感器可感应节气门的位置,判断发动机处于加速、减速还是怠速工况。

在航空航天器和先进的新型武器装备上,更有高达上千种的传感器在工作。

在现代科学技术的各个领域中,传感器要对诸多非电量进行测量,有位移传感器、距离传感器、速度传感器、加速度传感器、压力传感器、振动传感器、流量传感器、物位传感器、温度传感器、湿度传感器、视觉传感器、气体传感器、物质成分传感器、食品鲜度传感器、浓度传感器等。这些传感器相当于人的眼(视觉)、耳(听觉)、鼻(嗅觉)、皮肤(触觉)、舌(味觉)。根据传感器的检测结果,计算机才能适时指挥控制系统中的控制机构和执行机构实现自动生产、精确管理与安全控制等。

1.2　传感器的分类

传感器的分类方法较多。在工业自动化领域中,传感器一般按物理原理或传感器的测量对象进行分类。

1.2.1　传感器按物理原理分类

传感器按物理原理分类有很多种,如电阻式传感器、电容式传感器、电感式传感器、光电传感器、压电晶体传感器、霍尔元件传感器、超声波传感器、激光传感器、电化学传感器、生物传感器、射频识别传感器等。

1.2.2 传感器按测量对象分类

在工业自动化检测与控制系统中,相同的测量对象可以采用不同物理原理的传感器测量。

1. 力与加速度传感器

力是工业生产中常见的非电量,如拉力、压力、振动力、张力等。通过测量这些力的大小,可推知生产过程的进程、化学反应的程度、控制某些物理量的极限等,还可间接测量该物体的加速度。

测量力的传感器种类较多,主要有金属电阻应变片、压阻式传感器、压电式传感器、电感式传感器、电容式传感器等。

2. 位移传感器

位移包括线位移和角位移两种。在许多工业控制中都要准确确定工件位移的方向、大小及速度,确定工件相互间的距离。电阻式传感器、电容式传感器、电感式传感器等是早期用于位移测量的传感器。新型的位移传感器有光电码盘式传感器、光栅传感器、霍尔传感器、超声波传感器、陀螺仪传感器、射频识别传感器等。

3. 速度传感器

运动物体的速度包括角速度和线速度两种,与之对应的有角速度传感器和线速度传感器,而线速度可以很方便地转换为角速度进行测量。

速度传感器主要有旋转发电式传感器、光电传感器、电感式传感器、激光传感器、雷达传感器、霍尔传感器、红外传感器等。

4. 流量传感器

工业生产中将流动的液体、气体、粉粒状固体或三者之间的任意组合都称为流体,一般用管道或渠道进行输送。流量指单位时间内流过管道或渠道某一横截面的流体量。

流量传感器主要有差压式流量传感器、涡街流量传感器、容积式流量传感器、涡轮流量传感器、电磁式流量传感器和超声波流量传感器等。

5. 温度传感器

几乎所有的工业过程、家用电器、医疗救治、科学研究、外空探测都关心温度这个非电量,所以温度传感器的应用极其广泛。

检测温度的传感器主要有热膨胀式传感器、金属热电阻传感器、热敏电阻传感器、热电偶传感器和热辐射式传感器等。

工业自动化中测量对象还有很多,如湿度、颜色、形状、亮度、浓度、成分等,这里不再一一介绍。

1.3 传感器的性能

传感器的原理、结构多种多样,其性能各具特点。同一种传感器可以用来测量不同的非电量,同一非电量也可以用不同的传感器测量。只有了解传感器的性能特征,才能正确选用它。传感器在测量时都会出现测量误差,其误差的大小关系着测量的准确性。

1.3.1 传感器的测量误差

测量误差有不同的表达方式和分类,对于不同的误差有不同的消除方法。

1. 测量误差根据产生的原因分类

1）基本误差

基本误差是指在传感器产品数据手册规定的工作条件下，即在规定的温度、湿度、放置方式、没有外电场和外磁场干扰等条件下，由于传感器本身的原理结构和制作工艺等方面不够完善而产生的误差。如传感器活动部分存在摩擦、零件装配不当、标尺刻度不准、原理非线性等引起的误差都属于基本误差，这种误差是传感器本身所固有的误差。

2）附加误差

附加误差是指测量条件偏离传感器产品数据手册规定的工作条件而造成的误差。如温度过高、湿度过大、参变量波形不稳、外界振动、外界电磁场影响等引起的误差都属于附加误差。

2. 测量误差根据表示方法分类及传感器仪表的准确度等级

1）绝对误差

传感器输出的数值 A 和被测非电量的真值 A_0 之间的差值称为本次测量的绝对误差，用 Δ 表示为

$$\Delta = A - A_0 \tag{1-1}$$

被测量的真值可由准确度等级更高的标准测量器具提供。绝对误差是有大小、有正负且有单位的量。Δ 为正时，传感器输出的数值偏大；Δ 为负时，传感器输出的数值偏小。测量同一个量时，Δ 的绝对值越小，测量的结果越准确。

被测非电量的真值可由式(1-1)变换后得到

$$A_0 = A + (-\Delta) = A + C$$
$$C = -\Delta \tag{1-2}$$

式中，C 为修正值。修正值和绝对误差相比，其大小相等、正负相反。工作传感器的修正值可由准确度等级更高的标准测量器具在对该传感器实施标定或校准后提供。

2）相对误差

测量大小不同的被测非电量时，用绝对误差不便于比较测量结果的准确程度，这时就要用相对误差进行比较。

相对误差是绝对误差与被测量的真值之间的比值。相对误差只有大小和正负之分，而无单位，通常用百分数表示，即

$$\gamma = \frac{\Delta}{A_0} \times 100\% \tag{1-3}$$

通常传感器输出的数值 A 与真值 A_0 很接近，所以相对误差也可表示为

$$\gamma \approx \frac{\Delta}{A} \times 100\% \tag{1-4}$$

相对误差又称为百分比误差。

3）最大引用误差

同一传感器的绝对误差 Δ 在测量标度尺范围内变化不大，而由于测量输出值的读数本身 A 可能变化很大，所以同一传感器各输出读数点的相对误差会变化很大，因此用相对误差不便于评定传感器的准确度等级。如果用绝对误差 Δ 作分子，传感器的测量上限值作分母，由于测量上限值是常数，可以较好地反映传感器的基本误差。按这种方式表达的误差称为引用误差，其中的最大值称为最大引用误差。

最大引用误差 γ_m 是最大绝对误差 Δ_m 与传感器测量上限 A_m 比值的百分数,即

$$\gamma_m = \frac{\Delta_m}{A_m} \times 100\% \qquad (1\text{-}5)$$

最大引用误差 γ_m 只有大小和正负之分而无单位。

用传感器为核心制成的仪表,其准确度是用来反映其基本误差的,而最大引用误差可以较好地反映这类仪表的基本误差,所以判断传感器仪表的准确度等级 a 时,用最大引用误差表达,即

$$a(\%) \geqslant |\gamma_m| = \left| \frac{\Delta_m}{A_m} \times 100\% \right| \qquad (1\text{-}6)$$

传感器仪表的准确度等级 a 取最大引用误差的绝对值,并且丢掉百分号,是个纯数值。a 的数值越小,表明该仪表的准确度等级越高。

有些传感器仪表的测量范围含有正、负双限值,则准确度等级 a 为

$$a(\%) \geqslant |\gamma_m| = \left| \frac{\Delta_m}{标尺上限值 - 标尺下限值} \times 100\% \right| \qquad (1\text{-}7)$$

准确度等级是衡量传感器仪表质量优劣的重要指标之一,通常标识在仪表刻度标尺或铭牌上。仪表准确度在我国习惯上又称为精度,准确度等级 a 习惯上则称为精度等级。

一级标准传感器仪表的准确度等级是 0.005,0.02,0.05;二级标准传感器仪表的准确度等级是 0.1,0.2,0.35,0.5;工业现场传感器仪表的准确度等级是 0.1,0.2,0.5,1.0,1.5,2.5,5.0。

【例 1-1】 某基于传感器的仪表给定精度为 $1\%\text{FS}$(即准确度等级 $a = 1$),满量程输出为 60mV,当该传感器使用在满刻度的 2/3 时,产生的相对误差为多少?

解:这里 FS 是 Full Span 的缩写,意为"满量程"。

根据式(1-6),得

$$a(\%) \geqslant |\gamma_m| = \left| \frac{\Delta_m}{A_m} \times 100\% \right|$$

得到最大绝对误差为

$$\Delta_m = \pm A_m a(\%) = \pm 60 \times 1\% = \pm 0.6\text{mV}$$

再根据式(1-5)得到该测量点的相对误差

$$\gamma = \frac{\Delta_m}{A} \times 100\% = \frac{\pm 0.6\text{mV}}{40\text{mV}} \times 100\% = \pm 1.5\%$$

若测量点低于 2/3 满刻度,则测量的相对误差可能会更低。因此选择传感器仪表的量程,应该使测量点处于传感器仪表满量程的 2/3 以上。

3. 测量误差根据误差的性质和特点分类

1) 系统误差及其消除方法

在相同条件下,多次测量同一非电量时,误差的大小及符号均保持不变或按一定规律变化,这种测量误差称为系统误差。

系统误差产生的原因是传感器不准确或有缺陷、传感器使用不当、测量方法不完善、环境条件不符合规定等因素造成的。

测量中的系统误差可采取技术措施减小或消除,方法有以下几点。

（1）检查传感器装置，完善测量条件，尽量消除系统误差根源。

（2）利用修正值 C 消除系统误差。根据式(1-2)，传感器的修正值为

$$C = -\Delta$$

传感器属于计量器具，根据计量法传感器仪表每年都要进行标定和校准，校准后可列出各测量点的修正值表。修正后被测量的真值 A_0 为测量读数 A 与修正值 C 之和，即

$$A_0 = A + (-\Delta) = A + C \tag{1-8}$$

（3）采用温度补偿、非线性补偿、正反向测量、零位法测量、差动调零等技术措施消除系统误差。

2）随机误差及其消除方法

随机误差又称为偶然误差，是指等条件单次测量某物理量时误差的大小和符号都不固定的误差。

随机误差是由那些对测量影响微小，而又互不相关的多种因素共同形成的，如组成测量系统的元器件的噪声，测量设备内部、外部存在的各种干扰，温度、磁场、电源频率的骤变，气流变动，大地的轻微振动等。

随机误差值的大小和正负没有规律可循，不可预测、不可控制，因此很难消除。但是随机误差具有以下特性。

（1）绝对值小的误差出现的概率比绝对值大的误差出现的概率大。

（2）绝对值相等的正误差和负误差，出现的概率相等。

在实际测量中，若对同一非电量进行多次等条件测量，然后取其平均值，随机误差会随着测量次数的增加而趋近于零，这时被测量的数据可用下式表示的平均值获取，即

$$\overline{A} = \frac{\sum\limits_{i=1}^{n} A_i}{n} \tag{1-9}$$

式中，n 为等条件测量的次数。

3）疏忽误差及其消除方法

疏忽误差（又称粗大误差）是由于测量人员的粗心大意或疏忽造成的，如接线、读数、设置发生差错。对于明显的疏忽误差，属于坏值，应剔除不用，重新测量取值。

4. 测量不确定度

测量不确定度表示测量结果不能肯定的程度，用于定量地表达被测量测量结果的分散程度。

用传感器实施的测量中，被测量的真值为未知，这时可用多次等条件测量结果的平均值代替被测量的真值进行随机误差 δ_i 的计算，则

$$\delta_i = A_i - A_0 = A_i - \overline{A} = A_i - \frac{\sum\limits_{i=1}^{n} A_i}{n} \tag{1-10}$$

这时，δ_i 又称为本次测量 A_i 的残余误差，那么测量不确定度可表示为

$$S(\overline{A}) = \sqrt{\frac{\sum\limits_{i=1}^{n}(A_i - \overline{A})^2}{n(n-1)}} = \sqrt{\frac{\sum\limits_{i=1}^{n}\delta_i^2}{n(n-1)}} \tag{1-11}$$

其中,根号下分式的分子为各次测量残余误差的平方和,如果各次测量结果比较分散,这个分子就比较大,测量不确定度就大。这里的 $S(\overline{A})$ 也称为算术平均值标准偏差。

1.3.2 传感器的特性描述

传感器用于将各种非电量变换为电量,描述这种变换的输入与输出关系表达了传感器的基本特性。对不同的输入信号,传感器输出特性是不同的,受传感器内部储能元件(电感、电容、质量块、弹簧等)的影响,传感器对快变或慢变信号反应大不相同。快变信号考虑输出的动态特性,即随时间变化的特性;慢变信号只需研究其静态特性,即不随时间变化的特性。

1. 传感器的静态传递函数与静态特性

1) 静态传递函数

传递函数是传感器输出的电量 y 与输入非电量 x 之间的函数关系式。

设传感器的输入量 x 为常量或缓慢变化的信号,其静态传递函数一般表示为

$$y = f(x) = a_0 + a_1 x + a_2 x^2 + \cdots + a_n x^n \tag{1-12}$$

式中,a_0 为零位输出;a_1 为线性系数;$a_2, a_3, \cdots, a_n$ 分别为非线性系数。

传递函数也可通过实际测试建立输入-输出曲线表示,这种曲线称为传感器的特性曲线。在非线性系数 $a_2, a_3, \cdots, a_n$ 不太大时,该特性曲线近似为直线,可用一条近似直线替代原曲线,这条直线称为拟合直线。选择的拟合直线应尽量使非线性误差最小。常用的直线拟合方法有以下几种:

(1) 理论直线拟合。以传感器理论上的理想特性曲线作为拟合直线,其优点是不需测试描画实际曲线,计算方便;但由于脱离实际测试值,所以绝对误差 $\Delta_{L_{max}}$ 较大,如图 1-2(a)所示。

(2) 过零旋转拟合。适合于曲线过零的传感器,拟合时,使 $\Delta_{L_1} = -\Delta_{L_2} = \Delta_{L_{max}}$ 最小,如图 1-2(b)所示。

(3) 端点连线拟合。把输出曲线两端点的连线作为拟合直线,如图 1-2(c)所示,可以看出正中间的绝对误差 $\Delta_{L_{max}}$ 较大。

(4) 端点连线平移拟合。在端点连线拟合的基础上使直线平移,移动距离使 $\Delta_{L_2} = |\Delta_{L_1}| = |\Delta_{L_3}| = \Delta_{L_{max}}$ 得以成立,如图 1-2(d)所示。

(5) 最小二乘法拟合。假设拟合直线方程为 $y = kx + b$,则误差 $\Delta_i = y_i - (kx_i + b)$。

最小二乘法拟合直线的原理就是使 $\sum\limits_{i} \Delta_i^2$ 为最小值,即

$$\sum_{i=1}^{n} \Delta_i^2 = \sum_{i=1}^{n} [y_i - (kx_i + b)]^2 = \min$$

式中,n 为特性曲线上均匀取数据的个数。当 $\sum\limits_{i} \Delta_i^2$ 对 k 和 b 的一阶偏导数等于零时,$\sum\limits_{i} \Delta_i^2$ 的取值最小,这时 k 和 b 的表达式分别为

$$k = \frac{n\sum x_i y_i - \sum x_i \sum y_i}{n\sum x_i^2 - \left(\sum x_i\right)^2}, \quad b = \frac{\sum x_i^2 \sum y_i - \sum x_i \sum x_i y_i}{n\sum x_i^2 - \left(\sum x_i\right)^2}$$

从而得到最小二乘法拟合直线,如图 1-2(e)所示。

拟合直线确定后,可以得出它的线性方程:$y = kx + b$,其中纵轴截距 b 为零位输出,斜率 k 为线性系数,但与式(1-12)中的 a_0、a_1 不一定完全吻合。

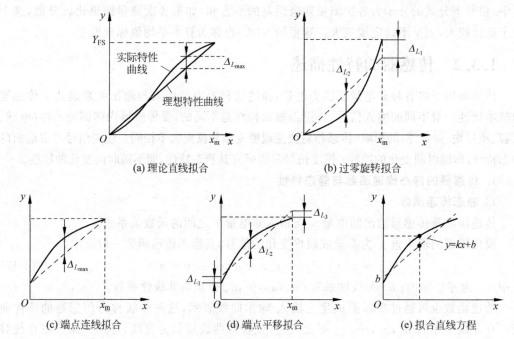

图 1-2　传感器静态特性曲线的直线拟合方法

2) 传感器的静态特性

(1) 线性度。传感器的线性度是指在全量程范围内实际特性曲线与拟合直线之间的最大绝对差值 $\Delta_{L_{max}}$ 与满量程输出值 Y_{FS} 之比。线性度也称为非线性误差,用 γ_L 表示,即

$$\gamma_L = \pm \frac{\Delta_{L_{max}}}{Y_{FS}} \times 100\% \qquad (1\text{-}13)$$

非线性误差是以确定的拟合直线为基础计算的,同一传感器拟合直线不同,非线性误差也不同。

(2) 灵敏度与量程。灵敏度是传感器静态特性的一个重要指标。灵敏度是输出量增量 Δy 与引起该输出量增量相对应的输入量增量 Δx 之比。用 S 表示灵敏度,即

$$S = \frac{\Delta y}{\Delta x} \qquad (1\text{-}14)$$

它表示单位输入量的变化所引起的传感器输出量变化。显然,灵敏度 S 值越大,传感器越灵敏,但量程会越小。

量程也称为动态测量范围,指能够被传感器转换成电信号的非电量信号范围。

如某位移传感器,当位移量 Δx 为 1mm,输出量 Δy 为 0.2mV 时,灵敏度 S 就为 0.2mV/mm。

传感器的灵敏度就是选择的拟合直线的斜率 k。非线性特别明显的传感器,其灵敏度是随输入而变化的量,可用式(1-14)的导数 $\frac{dy}{dx}$ 表示。

(3) 迟滞。传感器在输入量由小到大(正行程)及输入量由大到小(反行程)变化期间,其输入-输出特性曲线不重合的现象称为迟滞。迟滞又称为升降变差。也就是说,对于同一大小的输入信号,传感器的正、反行程输出信号大小不相等,其差值称为迟滞差值。传感器

的迟滞如图 1-3 所示。

迟滞是由于传感器敏感元件材料的物理性质和机械零部件的缺陷造成的,例如弹性敏感元件弹性滞后、运动部件摩擦、传动机构的间隙、紧固螺钉松动等。

传感器在全量程范围内最大的迟滞差值 ΔH_{max} 与满量程输出值 Y_{FS} 之比称为迟滞误差,用 γ_H 表示,即

$$\gamma_H = \pm \frac{\Delta H_{max}}{Y_{FS}} \times 100\% \tag{1-15}$$

(4) 重复性。传感器输入量按同一方向作多次等条件测量时,输出特性不一致的程度用重复性描述,是测量随机误差的具体体现,如图 1-4 所示。重复性 γ_R 可表示为

$$\gamma_R = \pm \frac{\Delta R_{max}}{Y_{FS}} \times 100\% \tag{1-16}$$

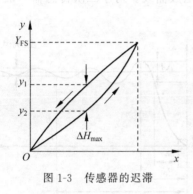

图 1-3　传感器的迟滞

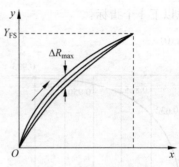

图 1-4　传感器的重复性

(5) 分辨率。分辨率指传感器能够检测到输入量最小变化的能力。当输入量缓慢变化且超过某一增量时,传感器才能检测到输入量的变化,这个输入量的增量称为传感器的分辨率。

如电感式位移传感器的分辨率为 $1\mu m$,当被测位移为 $0.1 \sim 0.9\mu m$ 时,传感器没有反应。

(6) 温度漂移。传感器的温度漂移是指在输入量不变的情况下,传感器输出随着温度变化而改变的量。一般以温度变化 $1\,^\circ\mathrm{C}$,输出最大改变量与满量程的百分比表示,即

$$\frac{\Delta_{max}}{Y_{FS} \cdot \Delta T} \times 100\% \tag{1-17}$$

(7) 零点漂移。设传感器的输入为零,这时的输出称为零位输出,每隔一段时间重新读取该输出读数,该读数偏离原零位输出的数值,称为零点漂移,可表示为

$$\frac{\Delta Y_0}{Y_{FS}} \times 100\% \tag{1-18}$$

式中,ΔY_0 为最大零点漂移值;Y_{FS} 为满量程输出。传感器的温度漂移会引起零点漂移。

(8) 精度。反映传感器测量结果与实际值的一致程度的量,称为精度。精度又可分为:

① 准确度,是测量结果中系统误差的影响程度;

② 精密度,是测量结果中随机误差的影响程度;

③ 精确度,是测量结果中系统误差和随机误差综合的影响程度,其定量数据用测量的不确定度表示,即由式(1-11)计算。

选择传感器时,并非精确度越高越好,还应考虑到经济性。传感器精确度越高,价格就

越昂贵。因此应根据检测目的来选择，如果是定性试验研究，只需获得相对比较值，无须要求绝对量值精确；如果是定量分析，才要求传感器有足够高的精确度。

2. 传感器的动态传递函数曲线

传感器的动态传递函数十分复杂，是传感器对随时间变化的输入量的响应特性，需用高阶微分方程表示。如果传感器仅含一阶动态网络，称为一阶传感器，在输入为阶跃信号时，其阶跃响应输出曲线如图 1-5 所示，该曲线就是一阶传感器的动态传递函数曲线。

若该一阶传感器的时间常数 $\tau = \dfrac{L}{R}$ 或 $\tau = RC$ 越小，则响应速度越快；一般认为 $t = 5\tau$ 时输出就达到了稳定值。

如果传感器是二阶动态网络，称为二阶传感器，在输入为阶跃信号时，其阶跃响应输出曲线如图 1-6 所示，该曲线也是二阶传感器的动态传递函数曲线。对于二阶传感器一般要考虑以下 4 个指标：

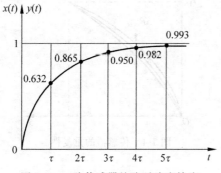

图 1-5　一阶传感器的阶跃响应输出

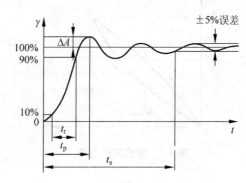

图 1-6　二阶传感器的阶跃响应输出

(1) 响应的上升时间 t_r，即输出由稳态值的 10% 变化到稳态值的 90% 所用的时间。

(2) 响应时间 t_s，即传感器从阶跃输入开始到输出值进入稳态值范围所需的时间。

(3) 峰值时间 t_p，即阶跃响应曲线达到第一个峰值所需的时间。

(4) 超调量 σ，即传感器输出超过稳态值的最大值 ΔA，常用相对于稳态值的百分比 σ 表示。

$$\sigma = \frac{y(t_p) - y(\infty)}{y(\infty)} \times 100\% \tag{1-19}$$

式中，$y(t_p)$ 为响应的第一个峰值；$y(\infty)$ 为响应的稳态值。σ 越大，第一个峰值上冲越多，输出达到稳态值需要的时间越长，即响应速度越慢。

传感器对阶跃输入信号的响应时间会影响其工作频带宽度，响应越慢，频带越窄，允许的输入变化信号上限频率越低。

1.3.3　传感器的标定与校准

传感器的标定与校准的定义：欲使用或使用中的传感器定期通过与标准计量器具的对比试验，建立传感器的输入-输出特性曲线以及判断误差大小的过程。

传感器属于计量装置，在工业自动化中传感器的测量结果精确与否，决定了工业产品的质量，也影响了产品的国际标准化程度。为了加强计量监督管理，保障国家计量单位制的统一和量值的准确可靠,有利于生产、贸易和科学技术的发展,适应国家现代化建设的需要,维护国家、人民的利益,我国从1986年7月1日开始实施《中华人民共和国计量法》。根据国家计量法,新研制的、新生产的、工作过程中的传感器都要进行标定和校准。

传感器标定与校准的一般方法:由标准计量器具产生已知非电量作为传感器的输入,再用标准测试设备测试被标定传感器对应的输出电量,并与输入量比较,做出标定与校准图表。被标定传感器还要包括与其配接的信号转换调理电路和显示、记录器。

传感器的标定与校准在行业内又简称为检定。一般静态特性检定过程如下:

(1) 将传感器、标准计量器具及测量仪器连接好。

(2) 在传感器超载20%的全量程范围内分成若干等份,保持一定时间均匀地进行逐级加载和卸载,并逐点记录传感器的静态标定数据。

(3) 将静态标定数据用表格列出或绘制标定曲线,进行分析处理。

动态检定时对于一阶传感器可测量时间常数τ;对于二阶传感器可测量阶跃响应的上升时间t_r、响应时间t_s、峰值时间t_p及超调量σ。

国家计量局会发布和修订各类传感器的检定规程,如JJG 860—2015《压力传感器(静态)检定规程》、JJG 134—2003《磁电式速度传感器检定规程》、JJG 141—2013《工作用贵金属热电偶检定规程》等。本书附录中列出了部分我国现行传感器的检定规程,这是传感器行业的法律文书,也属于国家标准。

1.3.4 传感器数据手册的作用

传感器数据手册是传感器生产商、经销商的营销文件,传感器使用者在选择传感器的品牌、型号时,都要仔细阅读该数据手册。选择传感器时要考虑多方面的因素,如:

(1) 测量方式是接触式还是非接触式;

(2) 信号引出是有线的还是无线的;

(3) 测量位置对传感器体积及尺寸的要求;

(4) 恰当的量程、灵敏度和分辨率;

(5) 必须保证在测量频率范围内信号不失真;

(6) 对线性范围、迟滞、重复性的要求:

(7) 对传感器稳定性和精度的要求;

(8) 对温度与湿度的要求;

(9) 对外磁场、外电场和振动的要求;

(10) 对价格的要求。

这些参数在传感器数据手册中大多有详细说明与比较。传感器数据手册旨在宣传指定型号产品的优点,强调其潜在的应用,但是有可能忽视该产品的不足。很多情况下,某款传感器新品是针对特定用户的特殊需求而设计的,在数据手册中就会集中体现这些特定用户感兴趣的数据。因此选择传感器时,要通过传感器数据手册了解不同供货商不同型号的产品,比较其性能与价格,挑选性价比适中的产品。

表1-1展示了EE-SX47/67型凹槽插接件式光电传感器数据手册中的一张样页,从中可见性能数据的详细。

表 1-1　EE-SX47/67 凹槽插件式光电传感器数据手册样页

项目		标准型	L 型	T 型凹槽 中心 7mm	紧密安装型	T 型凹槽 中心 10mm	F 型	R 型
NPN	插接件型	EE-SX670 EE-SX670A EE-SX470	EE-SX671 EE-SX671A EE-SX471	EE-SX672 EE-SX672A EE-SX472	EE-SX673 EE-SX673A EE-SX473 EE-SX674 EE-SX674A EE-SX474	EE-SX675	EE-SX676	EE-SX677
	导线引出型	EE-SX670-WR	EE-SX671-WR	EE-SX672-WR	EE-SX673-WR EE-SX674-WR	EE-SX675-WR	EE-SX676-WR	EE-SX677-WR
PNP	插接件型	EE-SX670P EE-SX670R	EE-SX671P EE-SX671R	EE-SX672P EE-SX672R	EE-SX673P EE-SX673R EE-SX674P EE-SX674R	EE-SX675P	EE-SX676P	EE-SX677P
	导线引出型	EE-SX670P-WR	EE-SX671P-WR	EE-SX672P-WR	EE-SX673P-WR	EE-SX675P-WR	EE-SX676P-WR	EE-SX677P-WR
检测距离/标准检测物体		5mm(凹槽宽度)				2×0.8mm 以上的不透明物体		
应差距离/光源最大发光波长		0.025mm 以下				红外发光二极管(940nm)		
指示灯/电源电压		入光时亮灯(红色)(A 型、R 型为遮光开放亮灯)				DC5~24V±10% 纹波(p-p)10% 以下		
消耗电流		12mA 以下(插接件型 L 端子开放时),35mA 以下(NPN 导线引出型),30mA 以下(PNP 导线引出型)						
控制输出		NPN 型:NPN 开放式插接件,输出 DC5~24V 100mA 以下 残留电压 0.8V 以下:NPN 开放式插接件,输出 DC5~24V 100mA 以下(负载电流 100mA 时),残留电压 0.4V 以下(负载电流 40mA 时),关机电流(泄漏电流)0.5mA 以下 PNP 型:PNP 开放式插接件,输出 DC5~24V 50mA 以下,残留电压 1.3V 以下(负载电流 50mA 时),关机电流(泄漏电流)0.5mA						
保护电路/响应频率		负载短路保护(插接件型),无(导线引出型)				1kHz 以上(平均值为 3kHz)		
使用环境照度		受光面照度:荧光灯:1000lx 以下						
环境温度范围/湿度范围		工作时:-25~+55℃；保存时:-30~+80℃；(无结冰、结露)				工作时:5%~85%RH(无结冰、结露)；保存时:5%~95%RH(无结露)		
振动(耐久)		20~2000Hz(最大加速度 100m/s²),上下振幅 1.5mm x、y、z 各方向						
冲击(耐久)/保护结构		500m/s²(最大加速度 100m/s²),x、y、z 各方向 3 次				IP50　IEC 60529 规格		
连接方式		插接件型(可直接焊接),导线引出型(标准导线长 1m),插接件中继型(标准导线长 0.1m)						
质量(包装后)	导线引出型	约 18.9g	约 17.3g	约 17.8g	约 16.8g	约 17.1g	约 16.9g	约 16.9g
	插接件型	约 3.1g	约 3g	约 2.4g	约 2.3g	约 3g	约 2.7g	约 2.2g

1.4 传感器信号处理

传感器输出的信号,一般具有如下特点:

(1) 多数是模拟信号,信号一般较微弱,如电压信号为 μV 至 mV 级,电流信号为 nA 至 mA 级。

(2) 由于传感器内部噪声(如热噪声、散粒噪声等)的存在,使输出的信号与噪声混合在一起。当传感器的信噪比较小,而输出的信号又较弱时,信号会淹没在噪声之中。

(3) 大部分传感器的输入-输出特性曲线呈线性或基本呈线性,但仍有少数传感器的输入-输出特性曲线是非线性的,或呈某种函数关系。

(4) 外界环境会影响传感器的输出特性,其中主要是温度、电场或磁场的干扰等。

(5) 传感器的输出特性与电源性能有关,一般需要采用恒压源或恒流源供电。

对于电阻式传感器,如应变式传感器、热电阻传感器、压阻式传感器等,需要通过调理电桥将电阻变化转换为电压信号,通过仪表放大器将该电压信号放大,还可以通过 A/D 转换器实现模拟量数字化,以便于信号传输、处理、显示等。

对于光电式传感器,如光电二极管,输出阻抗较高,需要前置放大器进行信号放大,放大器设计应满足低偏置电流、低噪声和高增益的要求。

受传感器原理、结构及安装位置的限制,所转变成的电量不但绝对值小,变化量也不大,而且带负载能力差。为了传感器系统信息处理、反馈控制的需要,通常将传感器敏感元件的输出信号进行调理,如放大、滤除噪声、电平转换,变成 $4\sim20mA$ 的标准工业信号,这就要用到集成运算放大器和滤波器。完成信号变化(也称为二次变换)的电路称为传感器的调理电路。

1.4.1 运算放大器

集成运算放大器由输入级、中间级、输出级和偏置电路组成,如图 1-7(a)所示。

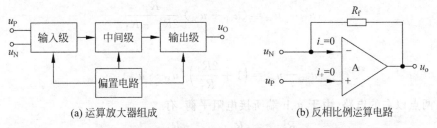

(a) 运算放大器组成　　　　　　(b) 反相比例运算电路

图 1-7　集成运算放大器组成与理想运算放大器

输入级多采用差分放大电路,输入电阻 R_i 大,差模放大倍数 A_d 大,共模放大倍数 A_c 小,共模抑制比高。

中间级是主放大级,多采用共射放大电路,有足够的放大能力。

输出级是功率放大级,多采用准互补输出功放。输出电阻 R_o 小,最大不失真输出电压范围大。

偏置电路为各级放大电路设置合适的静态工作点,采用电流源电路。

市售的集成运算放大器各项性能指标已接近理想运算放大器,使用时通常都按理想运放看待。图 1-7(b)中的三角形模块表示理想运放,其中 R_f 为深度负反馈电阻,用于确保线性放大。

在理想运算放大器中,由于理想运放的输入电阻 $R_{id} \to \infty$,所以 $i_- = i_+ = 0$,称为"虚断",即运放的两个输入端输入电流均为零。同理,由于理想运放的差模开环电压增益 $A_{ud} \to \infty$,则有 $u_- - u_+ = \dfrac{u_o}{A_{ud}} = \dfrac{u_o}{\infty} \to 0$,称为"虚短",即同相输入端和反相输入端等电位。若同相输入端或反相输入端有一端直通接地,又称为"虚地",即 $u_- = u_+ = 0$。"虚地"是"虚短"的特例。

"虚断"和"虚短"是分析运放电路的"黄金规则",应用它可简化运放电路的分析和计算。

【例 1-2】　在图 1-8 所示放大电路中,要求分析输出与输入之间的函数关系。

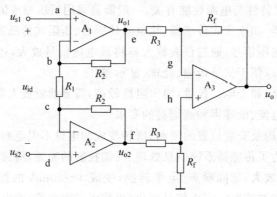

图 1-8　运算放大器分析示例 1

解:由于 a、b 两点等电位,c、d 两点等电位,所以 $u_{s1} - u_{s2}$ 就是 b、c 之间 R_1 上的电压;由于 A_1、A_2 四个输入端电流都为零,则两个 R_2 和 R_1 流过同一个电流,两个 R_2 和 R_1 是实际的串联关系,即

$$u_{s1} - u_{s2} = (u_{o1} - u_{o2}) \frac{R_1}{2R_2 + R_1} \tag{1-20}$$

移相后得

$$u_{o1} - u_{o2} = \left(1 + \frac{2R_2}{R_1}\right)(u_{s1} - u_{s2}) \tag{1-21}$$

e、f 两点以右的电路,由于 g、h 端所接电阻平衡,有

$$u_o = -\frac{R_f}{R_3} u_{o1} + \frac{R_f}{R_3} u_{o2} = -\frac{R_f}{R_3}(u_{o1} - u_{o2}) \tag{1-22}$$

代入式(1-21),得

$$u_o = -\frac{R_f}{R_3}\left(1 + \frac{2R_2}{R_1}\right)(u_{s1} - u_{s2}) \tag{1-23}$$

可以看出,当 $u_{s1} = u_{s2}$ 时,输出电压 $u_o = 0$。可见该放大电路对 a、d 两输入端出现的共模信号有很强的抑制作用。

【例 1-3】　在图 1-9 所示测量电路中,已知电压表读数为 200mV,求三极管的各极电位及电流放大倍数。

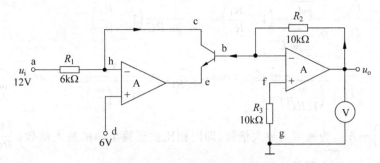

图 1-9　运算放大器分析示例 2

解：根据"虚短",c、h、d 三点电位相等,则 $u_c = u_d = 6\text{V}$;

根据"虚地",b、f、g 三点电位相等,则 $u_b = u_f = u_g = 0\text{V}$,$u_e = -0.7\text{V}$;

根据"虚断",a→h 间的电流等于 h→c 间的电流,即：$(12-6)\text{V}/6\text{k}\Omega = 1\text{mA}$;

根据"虚断",三极管的基极电流应为：$\text{V}/10\text{k}\Omega = 0.2\text{V}/10\text{k}\Omega = 0.02\text{mA}$;

则：三极管的电流放大倍数 $\beta = \dfrac{1\text{mA}}{0.02\text{mA}} = 50$。因此,只要测出 Ⓥ 的读数,就可算出三极管的电流放大倍数 β。这里反复用到"虚短"和"虚断"两条黄金规则。

1.4.2　滤波器

当传感器的灵敏度较高时,其优点是输出信号较大,便于后续处理;其缺点是在转换有用信号的同时,外界噪声也容易混入。为了把噪声从信号中分离,传感器系统中通常要串联滤波器。

1. 一阶低通有源滤波器

低通滤波器的作用是滤去高频噪声。在由图 1-10(a)同相比例运算电路组成的一阶低通有源滤波电路中,运放同相输入端 P 点的信号在高频段随容抗 $\dfrac{1}{\omega C}$ 的下降而下降,因此高频噪声在输出信号 $\dot{U}_o$ 中的比例大幅度下降。可以理解为高频噪声在 P 点经电容短路到地,其幅频特性如图 1-10(b)所示。

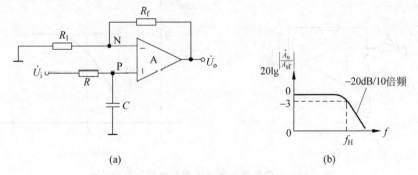

(a)　　　　　　　　　　　　　　　(b)

图 1-10　一阶低通有源滤波器的电路与幅频特性

在图 1-10(a)所示一阶低通有源滤波电路中，放大倍数 A_u 为

$$A_u = \frac{\dot{U}_o}{\dot{U}_i} = \frac{\dfrac{1}{j\omega C}}{R + \dfrac{1}{j\omega C}}\left(1 + \frac{R_f}{R_1}\right) = \frac{1}{1 + j\omega RC}\left(1 + \frac{R_f}{R_1}\right)$$

$$= \frac{A_{uf}}{\sqrt{1 + \left(\dfrac{\omega}{1/RC}\right)^2}} \angle -\arctan\frac{\omega}{1/RC} = \frac{A_{uf}}{\sqrt{1 + \left(\dfrac{\omega}{\omega_0}\right)^2}} \angle -\arctan\frac{\omega}{\omega_0} \qquad (1\text{-}24)$$

式中，$\left(1 + \dfrac{R_f}{R_1}\right) = A_{uf}$，为通带内放大倍数，即同相比例运算电路的放大倍数；$\dfrac{1}{RC} = \omega_0$，为上限截止角频率；f_H 为上限截止频率。

信号频率上升到 $f_H = \dfrac{1}{2\pi RC}$ 时，低通滤波器对该频率信号的放大倍数仅为通带内放大倍数 A_{uf} 的 $\dfrac{1}{\sqrt{2}} = 0.707$ 倍；信号频率若继续上升，放大倍数更加急剧下降，使高频噪声受到抑制。

2. 一阶高通有源滤波器

高通滤波器的作用是滤去低频噪声。在由图 1-11(a)同相比例运算电路组成的一阶高通有源滤波电路中，信号在输入端首先遇到容抗，容抗 $1/\omega C$ 在低频段随 ω 的下降而上升，该容抗阻碍低频噪声到达同相输入端 P 点，因此在输出信号 $\dot{U}_o$ 中低频噪声的比例大幅度下降，其幅频特性如图 1-11(b)所示，放大倍数 A_u 为

$$A_u = \frac{\dot{U}_o}{\dot{U}_i} = \frac{R}{R + \dfrac{1}{j\omega C}}\left(1 + \frac{R_f}{R_1}\right) = \frac{1}{1 + \dfrac{1}{j\omega RC}}\left(1 + \frac{R_f}{R_1}\right)$$

$$= \frac{A_{uf}}{\sqrt{1 + \left(\dfrac{1/RC}{\omega}\right)^2}} \angle \arctan\frac{1/RC}{\omega} = \frac{A_{uf}}{\sqrt{1 + \left(\dfrac{\omega_0}{\omega}\right)^2}} \angle \arctan\frac{\omega_0}{\omega} \qquad (1\text{-}25)$$

式中，$\left(1 + \dfrac{R_f}{R_1}\right) = A_{uf}$，为通带内放大倍数；$\dfrac{1}{RC} = \omega_0$，为下限截止角频率；$f_L = \dfrac{1}{2\pi RC}$，为下限截止频率。

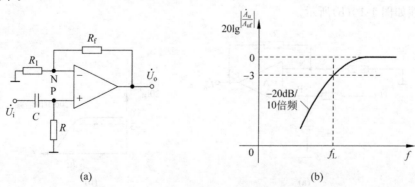

(a)   (b)

图 1-11   一阶高通有源滤波器的电路与幅频特性

信号频率降低到 $f_L = \dfrac{1}{2\pi RC}$ 时,高通滤波器对该频率信号的放大倍数仅为通带内放大倍数 A_{uf} 的 $\dfrac{1}{\sqrt{2}} = 0.707$ 倍;信号频率若继续下降,放大倍数更加急剧下降,使低频噪声受到抑制。

应注意:式(1-24)与式(1-25)结构相同,唯一区别是,前者中的 $\dfrac{\omega}{\omega_0}$ 换成了后者中的 $\dfrac{\omega_0}{\omega}$。前者低通滤波器对频率越高的噪声,放大倍数越低;后者高通滤波器对频率越低的噪声,放大倍数越低。

3. 带通滤波器

若传感器的检测信号中,既混有高频噪声也混有低频噪声,就需要采用带通滤波器。带通滤波器由低通滤波器与高通滤波器串联而成,如图 1-12 所示。

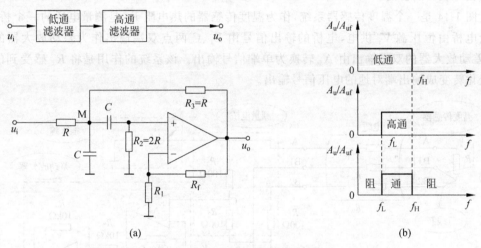

(a)   (b)

图 1-12 带通滤波器及其幅频特性

在图 1-12 中,只有当频率为 $f_L = \dfrac{1}{4\pi RC} < f < \dfrac{1}{2\pi RC} = f_H$ 的信号才能顺利通过放大器被放大。

带通滤波器也可以接成如图 1-13 所示的电路,将低通滤波器与高通滤波器用电压跟随器隔离,其目的是互相不影响对方的阻抗,能够顺利通过该带通滤波器的信号频率为 $\dfrac{1}{2\pi R_1 C_1} < f < \dfrac{1}{2\pi R_2 C_2}$。

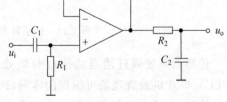

图 1-13 由电压跟随器隔离的带通滤波

1.5 传感器系统及其展望

传感器系统由多种功能的电路组成,共同完成信号采集、转换、放大、显示或控制作用。

1.5.1 传感器系统简介

测量非电量的传感器敏感元件不能独立工作,必须通过调理电路,如电桥、谐振电路、整流电路、滤波器、放大器、比较器等将敏感元件感受到的微小电量变化转变为可供读数、显示、进一步转变传送的较强信号,这些电路与敏感元件一起组成了传感器系统。传感器系统就是一个测量系统,因此工业上传感器系统常称为测量仪表,如称为压力计、流量表、红外测温仪等。

传感器系统还可以作为一个更大系统的一部分,该系统可能包含多个传感器、多个数据通道、各种模拟数字电路和接口电路。这些系统可以是数据采集系统、自动化控制系统、自动生产线,等等。系统中各种模拟数字电路、接口电路用来将传感器输出的电信号转换为可供传输的标准工业信号,达到对信号进行放大、运算、滤波、线性化、模/数转换(A/D)或数/模转换(D/A)的目的。

图 1-14 是一个温度传感器系统,作为温度传感器的热电阻 R_t 是测量电桥的一个桥臂,测量电桥由恒压源 V_t 供电,电桥的输出信号由 B_1、C 两点双端输出作为差动放大器的输入,差动放大器的双端输出由 A_3 转换为单端信号输出。该系统的作用是将 R_t 感受到的温度变化转变成输出端对地的电压信号输出。

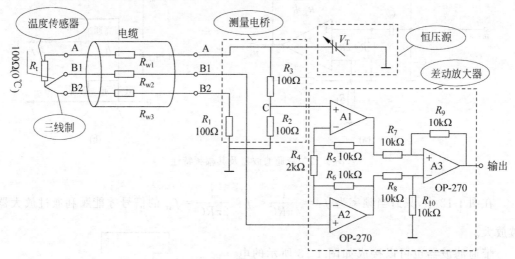

图 1-14 传感器系统举例——温度传感器系统

传感器系统通过适当的接口与微处理器(PC)、集散控制系统(DCS)、可编程控制器(PLC)、单片机或者现场可编程门阵列(FPGA)等信息处理与控制电路连接,可对工业过程进行控制,并通过执行机构对工业过程实施干预。

图 1-15 是传感器系统在典型过程控制中的应用举例。假定受控的非电量是温度,对该温度传感器输出的电信号实行调理变换后变成标准的 4~20mA 工业信号,由长线进行传输;主机及微控制器是数字电路,进出微控制器前后分别需要模/数转换(A/D)和数/模转换(D/A);由微控制器输出的控制指令也需调理变换成标准的 4~20mA 工业信号用于传输,最终控制指令信号经调理电路后输出给驱动执行器。在该例中驱动执行器是给工业过程加热的加热器,控制指令可以为升温、降温、稳定温度等,其控制依据就是传感器所检测的现场温度。

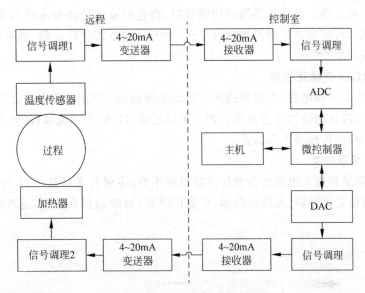

图 1-15 某典型工业过程控制系统

观察这个传感器系统的应用,对于检测控制不同的非电量,仅是传感器的种类和参数、控制执行器、调理电路 1 和调理电路 2 不同,其他电路无论检测什么非电量,都采用标准的工业传输网络和微控制器,设计按照国家标准进行。当然,对于不同的检测控制目的,计算机和微控制器的算法也不同。

1.5.2 传感器展望

当今信息时代,人们的社会活动将主要依靠信息资源的开发、应用,而信息采集的源头就在于整个社会各个角落、各个环节无处不在的传感器。因此,各国科学家都将传感器技术的创新列为重点科研攻关方向,使得传感器技术飞速发展。

近年来,传感器技术新的发展动向有以下几个方面:

1. 新材料开发

传感器材料是传感器技术的重要基础和前提,是传感器技术升级的重要支撑。材料不断更新,使传感器种类日益丰富,目前除早期使用的半导体、陶瓷、光导纤维、超导材料外,由新型纳米材料制作的传感器更有利于传感器向微型化发展。

2. 向高精度高可靠性发展

自动化生产技术的提高要求传感器具有更高的精确度、灵敏度,响应速度更快、有良好的互换性,以实现精准控制,提高产品质量。而研究抗电磁干扰、宽温度范围的传感器是科学家们永久的课题。

3. 向微型化多功能发展

随着 LSI 技术发展和半导体细加工技术的进步,集成温度传感器、集成压力传感器、多功能集成传感器早有应用,毫米(mm)级、甚至微米(μm)级尺度的传感器已经出现。

4. 向智能化网络化发展

传感器的输出不再是单一的模拟信号,而可能是通过自身结构中的微处理器处理过的数字信号,有的甚至还带有控制功能。智能传感器可以对自身系统进行自校准、自标定、自保护、判断决策和思维。单个传感器的功能有限,当它们被大量地分布到物理环境中,组成一个传感器网络,再配置良好的系统软件平台,用无线的方式进行通信,就可以完成强大的实时跟踪、监测功能。

5. 向微功耗及无源化发展

传感器工作离不开电源,在野外现场或远离电网的地方工作,多用电池或太阳能供电,这时微功耗及无源化的特性尤为重要。甚至可以把通过传感器的流体(液体或气体)的能量自行转换成电力,供传感器工作所需。

6. 新型传感器种类

近年来新研发和投入市场的新型传感器层出不穷,主要有光纤传感器、生物传感器、图像传感器、机器视觉传感器、无线传感器、智能传感器、射频识别系统等,这些将在第 8 章中进行介绍。

第2章

电阻应变式传感器

电阻应变片(strain gage)于 1938 年先后由美国 Edward E. Simmons 和 Arthur C. Ruge 各自独立发明出来,目前基于应变片的传感器品种规格已达两万多种。应变式传感器的应用范围广泛,如桥梁、铁路等变形测量,钢材料的拉伸力、撞击力等强度测量,普通扭矩测量、位移测量、振动测量、加速度测量等。

电阻应变式传感器主要由电阻应变片、弹性敏感元件和测量电路构成,如图 2-1 所示。当弹性敏感元件感受到被测物理量时,其表面产生应变,粘贴在弹性敏感元件表面的电阻应变片的电阻值将随着弹性敏感元件的变形而相应变化,通过测量电路将电阻值转换为电压或电流。通过测量电阻应变片的电阻值变化,可以用来测量力、力矩、压力、位移、加速度等各种参数。

图 2-1 电阻应变式传感器测量框图

2.1 电阻应变片的工作原理

2.1.1 金属的电阻应变效应

金属丝的电阻值随它所受到的机械变形(拉伸或压缩)而发生相应变化的现象称为金属的电阻应变效应。

已知金属丝在受力之前的电阻为

$$R = \rho \frac{l}{S} \qquad (2-1)$$

式中，R 为金属丝的电阻值（Ω）；ρ 为金属丝的电阻率（$\Omega \cdot m$）；l 为金属丝的长度（m）；S 为金属丝的截面积（m^2）。

当金属丝沿轴向方向受拉力而变形，其电阻发生变化，此变化可由式（2-1）的全微分得到：

$$\begin{cases} dR = \dfrac{l}{S}d\rho + \dfrac{\rho}{S}dl - \dfrac{\rho l}{S^2}dS \\ \dfrac{dR}{R} = \dfrac{d\rho}{\rho} + \dfrac{dl}{l} - \dfrac{dS}{S} \end{cases} \qquad (2-2)$$

式中，dR/R 为电阻的相对变化；$d\rho/\rho$ 为电阻率的相对变化；$\varepsilon = dl/l$ 为金属丝长度的相对变化，即金属丝长度方向的应变或轴向应变；dS/S 为截面积的相对变化。

因截面积 $S = \pi r^2$，求导数得

$$dS/S = 2dr/r$$

$\varepsilon_r = dr/r$ 称为金属丝半径的相对变化或径向应变。由材料力学知识，$\varepsilon_r = -\mu\varepsilon$（$\mu$ 为金属丝材料的泊松系数）。故式（2-2）可写为

$$\frac{dR}{R} = \frac{d\rho}{\rho} + \frac{dl}{l}(1 + 2\mu)$$

将微分量改写为增量，则

$$\frac{\Delta R}{R} = \left(1 + 2\mu + \frac{\Delta\rho/\rho}{\Delta l/l}\right)\frac{\Delta l}{l} = K_s\varepsilon \qquad (2-3)$$

式中，K_s 为金属丝的应变灵敏系数，其物理意义是单位应变引起的电阻相对变化。K_s 由两部分组成：$(1 + 2\mu)$ 是由于材料受拉伸后，其几何尺寸变化引起的；$\dfrac{\Delta\rho/\rho}{\Delta l/l}$ 是由于材料发生变形时，材料的电阻率随应变而发生的变化（称为压阻效应）。

对于金属材料，K_s 以材料的几何尺寸变化引起的电阻变化为主，即 $K_s \approx 1 + 2\mu$。大量实验表明，在金属丝拉伸比例极限范围内，电阻的相对变化 $\Delta R/R$ 与轴向应变 ε 成正比，因而 K_s 为常数。通常金属电阻丝的 $K_s = 1.7 \sim 3.6$。

2.1.2　硅的压阻效应

固体受到作用力后，其电阻率会发生变化，这种效应称为压阻效应。半导体材料的这种效应特别显著。

对于半导体材料，K_s 以材料电阻率变化引起的电阻变化为主，即 $\Delta R/R \approx \Delta\rho/\rho$。

对于半导体材料，$\Delta\rho/\rho = \pi_r\sigma_r + \pi_t\sigma_t$。其中，$\pi_r$、$\pi_t$ 为纵向、横向压阻系数；σ_r、σ_t 为纵向、横向承受的应力。若半导体只沿其纵向受到应力，并令 $\sigma_r = E_r\varepsilon$，则 $\Delta\rho/\rho = \pi_r\sigma_r = \pi_r E_r\varepsilon$。其中，$E_r$ 为半导体材料的弹性模量。

因此，半导体材料的电阻变化率为

$$\frac{\Delta R}{R} = \pi_r\sigma_r = \pi_r E_r\varepsilon$$

其应变片的应变灵敏系数为

$$K_B = \pi_r E_r$$

最常用于制作半导体应变片的材料有硅和锗。在硅和锗中掺入硼、铝、镓、铟等杂质,可以形成 P 型半导体;掺入磷、锑、砷等杂质,则可形成 N 型半导体。

目前使用最多的是单晶硅半导体。P 型硅在[111]晶轴方向的压阻系数最大,在[100]晶轴方向的压阻系数最小。对于 N 型硅,则正好相反。这两种单晶硅半导体在[110]晶轴方向的压阻系数仅比最大压阻系数稍小些。晶轴示意图如图 2-2 所示。

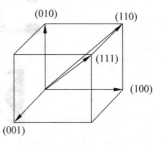

图 2-2　晶轴示意图

2.2　电阻应变片的基本结构和种类

金属电阻应变片分为丝式应变片、箔式应变片和薄膜应变片 3 种,其基本结构大体相同。现以丝式应变片为例说明,其结构示意如图 2-3 所示,由基底、电阻丝、覆盖层、引出线组成。为了获得高的阻值变化,将电阻丝排列成栅状(所以也称为敏感栅),并粘贴在绝缘的基底上。电阻丝的两端焊接引线。敏感栅上面粘贴有保护作用的覆盖层。l 称为栅长(标距),b 称为栅宽(基宽),$b \times l$ 称为应变片的使用面积。应变片的规格一般以使用面积和电阻值表示,如 $3\text{mm} \times 20\text{mm}, 120\Omega$。

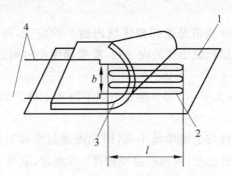

图 2-3　金属电阻应变片的基本结构
1—基底;2—电阻丝(敏感栅);3—覆盖层;4—引出线

丝式应变片的敏感栅用直径为 $0.012 \sim 0.05\text{mm}$ 的合金丝在专用的制栅机上制成。

箔式应变片的敏感栅用 $0.001 \sim 0.01\text{mm}$ 厚的合金箔利用照相制版或光刻腐蚀的方法制成,栅长最小可做成 0.2mm,如图 2-4 所示。它具有许多优点:制造技术能保证敏感栅尺寸准确,线条均匀,且能制成不同形状以适应不同的测量要求;敏感栅薄而宽,黏接性能好,传递试件应变性能好;散热性能好,允许通过较大的工作电流,提高了输出灵敏度;蠕变、机械滞后较小,疲劳寿命长,易于批量生产等。因此得到了广泛应用。

薄膜应变片是薄膜技术发展的产物,采用真空蒸发或真空沉积等方法在基底上制成一定形状的、厚度在 $0.1\mu\text{m}$ 以下的薄膜而形成敏感栅。它的优点是灵敏系数高,允许电流密度大,工作范围广,易于实现工业化生产,是一种很有前途的新型应变片。但目前尚难控制其电阻与温度和时间的变化关系。

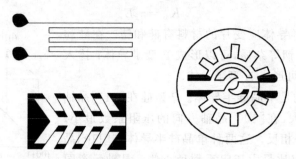

图 2-4   箔式电阻应变片

2.3   电阻应变片的性能参数

电阻应变片的性能参数较多，下面介绍其主要性能参数，以便合理选用电阻应变片。

1. 应变片电阻值（R_0）

它是指应变片在未安装和不受力的情况下，于室温条件下测定的电阻值，也称为原始阻值，单位以 Ω 计。电阻应变片的电阻值有 60Ω、120Ω、350Ω、500Ω 和 1000Ω 等多种规格，以 120Ω 最为常用。应变片的电阻值越大，允许的工作电压就大，传感器的输出电压也大，相应的应变片的尺寸也要增大。在条件许可的情况下，应尽量选用高阻值应变片。

2. 几何尺寸

由于应变片所测出的应变值是敏感栅区域内的平均应变，所以通常标明其尺寸参数。应变梯度较大时通常选用栅长值小些的应变片，应变梯度小时则选用栅长值大些的应变片。

3. 绝缘电阻

其值越大越好，一般应大于 $10^{10}\ \Omega$。绝缘电阻下降和不稳定都会产生零漂和测量误差。

4. 灵敏度

应变片的电阻应变特性与金属单丝不同，因此需通过实验对应变片的灵敏度 K_s 进行测定。测定时必须按规定的标准，一批产品中抽样 5% 测定，取其平均值及允许差值作为该批产品的灵敏系数，又称标定灵敏系数。

2.4   电阻传感器的测量电路

应变片可以将应变转换为电阻的变化，由于电阻变化范围很小，若直接用欧姆表测量其电阻值的变化则十分困难且误差较大。因此需要通过测量电路把电阻的变化再转换为电压或电流的变化，以便于显示与记录应变的大小。常用的电路有电桥电路。

1. 电桥的基本概念

由电阻、电容、电感等元件组成的四边形测量电路称为电桥。根据所用电源不同，电桥分为直流电桥和交流电桥。四个桥臂均为纯电阻时，用直流电桥精度高；若桥臂为阻抗时，必须用交流电桥。根据读数方法不同，电桥可分为平衡电桥（零读法）与不平衡电桥（偏差法）。平衡电桥仅适用于静态参数的测量，而不平衡电桥对静、动态参数都可以测量。

2. 电桥基本结构

直流不平衡电桥可采用直流恒压源供电,将电阻变化转换成电桥的电压或电流输出,如图 2-5 所示。图中 U 为电桥供电电压,R_1、R_2、R_3、R_4 为桥臂电阻,R_L 为负载电阻,利用基尔霍夫定律,可以求得流过负载电路的电流 I_L 为

$$I_L = U \frac{R_1 R_4 - R_2 R_3}{R_L(R_1+R_2)(R_3+R_4) + R_1 R_2(R_3+R_4) + R_3 R_4(R_1+R_2)} \qquad (2-4)$$

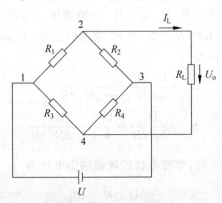

图 2-5　直流不平衡电桥

当 $I_L = 0$ 时,电桥处于平衡状态,此时,电桥无输出,从而得到电桥的平衡条件为

$$R_1 R_4 = R_2 R_3 \qquad (2-5)$$

若图 2-5 中负载 R_L 为放大器输入阻抗,由于 $R_L \to \infty$,则电桥输出电压为

$$U_o = I_L \cdot R_L = U \frac{R_1 R_4 - R_2 R_3}{(R_1+R_2)(R_3+R_4)}$$

以应变式传感器为例,若桥臂中 R_1 为应变片,其他桥臂为固定电阻,则当应变片 R_1 承受应变 ε($\varepsilon = \Delta l/l$ 为轴向应变,是一个无量纲的量)时,将产生电阻变化 $\Delta R_1 = K\varepsilon R_1$($K$ 为应变片灵敏系数),考虑电桥初始平衡条件 $R_1 R_4 = R_2 R_3$,则其输出电压为

$$U_o = U \frac{(R_1+\Delta R_1)R_4 - R_2 R_3}{(R_1+\Delta R_1+R_2)(R_3+R_4)} = U \frac{\Delta R_1 R_4}{(R_1+\Delta R_1+R_2)(R_3+R_4)}$$

$$= U \frac{\dfrac{\Delta R_1}{R_1}\dfrac{R_4}{R_3}}{\left(1+\dfrac{\Delta R_1}{R_1}+\dfrac{R_2}{R_1}\right)\left(1+\dfrac{R_4}{R_3}\right)} \qquad (2-6)$$

令 $\dfrac{R_2}{R_1} = \dfrac{R_4}{R_3} = n$,忽略分母中的微小项 $\dfrac{\Delta R_1}{R_1}$,则式(2-6)可写为

$$U_o \approx U \frac{n}{(1+n)^2} \frac{\Delta R_1}{R_1} \qquad (2-7)$$

由式(2-7)可知,电桥输出电压 U_o 与负载电阻 R_L 无关。电桥输出电压 U_o 与应变片电阻相对变化量 $\Delta R_1/R_1$ 之比,称为电桥的电压灵敏度 S_u,即

$$S_u = \frac{U_o}{\Delta R_1/R_1} \approx U \frac{n}{(1+n)^2} \qquad (2-8)$$

由式(2-8)可知,电桥电压灵敏度正比于电桥供电电压,但是供电电压的提高会受到应

变电路允许功耗的限制,因此一般供电电压应适当选择。

当电桥供电电压一定时,由 $\dfrac{\mathrm{d}S_u}{\mathrm{d}n}=0$,可求得 $n=1$ 时,电压灵敏度 S_u 最大,此时 $R_1=R_2$,$R_3=R_4$,电桥的这种对称情况正是进行温度补偿所需要的电路,在测量电桥中得到了广泛的应用。

1) 单臂电桥

只有一个桥臂 R_1 采用应变片,R_2、R_3、R_4 为精密固定电阻的电桥,称为单臂电桥,如图 2-6(a)所示。令 $R_1=R_2=R_3=R_4=R$,当 R_1 感受应变为 ε 时,电阻增量为 ΔR。由式(2-6)得输出电压和电压灵敏度分别为

$$U_o=\frac{U}{4}\frac{\Delta R}{R}\frac{1}{1+\Delta R/2R} \tag{2-9}$$

$$S_u=\frac{U_o}{\Delta R/R}=\frac{U}{4}\frac{1}{1+\Delta R/2R} \tag{2-10}$$

由于 $\dfrac{\Delta R}{R}=K\varepsilon$,当 $\dfrac{\Delta R}{R}\rightarrow 0$ 时,单臂电桥的理想输出电压为

$$U_o'\approx\frac{U}{4}\frac{\Delta R}{R}=\frac{U}{4}K\varepsilon \tag{2-11}$$

电压灵敏度为

$$S_u\approx\frac{U}{4} \tag{2-12}$$

单臂电桥虽然结构简单且使用方便,但输出的电压与应变电阻的变化呈非线性。只有当电阻变化率 $\Delta R/R$ 相当小时,非线性误差才会小,就可近似作为线性化处理;如果 $\Delta R/R$ 较大时,其非线性误差很大,则会严重影响测量精度。因此,实际使用的单臂电桥,需要采取非线性补偿或进行误差修正。

单臂电桥的非线性误差定义为

$$\gamma=\left|\frac{U_o-U_o'}{U_o}\right|\times100\% \tag{2-13}$$

将式(2-9)和式(2-11)代入式(2-13),得

$$\gamma=\left|\frac{1}{1+\Delta R/2R}-1\right|\times100\% \tag{2-14}$$

将上式展开为泰勒级数形式

$$\gamma=\left|\left[1-\left(\frac{\Delta R}{2R}\right)+\left(\frac{\Delta R}{2R}\right)^2-\left(\frac{\Delta R}{2R}\right)^3+\cdots\right]-1\right|\times100\%\approx\frac{\Delta R}{2R}\times100\%\approx\frac{1}{2}K\varepsilon\times100\% \tag{2-15}$$

对于一般应变片,所受应变 ε 通常在 5×10^{-3} 以下,若取灵敏系数为 $K=2$,则非线性误差为 0.5%。但如果测量较大应变情况时,非线性误差就不可忽视了。

采用半导体应变片时,其灵敏系数 $K\geqslant120$,当 $K=120$,$\varepsilon=1\times10^{-3}$ 时,非线性误差为 6%。由此可知,即使所测的应变较小,产生的非线性误差仍然较大。因此,需要从电路的硬件和软件方面采取措施进行修正。

对于单臂电桥的非线性误差,从电路硬件上减小或消除的主要方法有恒流源供电电桥、反馈电压补偿法、可变电压源供电以及有源网络差分电路等。

采用恒流源激励的电路最简单,几乎不增加成本;其缺点是非线性误差没有完全消除,故适用于小应变测量及精度要求不高的应变测量场合。反馈电压补偿法和可变电压源供电法采用的电气元件较多,相互间的匹配严格,成本较高,但线性化处理效果较好。有源网络差分电路不但能完全消除非线性误差,而且电路比反馈电压补偿法和可变电压源供电法的结构简单,电气元件仅增加了两个放大器,容易实现。

2) 差动半桥

相邻桥臂 R_1 和 R_2 均为应变片,R_3、R_4 为精密固定电阻,当受应变作用时,R_1 增大,R_2 按相同规律减小,这种电桥就称为差动半桥,如图 2-6(b)所示。令 $R_1 = R_2 = R_3 = R_4 = R$,当 R_1 受拉产生 $+\Delta R$,R_2 受压产生 $-\Delta R$ 时,差动半桥的输出电压和电压灵敏度分别为

$$U_o = U \frac{(R_1 + \Delta R)R_4 - (R_2 - \Delta R)R_3}{(R_1 + \Delta R + R_2 - \Delta R)(R_3 + R_4)} = U \frac{2\Delta R \cdot R}{4R^2} = \frac{U}{2} \frac{\Delta R}{R} = \frac{U}{2} K\varepsilon \quad (2\text{-}16)$$

$$S_u = \frac{U_o}{\Delta R / R} = \frac{U}{2} \quad (2\text{-}17)$$

3) 差动全桥

四个桥臂均为应变片,且阻值变化相同的应变片接在电桥的对臂,变化相反的应变片接在邻臂,这种电桥就称为差动全桥,如图 2-6(c)所示。令 $R_1 = R_2 = R_3 = R_4 = R$,当 $\Delta R_1 = \Delta R_2 = \Delta R_3 = \Delta R_4 = \Delta R$,输出电压和电压灵敏度分别为

$$U_o = U \frac{\Delta R}{R} = UK\varepsilon \quad (2\text{-}18)$$

$$S_u = \frac{U_o}{\Delta R / R} = U \quad (2\text{-}19)$$

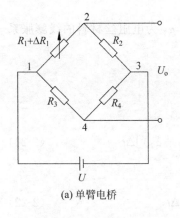 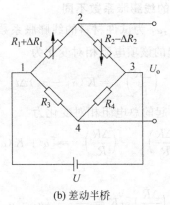 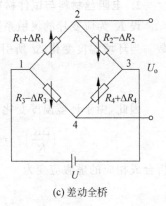

| (a) 单臂电桥 | (b) 差动半桥 | (c) 差动全桥 |

图 2-6 电桥的基本结构

由上述三种电桥可知,差动全桥电压灵敏度最高,是单臂电桥的 4 倍,是差动半桥的 2 倍。由推导过程可知,差动电桥不但灵敏度高,还可以消除或减小电桥的非线性误差和温度误差。

在差动全桥中,令 $R_1 = R_2 = R_3 = R_4 = R$ 时,假设温度升高,每个桥臂电阻都同时增加 R_T,如果电桥输出端接调理放大器的输入阻抗 $R_L \rightarrow \infty$,使得 U_o 支路的电流为零;又由于

出现应变时相邻桥臂的一个电阻增大,另一个电阻按相同规律减小。因此在图 2-6(c)所示电路中,$I_{123}=I_{143}=I$,则 U_o 表示为

$$U_o=U_{43}+U_{32}=U_{43}-U_{23}=I_{143}(R+\Delta R+R_T)-I_{123}(R-\Delta R+R_T)=2I\Delta R$$

(2-20)

可见,电桥的输出电压 U_o 与温度升高时所增加的电阻 R_T 无关。

以悬臂梁的应变片粘贴为例,由图 2-6(b)可知,差动半桥测量时,两个应变片是悬臂梁上、下表面各粘贴一个。在同一时刻,一个应变片受压缩,另一个受拉伸,压缩和拉伸的应变符号相反,幅值相等。同理,图 2-6(c)差动全桥测量时,悬臂梁上、下表面各两个应变片,不同变化方向的应变片相间接入电桥。

2.5　电阻应变片的温度误差及其补偿

用应变片测量时,希望其阻值仅随应变发生变化,但实际上,环境温度变化所引起的电阻变化与试件应变所造成的电阻变化几乎有相同的数量级,从而产生很大的测量误差。因此,必须采取相应的措施以确保测量精度。

2.5.1　温度误差及其产生的原因

造成应变片温度误差的原因主要有两个:

1. 应变片电阻丝(敏感栅)的温度系数

设电阻丝材料的电阻温度系数为 α,当环境温度变化 Δt 所引起的该项电阻相对变化为

$$\left(\frac{\Delta R}{R}\right)_{t_1}=\alpha\Delta t$$

2. 电阻丝材料与试件材料的线膨胀系数不同

设 K 为应变片的灵敏系数,α_1 为试件材料的线膨胀系数,α_2 为电阻丝材料的线膨胀系数。当环境温度变化 Δt 所引起的该项电阻相对变化为

$$\left(\frac{\Delta R}{R}\right)_{t_2}=K(\alpha_1-\alpha_2)\Delta t$$

因此,由于环境温度变化引起的总电阻相对变化为

$$\left(\frac{\Delta R}{R}\right)_t=\left(\frac{\Delta R}{R}\right)_{t_1}+\left(\frac{\Delta R}{R}\right)_{t_2}=[\alpha+K(\alpha_1-\alpha_2)]\Delta t \qquad (2-21)$$

折合成相应的虚假应变为

$$\varepsilon_t=\left(\frac{\Delta R}{R}\right)_t\Big/K=\frac{\alpha\Delta t}{K}+(\alpha_1-\alpha_2)\Delta t \qquad (2-22)$$

式(2-22)为应变片粘贴在试件表面上,当试件不受外力作用,在温度变化 Δt 时,应变片的温度效应。用应变形式表示出来,称为热输出。

2.5.2　温度误差的补偿方法

1. 应变片自补偿法

采用一种特殊的应变片,当温度变化时,利用其自身具有的温度补偿作用使其电阻增量

等于零或相互抵消,这种应变片称为温度自补偿应变片。

1) 单丝自补偿应变片

由式(2-21)可知,使应变片自补偿的条件是 $\alpha + K(\alpha_1 - \alpha_2) = 0$,即 $\alpha = K(\alpha_2 - \alpha_1)$。只要电阻丝材料和试件材料的性能满足该条件,就能实现温度自补偿。

该补偿法的优点是结构简单,制造和使用都比较方便,但必须在具有一定线膨胀系数材料的试件上使用,否则不能达到温度自补偿的目的。

2) 双丝组合式自补偿应变片

将两种不同电阻温度系数(一正一负)的电阻丝串联以实现温度补偿,其条件是两段电阻丝随温度变化而产生的电阻增量大小相等、符号相反,即 $\Delta R_{1t} = -\Delta R_{2t}$,若计算两段电阻丝的电阻大小,可利用式(2-21)求解。具体如图2-7所示。

2. 桥路补偿法

在常温应变测量中常采用桥路补偿法,该方法简单、经济,补偿效果好。

由 $U_o = U \dfrac{R_1 R_4 - R_2 R_3}{(R_1 + R_2)(R_3 + R_4)}$ 可知,当 R_3、R_4 为常数时,R_1 和 R_2 对输出电压的作用方向相反。利用这个基本特性可实现对温度的补偿。

如图2-8所示,将特性相同的应变片 R_1 和 R_B 粘贴在同样材料的两个试件上,置于相同的环境温度中。R_1 承受应力,为工作应变片;R_B 不受应力,为补偿片。测量时,温度变化引起两个应变片的电阻增量符号相同、大小相等。由于它们接在电桥的相邻两臂上,桥路仍然平衡。当工作应变片感受应变时,电桥将产生相应的输出电压。

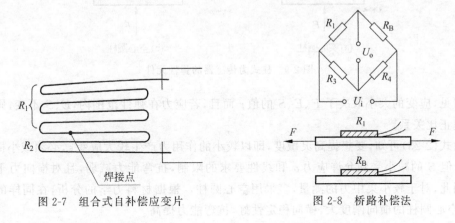

图2-7　组合式自补偿应变片　　　　　图2-8　桥路补偿法

2.6　应变式传感器的应用

2.6.1　应变式力传感器

力是导致物体运动速度、运动方向或外形变化的因素。例如推力或拉力,可以导致一个有质量的物体改变运动速度或方向。力的单位是牛顿(N)或千克力(kgf),1kgf=9.8N。

载荷和力传感器是试验技术和工业测量中用得较多的一种传感器。测力传感器主要作为各种电子秤和材料试验机的测力元件,或用于发动机的推力测试,以及建筑物承载状况的监测等。

应变片可以在被测对象上直接布片组桥,也可以在弹性元件上布片组桥,组成各种测力传感器。常用的弹性元件有柱式、梁式、环式、轮辐式等多种形式。应变式力传感器具有结构简单、制造方便、精度高等优点,在静态和动态力测量领域获得了广泛应用,传感器的量程从几克到几百吨。如日常生活中的各种量程的秤、医药天平、计价秤、邮包秤、料斗秤、汽车衡等。

1. 柱式力传感器

柱式力传感器的弹性元件分实心和空心两种,如图 2-9 所示。根据材料力学,柱沿轴向的应变为

$$\varepsilon = \frac{\Delta l}{l} = \frac{\sigma}{E} = \frac{F}{ES} \tag{2-23}$$

式中,σ 为材料的允许应力;F 为作用在弹性元件上的集中力;E 为弹性元件的材料弹性模量;S 为圆柱的横截面积。

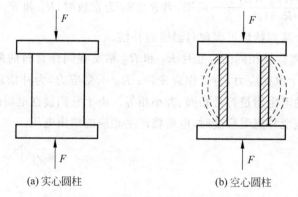

(a) 实心圆柱　　　　　　　　(b) 空心圆柱

图 2-9　柱式力传感器的弹性元件

可见,应变的大小取决于 F、E、S 的值;而且,若应力在弹性范围内,E、S 不变,则力和应变呈正比关系。

由式(2-23)可知,要想提高灵敏度,即以较小的作用力产生较大应变 ε,必须减小横截面积 S。但 S 的减小受到允许应力 σ 和线性要求的限制,抗弯能力减弱,且对横向力干扰敏感。因此,对于较小集中力的测量,多采用空心圆柱。根据材料力学的分析,在同样的截面积下,空心圆柱的横向刚度大,横向稳定性好,抗弯能力提高。

柱体在轴向受拉或受压作用时,其横截面上的应变实际上是不均匀的。这是因为作用力不可能正好通过柱体的中心轴线,这样柱体除受拉(或压)外,还受到横向力和弯矩。因此弹性元件上应变片的粘贴和电桥连接,应尽可能消除偏心和弯矩的影响,一般将应变片对称地贴在应力均匀的圆柱中部表面,如图 2-10 所示,共 4 个轴向片和 4 个横向片。R_1 和 R_1' 串接,R_4 和 R_4' 串接,并置于桥路对臂上以减小弯矩影响,横向贴片做温度补偿用。

柱式力传感器特点是结构简单,可承受较大载荷,最大可达 10^7 N。在测 $10^3 \sim 10^5$ N 载荷时,为提高变换灵敏度和抗横向干扰,一般采用空心圆柱形结构。

【例 2-1】　材料为钢的实心圆柱形试件上,沿轴线和圆周方向各贴一片电阻为 120Ω 的金属应变片 R_1 和 R_2,应变片的灵敏系数 $K = 2$,把这两应变片接入电桥中($R_3 = R_4 = $

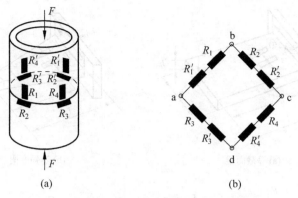

图 2-10 空心圆柱力传感器的布片和电桥连接

120Ω），具体如图 2-10 所示。钢的泊松系数 $\mu=0.2$，电桥电源电压 $U=6\text{V}$。当试件受轴向拉伸时，测得应变片 R_1 的电阻变化值 $\Delta R_1=0.48\Omega$。试求：（1）轴向应变量为多少？（2）电桥的输出电压为多少？

解：（1）轴向应变量

$$K\varepsilon=\frac{\Delta R_1}{R_1}\Rightarrow\varepsilon=\frac{\Delta R_1/R_1}{K}=\frac{0.48/120}{2}=0.002$$

（2）电桥的输出电压

根据横向应变与轴向应变的关系，横向粘贴的应变片的电阻变化为 $-\mu\varepsilon$，所以

$$\Delta R_2=R_2K\varepsilon_2=-R_2K\mu\varepsilon=-120\times2\times0.2\times0.002=-0.096(\Omega)$$

根据电桥的输出电压计算可得

$$U_{\circ}=\left(\frac{R_1+\Delta R_1}{R_1+\Delta R_1+R_2+\Delta R_2}-\frac{R_3}{R_3+R_4}\right)=\frac{R_4\Delta R_1-R_3\Delta R_2}{(R_1+\Delta R_1+R_2+\Delta R_2)(R_3+R_4)}$$

$$\approx\frac{U}{4R}(\Delta R_1-\Delta R_2)=\frac{6}{4\times120}(0.48+0.096)=0.072(\text{V})=7.2(\text{mV})$$

2. 梁式力传感器

梁式力传感器有多种形式，如图 2-11 所示。

1）等截面梁

在图 2-11(a)所示结构中，弹性元件为一端固定的悬臂梁。梁宽为 b，梁厚为 h，梁长为 l。当力作用在自由端时，刚性端截面中产生的应力最大，而自由端产生的形变最大。在梁固定端附近的上、下表面顺着 l 的方向各粘贴两片电阻应变片 R_1 和 R_2、R_3 和 R_4。此时若 R_1 和 R_4 受拉，则 R_2 和 R_3 受压，两者发生极性相反的等量应变，4 个电阻应变片组成如图 2-11(d)所示的差动全桥测量电路。在应变片粘贴处的应变为

$$\varepsilon=\frac{6l_0F}{Ebh^2} \tag{2-24}$$

式(2-24)的几何参数如图 2-11 所示，F 和 E 的参数说明与式(2-23)相同。可见，梁各个位置所产生的应变不同，力作用点的移动会引起误差。

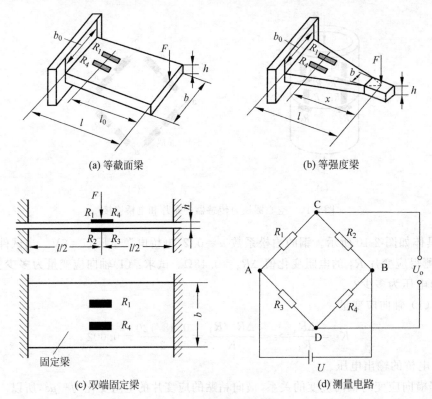

图 2-11　梁式弹性元件

【例 2-2】　有 4 个性能完全相同的金属丝应变片，其灵敏系数 $K=2$，将其粘贴在梁式测力弹性元件上，具体如图 2-11（a）所示。设力 $F=1000\mathrm{N}$，$l_0=100\mathrm{mm}$，$h=5\mathrm{mm}$，$b=20\mathrm{mm}$，$E=2\times10^5\mathrm{N/mm^2}$。采用全桥测量电路，求：

（1）各应变片电阻相对变化量；

（2）当桥路电源电压 4V 时，负载电阻无穷大，求桥路输出电压 U_o。

解：（1）根据式（2-24），$\varepsilon=\dfrac{6l_0F}{Ebh^2}=\dfrac{6\times100\times1000}{2\times10^5\times20\times5^2}=0.006$

$$\frac{\Delta R_1}{R_1}=\frac{\Delta R_3}{R_3}=K\varepsilon=2\times0.006=0.012$$

$$\frac{\Delta R_2}{R_2}=\frac{\Delta R_4}{R_4}=-K\varepsilon=-0.012$$

（2）$U_o=\dfrac{\Delta R}{R}U=K\varepsilon U=0.012\times4=0.048\mathrm{(V)}$

2）等强度梁

在图 2-11（b）所示结构中，梁厚为 h，梁长为 l，固定端宽为 b_0，自由端宽为 b。梁的形状成等腰三角形，集中力 F 作用在三角形顶点，梁内各截面产生的应力是相等的，表面上任意位置的应变也相等，因此称为等强度梁。等强度梁的各点由于应变相等，故粘贴应变片的位置要求不严格。在粘贴应变片处的应变为

$$\varepsilon = \frac{6lF}{Eb_0h^2} \qquad (2\text{-}25)$$

梁式弹性元件制作的力传感器适于测量 5000kN 以下的载荷,最小可测 10^{-2} N 量级的力。这种传感器结构简单,加工容易,灵敏度高,常用于小压力测量中。

3）双端固定梁

梁的两端都固定,中间加载荷,梁宽为 b,梁厚为 h,梁长为 l,应变片 R_1、R_2、R_3、R_4 粘贴在中间位置,则梁的应变为

$$\varepsilon = \frac{3lF}{4Ebh^2} \qquad (2\text{-}26)$$

由式(2-26)可见,这种结构的梁在相同力 F 的作用下产生的变形量比悬臂梁的小。

3. 环式力传感器

1）圆环式

在图 2-12(a)所示结构中,在圆环上施加径向力 F_y 时,圆环各处的应变不同,在与作用力成 $39.6°$ 处(图中 B 点)应变等于零,称为应变节点,而在水平中心线上应变最大。将应变片 R_1、R_2、R_3、R_4 贴在水平中心线上,R_1、R_3 受拉应力,R_2、R_4 受压应力。

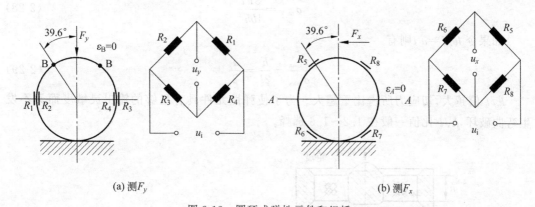

(a) 测F_y　　　　　　　　　　　　(b) 测F_x

图 2-12　圆环式弹性元件和组桥

如果圆环一侧固定,另一侧受切向力 F_x 时,与受力点成 $90°$ 处(图中 A 点)应变等于零。将应变片 R_5、R_6、R_7、R_8 贴在与垂直中心线成 $39.6°$ 处,R_5、R_7 受拉应力、R_6、R_8 受压应力。

在图 2-12(b)中,当圆环上同时作用力 F_x 和 F_y 时,将应变片 $R_1 \sim R_4$、$R_5 \sim R_8$ 分别组成差动全桥,就可以互不干扰地测量力 F_x 和 F_y。

2）八角环式

由于圆环方式不易夹紧固定,实际上常用八角环代替,如图 2-13 所示。八角环厚度为 h,平均半径为 r。当 h/r 较小时,零应变点在 $39.6°$ 附近。随 h/r 值的增大,当 $h/r = 0.4$ 时,应变节点在 $45°$ 处,故一般测力 F_x 时,应变片贴在 $45°$ 处。图(b)只是将八角环上下表面增大,与图(a)结构并无本质区别。当测力 F_z 时(或测力 F_z 形成的弯矩 M_z),在八角环水平中心线产生最大应变,应变片 $R_9 \sim R_{12}$ 贴在该处并成斜向 $\pm 45°$ 布片组成电桥,如图 2-13(c)所示。

4. 轮辐式力传感器

轮辐式力传感器的弹性元件,它好像一个车轮,由轮毂、轮辐、轮缘三部分组成,通常是

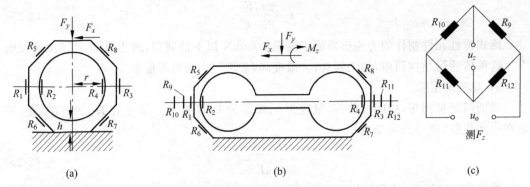

图 2-13　八角环式弹性元件和组桥

用整块金属加工而成,结构紧凑,其结构如图 2-14(a)所示。应变片沿轮辐轴线成 45°的方向贴于梁的两个侧面。在受力 F 作用下,辐条的最大切应力及弯曲应力分别为

$$\tau_{\max} = \frac{3F}{8bh} \tag{2-27}$$

$$\sigma_{\max} = \frac{3Fl}{4bh^2} \tag{2-28}$$

如果令 $h/l = a$,则有

$$\frac{\tau_{\max}}{\sigma_{\max}} = \frac{h}{2l} = \frac{a}{2} \tag{2-29}$$

h/l 值越大,切应力所占比重越大。为了使弹性元件具有足够的输出灵敏度而又不发生弯曲破坏,h/l 比值一般在 $1.2 \sim 1.6$ 选择。

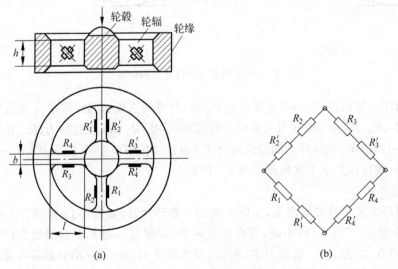

图 2-14　轮辐式弹性元件和组桥

2.6.2　应变式压力传感器

垂直作用在单位面积上的力称为压力,是物理学中的压强概念,工业上简称压力。在工

业测量中,压力用绝对压力或相对压力表示。绝对压力是指流体垂直作用在单位面积上的全部压力,既包括流体的压力,也包括大气压力。环境大气压就是指绝对压力。相对压力是以当地环境的大气压力作为基准所表示的压力,也称为表压力。

$$相对压力＝绝对压力－大气压力＝压力表显示的表压力$$

当表压力为正值时,简称压力;表压力为负值时称为负压,或真空度。

压力的单位为 N/m^2,称为帕斯卡,或帕(Pa)。一个标准大气压为 101.325kPa,冬天暖气管道中的蒸汽压力一般为 $200 \sim 300$kPa。

压力是工业生产中的重要参数之一,为了保证生产正常运行,必须对压力进行检测和控制。如果压力不符合要求,不仅会影响生产效率,降低产品质量,有时还会造成严重的生产事故。

应变式压力传感器是将应变片粘贴到压力弹性敏感元件上或粘贴到与压力弹性敏感元件相衔接的力弹性敏感元件上,由弹性元件将压力转换为应变,再由应变电桥将应变转换为电压输出。不同的压力范围采用不同的弹性元件结构形式,主要有膜片式、筒式和组合式等。应变式压力传感器可用于液体、气体的动态和静态压力的测量,如内燃机管道和动力设备管道的进/出气口的压力测量,以及发动机喷口的压力,枪、炮管内部压力的测量等。

1. 膜片式压力传感器

图 2-15(a)是膜片式压力传感器结构简图,应变片粘贴在膜片内壁。在压力 p 作用下,膜片产生径向应变 ε_r 和切向应变 ε_t,应变分布曲线如图 2-15(b)所示。根据应变分布安排贴片,一般用小栅长应变片在膜片中心沿切向贴两片,在边缘处沿径向贴两片,并接成全桥电路,以提高灵敏度和进行温度补偿。

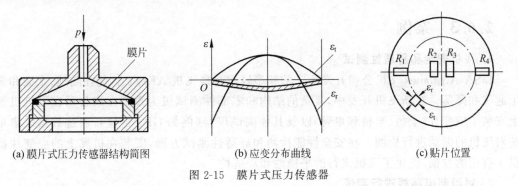

(a) 膜片式压力传感器结构简图　　(b) 应变分布曲线　　(c) 贴片位置

图 2-15　膜片式压力传感器

2. 筒式压力传感器

当被测压力较大时,多采用筒式压力传感器,如图 2-16 所示。圆柱体内有一盲孔,当内腔与被测压力场相通时,筒体空心部分发生变形产生轴向应变,测出轴向应变即可算出压力。

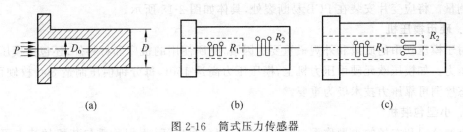

(a)　　　　　　(b)　　　　　　(c)

图 2-16　筒式压力传感器

为进行温度补偿,可在筒端部刚性部分粘贴应变片,如图 2-16(b)中的 R_2。对没有端部的圆筒,则 R_1 和 R_2 垂直粘贴,一沿圆周,一沿筒长,沿筒长方向的 R_2 用作温度补偿。

筒式压力传感器可用来测量机床液压系统的压力($10^6 \sim 10^7$Pa),也可用来测量枪、炮的腔内压力(10^8Pa),其动态特性和灵敏度主要由材料和尺寸决定。

3. 组合式压力传感器

这种传感器中的应变片不直接粘贴在压力感受元件上,而是采用某种传递机构将感压元件的位移传递到贴有应变片的其他弹性元件上,如图 2-17 所示。图 2-17(a)利用膜片 1 和悬臂梁 2 组合成弹性系统,在压力的作用下,膜片产生位移,通过杆件使悬臂梁变形。图 2-17(b)利用锤链式膜片 1 将压力传给弹性圆筒 2,使之发生变形。图 2-17(c)利用弹簧管 1 在压力的作用下,自由端产生拉力,使悬臂梁 2 变形。图 2-17(d)利用波纹管 1 产生的轴向力,使梁 2 变形。

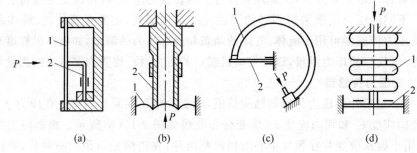

(a)　　　　　(b)　　　　　(c)　　　　　(d)

图 2-17　组合式压力传感器

2.6.3　案例

1. 飞机安全和舒适性测试

LiSA Airplanes 飞机公司开发生产的新型轻质材料飞机 AKOYA,能在陆地、水面和雪上起飞和降落。在新飞机开发中,复杂的结构和零部件测试极为重要。该公司在飞机机翼上安装了应变片(全桥、半桥和单臂)以及其他测试仪器(例如 GPS 定位),通过数据采集系统对飞机的振动进行检测。在安全性能检测和舒适性测试方面,安装在机翼上的应变片提供了有用的数据,优化了飞机飞行的平稳性和舒适性。

2. 对印制电路板进行测试

印制电路板(PCB)在汽车或智能手机移动使用中必须承受恶劣的条件。PCB 上即使是微小的裂纹,也可能导致整个电子系统失效。为了防止发生这种情况,制造商需要测试印制电路板的机械稳定性。应变值是印制电路板应力负载的唯一参数,因此可以通过应变片进行测量。将应变片安装在 PCB 易断裂处,具体如图 2-18 所示。

3. 硬币模压机

对于模压硬币的质量和外观最重要的因素,除所使用的机床和材料外,还包括模压时所用的压力。如模压欧元硬币压力机上,模压压力高达 150t,每分钟模压制造 800 枚硬币,现场动态检测可靠压力技术极为重要。

4. 小型包装机

小型公司和农场的小型称重包装机市场应用前景广泛,根据称重包装机的特点可以选用动态称重传感器,如德国 HBM 公司的 PW22 单点称重传感器。其特点是适用于高频率的动态称重、内置过载保护、多量程(6kg,10kg,20kg,30kg)、高可靠性和更长的服务寿命、偏心过载保护、标准安装尺寸等;满足数十克到 1.5kg 的测量误差要求。小型包装机如图 2-19 所示,该包装机只有一两个进料斗,通过振动轨道或皮带,或直接填充进料。因此能够称重和包装各种食品,甚至是易碎产品(饼干、干果、咖啡、浆果、糖果等)。该包装机是半自动的,价格低廉,生产速度快,手动控制,无须压缩空气,占地面积小。

图 2-18　PCB 检测

图 2-19　称重传感器在小型包装机上的应用

5. 称重给料机

西门子 SITRANS 称重给料机能提高给料精度和混料的一致性,记录可以保存。所有的称重给料机都配有皮带称重桥和速度传感器。一个完整的称重系统还需要一个积分积算仪。

称重给料机用于精确地控制物料的流量。在大多数的应用中,通过适当的整形料门,将物料整形固定成一定的形状与厚度,便于皮带传输。

可以通过调整皮带速度保持恒定的给料量。然而,在某些应用中,皮带的速度是恒定的,通过比例调节功能控制预给料设备实现给料控制。

系统包括三个部分:称重和测速,积分和控制,以及机械输送系统,具体如图 2-20 所示。利用皮带负载和皮带速度信号,积算仪测量出单位时间内累积量的增量,然后计算出流量。当物料随传送带移动通过皮带秤时,通过托辊向称重传感器施加一个正比于物料重量的力,它的合力作用在称重桥上的称重传感器上,并通过应变电阻被检测到,产生正比于皮带负载的电压信号,送给积算仪。根据速度传感器测得的滚轮转速及电机齿轮数,通过计算机运算得出皮带速度。积算仪接收来自称重传感器的重量信号与速度传感器的速度信号后,通过公式:重量×速度=流量,计算皮带上物料的瞬时流量。在时间 T 内对瞬时流量进行积分得到在该时间段 T 内输送的物料重量(累积量)。计量出的流量与期望的流量对比,由积算仪自带的 PID 控制器适当调整皮带速度。

6. 基于 Multisim 和 LabVIEW 的金属箔式应变片称重系统

应变片称重内容可以通过仿真演示,以便于更好地理解原理并掌握其调试,最终更好地用于实际应用。

传感器仿真实验是基于美国 NI 公司的 LabVIEW 和 Multisim 软件进行开发的。使用工具的安装顺序为 LabVIEW、Control Design & Simulation Module、Multisim,同时应保

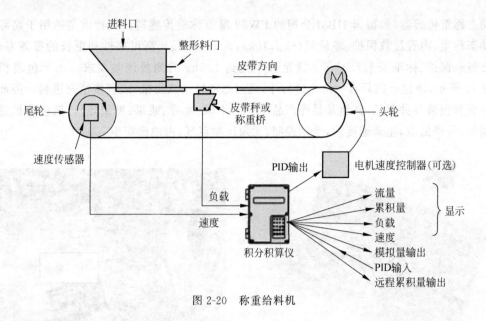

图 2-20　称重给料机

证新安装的软件不低于已安装的版本。美国 NI 公司的 LabVIEW 软件发布时间是每年 8 月,次年 3 月发布软件升级包;Multisin 软件一般是 2 月发布,因此一定要认真核对软件的版本及时间点。以 LabVIEW 2016 版本为例,LabVIEW 2016(2016.8)<=Control Design & Simulation Module (2016.8)<=Multisim 14.1(2017.2)。LabVIEW 和 Multisim 之间的关联如图 2-21 所示。通过 Control Design & Simulation Module,LabVIEW 将控制参数传输给 Multisim,而后者实时仿真并将仿真结果返回给前者。搭建好软件开发环境后,就可以开始进行仿真实验的开发。

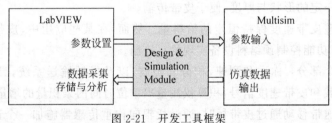

图 2-21　开发工具框架

1) 系统框图

传感器模型和测试电路等由 Multisim 实现;参数变换及指示、过程计算等由 LabVIEW 完成。具体系统框图如图 2-22 所示。

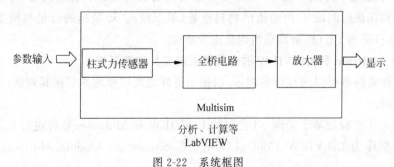

图 2-22　系统框图

2) 具体仿真电路

首先建立电阻应变片传感器模型。以 HBM 公司的电阻应变片($K_s = 2$，标称电阻 350Ω，铜材料，$E = 16\,500\text{kg/mm}^2$)为例。

由根据公式 $\dfrac{\mathrm{d}R}{R} = K_s\varepsilon$ 和柱沿轴向的应变公式 $\varepsilon = \dfrac{\Delta l}{l} = \dfrac{\sigma}{E} = \dfrac{F}{ES}$（设柱面积 $S = 100\text{mm}^2$），可得

$$\mathrm{d}R = K_s\frac{F}{ES}R \tag{2-30}$$

对于称重系统 $F = mg = 9.8m$，其中 m 为物体质量。将各参数代入式(2-30)，得

$$\mathrm{d}R = 2 \times \frac{9.8m}{16\,500 \times 100} \times 350 = 4.16m \times 10^{-3}$$

通过压控电阻模拟电阻应变片，具体如图 2-23 所示。图中，Voltage_In 端为模拟的物体质量(kg)；电压输出 Bridge_Out1 和 Bridge_Out2 连接到后面的仪表放大器。根据应变片接入全桥电路的连接方式，相对的臂应变方向一致，相邻的臂应变方向相反。

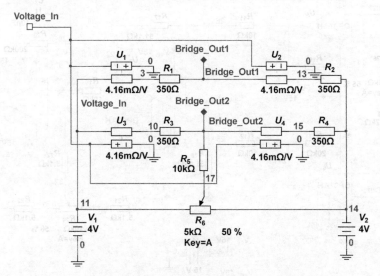

图 2-23　全桥连接的电阻应变片仿真模型

将式(2-30)代入式(2-18)可得全桥的输出电压：

$$U_{o1} = 8 \times \frac{4.16m \times 10^{-3}}{350} = 95.086m \times 10^{-6}(\text{V}) \tag{2-31}$$

图 2-24 的横坐标是模拟物体质量的输入电压量，纵坐标是输出的电压。由图可知，两者之间近似呈线性关系，且满足式(2-31)。

全桥输出的电压仍非常小(μV 级)，因此后续需要接放大电路。这里采用两级放大，前一级是高共模抑制比的仪表放大电路，后一级是反相比例放大电路。具体的电路如图 2-25 所示。U_5、U_6、U_7 构成仪表放大电路，U_8 构成反向比例放大电路。电路中仪表放大器和反相比例放大器的放大倍数分别为 $-\dfrac{R_{17}}{R_{11}}\left(1 + 2\dfrac{R_{10}}{R_{25} + R_9}\right)$ 和 $-\dfrac{R_{20}}{R_{19}}$。代入相关的参数，可得放大电路的总放大倍数约为 90(调零时，R_{26} 滑变电阻的滑片在中点位置)。

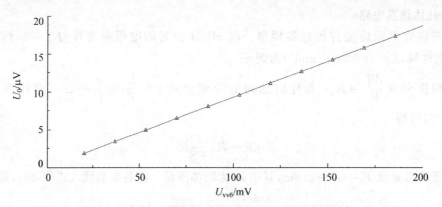

图 2-24　物体重量和输出电压的关系

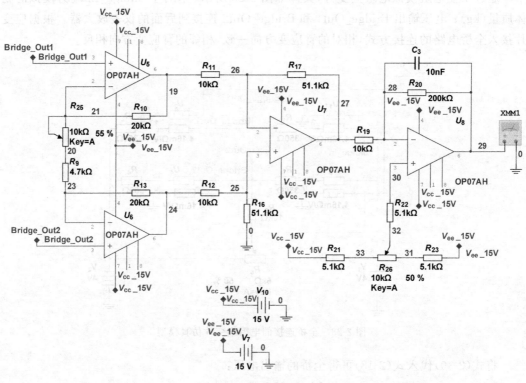

图 2-25　放大电路

具体的输入/输出数据关系如表 2-1 所示。利用 MATLAB 的 polyfit 函数进行最小二乘拟合,得到的拟合公式为 $U_o = 0.0087m - 0.0001$。

表 2-1　输入/输出数据关系

m/kg	d$R = 0.004\ 16m$	U_o/V
0	0	$-0.000\ 012$
0.02	0.000 083 2	5.09×10^{-5}
0.04	0.000 664	0.000 224
0.06	0.000 249 6	0.000 398

续表

m/kg	$dR = 0.004\,16m$	U_o/V
0.08	0.003 328	0.000 572
0.10	0.000 416	0.000 745
0.12	0.000 499 2	0.000 919
0.14	0.000 582 4	0.001 092
0.16	0.000 665 6	0.001 266
0.18	0.000 748 8	0.001 439
0.20	0.000 832	0.001 613

3）虚拟仪器的实现

为了更直观地将输出电压转换为物体质量，考虑结合 LabVIEW 在数据处理和人机交互方面的优势，将称重系统以较完整的形式体现。

虚拟仪器由前面板和程序框图两部分组成，前面板是人机交互接口，程序框图完成相应的功能。具体的虚拟仪器如图 2-26 所示。

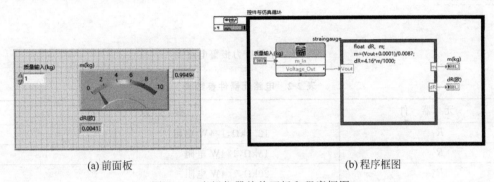

(a) 前面板   (b) 程序框图

图 2-26 虚拟仪器的前面板和程序框图

按预期完成程序并做好源程序备份后，利用 LabVIEW 的 Web 发布工具（工具→Web 发布工具）将程序发布到网站上。在没有安装 LabVIEW 和 Multisim 软件的计算机上也能够操作，在 IE 中打开 Web 发布的地址，用户可以修改参数，观察分析运行结果；能方便地进行交互式操作，在解决软件限制的同时也提高了教学质量。

7. 空气压力报警器

该空气压力报警器的核心是 MPX2100DP，带有温度补偿和校正的硅压阻压力传感器，具有精确度高、线性度好的特点。该传感器是 4 个引脚的封装形式，在电路连接中非常方便，具体的管脚如图 2-27 所示。具体的空气压力报警电路如图 2-28 所示，3 脚接 5V 电源，1 脚接地，压力探测头的输出 2、4 脚分别接两级放大器 U_{1A} 和 U_{1B}。U_{1C} 作比较器使用。U_{1C} 的输出耦合到电阻 R_{10} 上，通过 R_{10} 驱动晶体管 Q_1，晶体管驱动后面的继电器。通过继电器的开关状态控制报警蜂鸣器。电路具体的元器件参数如表 2-2 所示。

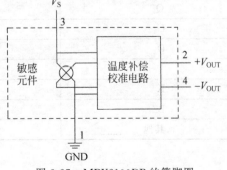

图 2-27 MPX2100DP 的管脚图

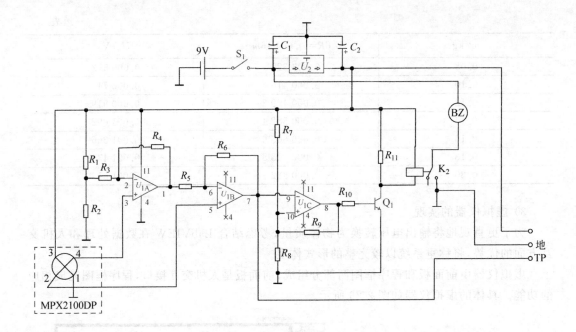

图 2-28 空气压力报警电路图

表 2-2 电路元器件参数表

元 器 件	参 数
R_1	12.1kΩ,1/4W 电阻
R_2	15kΩ,1/4W 电阻
R_3	20kΩ,1/4W 电阻
R_4,R_5	100Ω,1/4W 电阻
R_6	20kΩ,1/4W 电阻
R_7,R_8	10kΩ,1/4W 电阻
R_9	121Ω,1/4W 电阻
R_{10}	24.3kΩ,1/4W 电阻
R_{11}	4.75kΩ,1/4W 电阻
C_1	1μF,35V 电解电容
C_2	10μF,35V 电解电容
Q_1	MMBT3904LT1 晶体管
U_1	LM324,运算放大器
U_2	LM7805 5V 稳压芯片
	MPX2100DP Motorola 差分压力探测头
K_2	5V 微型单刀双掷继电器
BZ	9V 压电蜂鸣器
其他	9V 电池,支架,聚乙烯管等

8. 压力计

压力计用于将压力转换成电信号,同时将重量信息通过 LED 显示出来,因此压力计主要由压力传感器和显示电路构成,具体如图 2-29 所示。显示器件 LM3914 为 NI 公司生产的 LED 显示器,MPX5100 是摩托罗拉公司生产的压阻式压力传感器。该传感器将压力转换为电信号,然后通过驱动 LM3914 的 LED 灯的亮灭个数反映压力的大小。

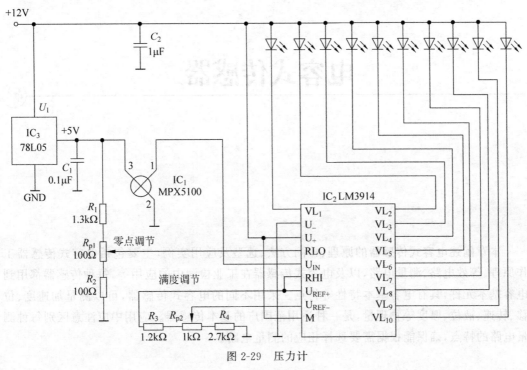

图 2-29 压力计

第3章

电容式传感器

本章阐述电容式传感器的原理、检测方法、选型及应用实例,主要包括电容式传感器工作原理、等效电路、测量电路,以及电容式传感器在工业检测中的应用等,每种传感器都用到电容基本元件,具有电容基本特性等特点。采用不同的电容式传感器,可以测量加速度、位移、转速、液位、厚度等物理量,是一种适用范围广的基本传感器。应用中应注意区别每种测量电路的特点,确保能根据需要选择相应的测量电路。

3.1 电容式传感器的工作原理和特性

电容式传感器是以电容器为敏感元件,将被测非电量转换为电容量变化的传感器。以两个平行金属板组成的平板电容器为例,不考虑边缘效应时,电容量为

$$C = \frac{\varepsilon S}{d} = \frac{\varepsilon_0 \varepsilon_r S}{d} \tag{3-1}$$

式中,ε 为电容极板间介质的介电常数;ε_0 为真空介电常数,$\varepsilon_0 = 8.85 \times 10^{-12} \mathrm{F/m}$;$\varepsilon_r$ 为极板间介质的相对介电常数;S 为两平行板所覆盖的面积(m^2);d 为两平行板之间的距离(m)。

当被测参数变化 S、d 或 ε 发生变化时,电容量 C 也随之变化。根据这一特性,可以制作出变面积型、变极距型和变介电常数型三种类型的传感器。各种类型的电容式传感器结构如图 3-1 所示。

3.1.1 工作原理

1. 变极距型电容式传感器

变极距型电容式传感器的结构如图 3-2 所示,1 是定极板固定不动;2 是动极板,随被测物体上下移动;两块极板间的间距是 d;假设初始间距是 d_0。

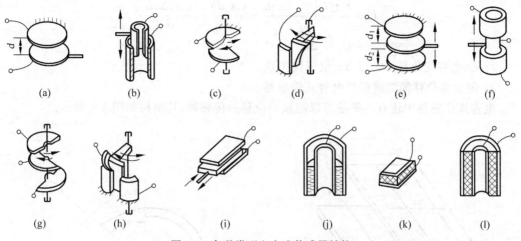

图 3-1 各种类型电容式传感器结构

若电容器极板间距离由初始值 d_0 缩小了 Δd,电容量增大了 ΔC,则有

$$C = C_0 + \Delta C = \frac{\varepsilon_0 \varepsilon_r S}{d - \Delta d} = \frac{C_0}{1 - \dfrac{\Delta d}{d}} = \frac{C_0\left(1 + \dfrac{\Delta d}{d}\right)}{1 - \left(\dfrac{\Delta d}{d}\right)^2} \tag{3-2}$$

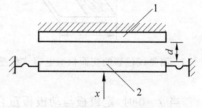

图 3-2 变极距型电容式传感器结构

可知电容与间距为非线性关系。若 $\Delta d/d \ll 1$ 时,则式(3-2)可简化为

$$C = C_0 + C_0 \frac{\Delta d}{d} \tag{3-3}$$

可见,在极板间距变化很小时,电容量与极距的相对变化量近似呈正比关系。这就是变极距型电容传感器的工作原理。

【例】 有一台变极距非接触式电容测微仪,其传感器的圆形极板半径 $r = 4\text{mm}$,假设与被测工件的初始间隙 $d_0 = 0.3\text{mm}$,极板间介质为空气 $\varepsilon_0 = 8.85 \times 10^{-12} \text{F/m}$。如果间隙减少 $\Delta d = 20\mu\text{m}$,电容的变化量 ΔC 是多少?

解:$C = \dfrac{\varepsilon S}{\delta_0}$

初始电容为

$$C_0 = \frac{\varepsilon_0 S}{d_0} = \frac{\varepsilon_0 \pi r^2}{d_0} = \frac{8.85 \times 10^{-12} \times 3.14 \times (4 \times 10^{-3})^2}{0.3 \times 10^{-3}} (\text{F}) = 1.48 \times 10^{-12} (\text{F}) = 1.48 (\text{pF})$$

当间隙减少 $\Delta d = 20\mu\text{m}$,则 $\Delta C = C_0 \dfrac{\Delta d}{d_0} = 1.48 \times \dfrac{20 \times 10^{-3}}{0.3} (\text{pF}) = 0.099 (\text{pF})$

2. 变面积型电容式传感器

1) 测量线位移的变面积型电容式传感器

这种类型电容式传感器的结构仍然是由一块定极板和一块动极板组成,如图3-3所示。当动极板相对于定极板沿着长度方向平移时,其电容量变化为

$$C = \frac{\varepsilon_0 \varepsilon_r (a - \Delta x) b}{d} = \frac{\varepsilon_0 \varepsilon_r ab}{d} - \frac{\varepsilon_0 \varepsilon_r \Delta x b}{d}$$

$$= C_0 - \Delta C$$

可见,电容变化量 ΔC 与 Δx 呈线性关系。

2) 测量角位移的变面积型电容式传感器

电容式传感器中还有一类是可以测量角位移的传感器,其结构如图 3-4 所示。

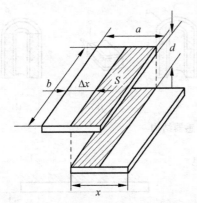 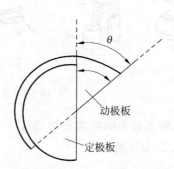

图 3-3　测量线位移的变面积型电容式传感器结构　　图 3-4　测量角位移的变面积型电容式传感器结构

当 $\theta = 0$ 时,定极板与动极板重合,则有

$$C_0 = \frac{\varepsilon_0 \varepsilon_r S_0}{d_0}$$

式中,S_0 为极板间初始覆盖面积;d_0 为极板间距。

当 $\theta \neq 0$ 时,即定极板和动极板错开 θ 角,则

$$C = \frac{\varepsilon_0 \varepsilon_r S_0 \left(1 - \dfrac{\theta}{\pi}\right)}{d_0} = C_0 \left(1 - \frac{\theta}{\pi}\right)$$

可见,传感器电容量 C 与角位移 θ 呈线性关系。

3. 变介电常数型电容式传感器

1) 测量液位的变介电常数型电容式传感器

这类电容传感器常用来测量液位、物位、料位等参数,其典型结构如图 3-5 所示。

传感器分为外筒和内筒,由金属材料做成,构成圆筒状的电容器。当液位为 0 时,该传感器的初始电容为

$$C_0 = \frac{2\pi \varepsilon H}{\ln \dfrac{D}{d}}$$

式中,H 为电容器圆柱高度(m);D 为外电极的内直径(m);d 为内电极的外直径(m)。

当液位高度为 h 时,电容量为

$$C = \frac{2\pi \varepsilon_1 h}{\ln \dfrac{D}{d}} + \frac{2\pi \varepsilon (H - h)}{\ln \dfrac{D}{d}} = \frac{2\pi \varepsilon H}{\ln \dfrac{D}{d}} + \frac{2\pi h (\varepsilon_1 - \varepsilon)}{\ln \dfrac{D}{d}} = C_0 + \frac{2\pi h (\varepsilon_1 - \varepsilon)}{\ln \dfrac{D}{d}}$$

可见,电容量与液位高度 h 呈线性关系。

2) 测量介电常数的变介电常数型电容式传感器

这类传感器常用于测量通过电容极板间的物质的介电常数,从而判断生产流水线上的产品质量是否合格。其结构如图 3-6 所示。

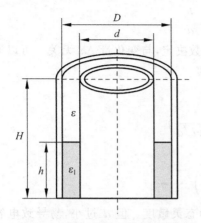

图 3-5 电容式液位传感器结构

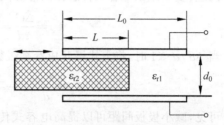

图 3-6 测量介电常数的电容式传感器结构

图 3-6 中,b_0 为极板宽度;d_0 为极板间距;L_0 为极板长度;ε_{r1} 为空气的相对介电常数;ε_{r2} 为被测物体的相对介电常数。

初始状态时,传感器的初始电容量为

$$C_0 = \frac{\varepsilon_0 \varepsilon_{r1} L_0 b_0}{d_0}$$

当相对介电常数为 ε_{r2} 的被测物体进入电容器 L 长度时,电容量变为

$$C = C_1 + C_2 = \varepsilon_0 b_0 \frac{\varepsilon_{r1}(L_0 - L) + \varepsilon_{r2} L}{d_0}$$

若 $\varepsilon_{r1} = 1$,则引起电容相对变化量为

$$\frac{\Delta C}{C_0} = \frac{C - C_0}{C_0} = \frac{(\varepsilon_{r2} - 1)L}{L_0}$$

可见,该传感器测量的电容相对变化量与 ε_{r2} 呈正比关系,因此可以用来测量物体的相对介电常数。

3.1.2 电容式传感器的特性

1. 静态灵敏度

电容式传感器的静态灵敏度定义为被测量缓慢变化时传感器电容变化量与引起其变化的被测量变化之比,是衡量电容式传感器灵敏度的一个重要指标。以图 3-7 所示平板式变面积型电容式传感器为例。

其初始电容值为

$$C_0 = \varepsilon \frac{S}{d} = \varepsilon \frac{ab}{d}$$

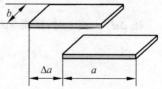

图 3-7 平板式变面积型电容式传感器

动极板移动 Δa 后,电容的变化量为

$$\Delta C = \varepsilon \frac{ab}{d} - \varepsilon \frac{(a-\Delta a)b}{d} = \varepsilon \frac{\Delta ab}{d} = C_0 \frac{\Delta a}{a}$$

则静态灵敏度 k_g 为

$$k_g = \frac{\Delta C}{\Delta a} = \frac{C_0}{a} = \varepsilon \frac{b}{d}$$

可见,静态灵敏度由电容式传感器本身的结构参数决定,与变化量 Δa 无关。可以通过增加极板宽度 b 或者降低极板间距 d 提高静态灵敏度。

同理,变极距型电容式传感器的静态灵敏度为

$$k_g = \frac{\Delta C}{\Delta d} = \frac{C_0}{d}\left(\frac{1}{1-\Delta d/d}\right)$$

当 $\Delta d/d \ll 1$ 时,将上式展开成泰勒级数得

$$k_g = \frac{C_0}{d}\left[1 + \frac{\Delta d}{d} + \left(\frac{\Delta d}{d}\right)^2 + \cdots\right]$$

可见,减小极板间距可以提高电容式传感器的静态灵敏度。但 d 过小,易导致电容器击穿(空气的击穿电压为 3kV/mm),解决的办法是在极间加一层云母片(击穿电压 $> 10^3$ kV/mm)或塑料膜改善电容器的耐压性能,从而通过减小极板间距提高灵敏度。

2. 非线性

在变极距型电容式传感器中,由式(3-2)可以得到

$$\Delta C = C_0 \frac{\Delta d}{d \pm \Delta d} = C_0 \frac{\Delta d}{d}\left(\frac{1}{1 \pm \Delta d/d}\right)$$

当 $\Delta d/d \ll 1$ 时,将上式展开成泰勒级数得

$$\Delta C = C_0 \frac{\Delta d}{d}\left[1 \mp \frac{\Delta d}{d} + \left(\frac{\Delta d}{d}\right)^2 \mp \left(\frac{\Delta d}{d}\right)^3 + \cdots\right]$$

可见电容变化量与间距变化量呈非线性关系。为了减小其非线性,并且提高灵敏度,在实际应用中,电容式传感器大多采用差动式结构,如图 3-8 所示。

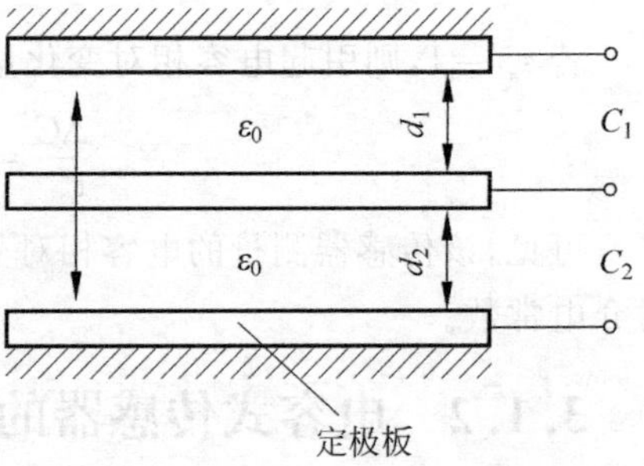

在差动式平板电容器中,当动极板上移 Δd 时,电容器 C_1 的间隙 d_1 变为 $d_0 - \Delta d$,电容器 C_2 的间隙 d_2 变为 $d_0 + \Delta d$,则

$$C_1 = C_0 \frac{1}{1 - \Delta d/d_0}$$

$$C_2 = C_0 \frac{1}{1 + \Delta d/d_0}$$

图 3-8　差动平板式电容式传感器结构

在 $\Delta d/d_0 \ll 1$ 时,按泰勒级数展开得

$$C_1 = C_0\left[1 + \frac{\Delta d}{d_0} + \left(\frac{\Delta d}{d_0}\right)^2 + \left(\frac{\Delta d}{d_0}\right)^3 + \cdots\right]$$

$$C_2 = C_0\left[1 - \frac{\Delta d}{d_0} + \left(\frac{\Delta d}{d_0}\right)^2 - \left(\frac{\Delta d}{d_0}\right)^3 + \cdots\right]$$

电容值总的变化量为

$$\Delta C = C_1 - C_2 = 2C_0 \left[\frac{\Delta d}{d_0} + \left(\frac{\Delta d}{d_0} \right)^3 + \left(\frac{\Delta d}{d_0} \right)^5 + \cdots \right]$$

电容值相对变化量为

$$\frac{\Delta C}{C_0} = 2 \frac{\Delta d}{d_0} \left[1 + \left(\frac{\Delta d}{d_0} \right)^2 + \left(\frac{\Delta d}{d_0} \right)^4 + \cdots \right]$$

略去高次项,可以得到

$$\frac{\Delta C}{C_0} \approx 2 \frac{\Delta d}{d_0}$$

可见,电容的变化量 $\Delta C / C_0$ 与 $\Delta d / d_0$ 近似呈线性关系,同时灵敏度也提高了一倍。

3.2　电容式传感器的等效电路

一个实际的电容式传感器包含以下参数: L 为包括引线电缆的电感和电容式传感器本身的电感; r 由引线电阻、极板电阻和金属支架电阻组成; C_0 为传感器本身的电容; C_p 为引线电缆、所接测量电路及极板与外界所形成的总寄生电容; R_g 为极间等效漏电阻,包含极板间的漏电损耗和介质损耗、极板与外界间的漏电损耗和介质损耗。如图 3-9 所示。

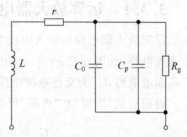

图 3-9　电容式传感器的等效电路

在不同的使用环境下,可以只考虑主要影响因素,略去次要因素。如在低频环境下,传感器电容的阻抗非常大, L 和 r 的影响可忽略,等效电容 $C = C_0 + C_p$,等效电阻 $r_e \approx R_g$,等效电路可以近似为图 3-10 所示的电路。

在高频环境下,电容的阻抗变小, L 和 r 的影响不可忽略,漏电的影响可忽略,其中 $C = C_0 + C_p$,而 $r_e \approx r$,则电容式传感器可以等效为图 3-11 所示电路。

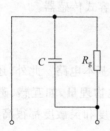

图 3-10　电容式传感器的低频等效电路

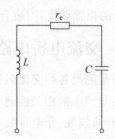

图 3-11　电容式传感器的高频等效电路

$$\frac{1}{j\omega C_e} = j\omega L + \frac{1}{j\omega C} + r_e$$

由于电容传感器电容量一般都很小,电源频率即使采用几兆赫兹,容抗仍很大,而 r_e 很小可以忽略,因此

$$C_e = \frac{C}{1 - \omega^2 L C}$$

此时电容传感器的等效灵敏度为

$$k_e = \frac{\Delta C_e}{\Delta d} = \frac{\Delta C/(1-\omega^2 LC)^2}{\Delta d} = \frac{k_g}{(1-\omega^2 LC)^2}$$

可见,当电容式传感器的供电电源频率较高时,传感器的灵敏度由 k_g 变为 k_e,k_e 与传感器的固有电感(包括电缆电感)有关,且随 ω 变化而变化。因此,在实际应用前必须进行标定,否则将会引入测量误差。

3.3 电容式传感器的测量电路

电容式传感器输出的电容量以及电容变化量都非常小,不能直接驱动显示记录仪器,也不便于传输,必须借助于信号调理电路检出这一微小电容增量,并将其转换成与其成单值函数关系的电压、电流或者频率信号。电容式传感器的信号调理电路种类很多,常用的有运算放大器电路、电桥电路、调频电路、双 T 形电路、脉宽调制电路等。

3.3.1 运算放大器电路

运算放大器电路的输入阻抗和开环放大倍数都非常大,是电容式传感器比较理想的信号调理电路,如图 3-12 所示。图中 C_x 是变极距式电容传感器,C 是固定电容,U_i 为交流电源电压,U_o 是输出信号电压。

根据运放"虚短"和"虚断"可得

$$U_o = -\frac{C}{C_x} U_i \tag{3-4}$$

将 $C_x = \varepsilon A/d$ 代入式(3-4),得

$$U_o = -U_i \frac{C}{\varepsilon A} d \tag{3-5}$$

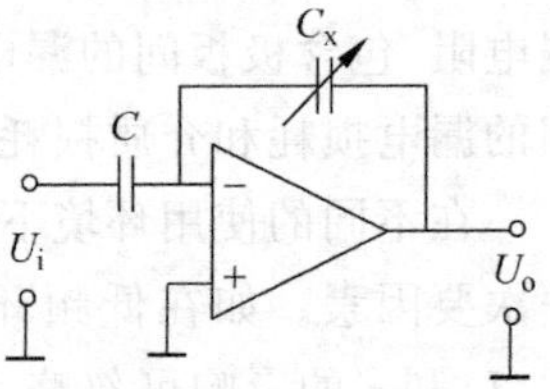

图 3-12 运算放大器电路

运放输出 U_o 与极板间距 d 呈线性关系,解决了变极距型电容式传感器的非线性问题。若将 C_x 和 C 的位置调换,则适合于变面积型和变介质型电容式传感器。

3.3.2 交流电桥电路

交流电桥是测量各种交流阻抗(如测量电容,电感等)的基本电路。此外,还可利用交流电桥平衡条件与频率的相关性测量与电容、电感有关的其他物理量,如互感、磁性材料的磁导率、电容的介质损耗、介电常数和电源频率等,其测量准确度和灵敏度都很高,在电磁测量中应用极为广泛。

交流电桥与直流电桥的不同在于桥臂组成元件和信号种类(直流量、交流量),在交流电桥中供电电源为交流电源,桥臂中有电容(或电感、电阻),不会是纯电阻桥臂,交流电桥的平衡条件与直流电桥相似,都是对臂乘积要相等。

电容式传感器常接成差动结构,接入交流电桥的两个相邻桥臂,另外两个桥臂可以是固定电阻、电容或电感,也可以是变压器的两个次级线圈,如图 3-13 所示。

从电桥灵敏度考虑,图 3-13(a)~(c)形式的灵敏度高,图 3-13(d)~(f)形式的灵敏度相对较低。在设计和选择电桥形式时,除了考虑电桥灵敏度外,还应考虑电桥输出电压是否稳定(即受外界干扰影响大小)、输出电压与电源电压之间的相移大小、电源与元件所允许的功

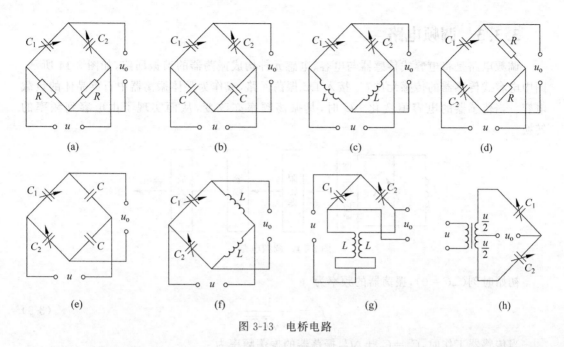

图 3-13 电桥电路

率以及结构上是否容易实现等。在实际电桥电路中,还要设置零点平衡调节、灵敏度调节等环节。

图 3-13(g)为紧耦合电感臂电桥,具有较高的灵敏度和稳定性,且寄生电容影响极小,大大简化了电桥的屏蔽和接地,非常适合于高频工作。

图 3-13(h)为变压器电桥,使用元件最少,电桥内阻最小,因此目前较多采用这种形式。设变压器次级线圈的感应电势为 $u/2$,电桥后接放大器的输入阻抗 $R_L \rightarrow \infty$,则电桥输出电压为

$$u_o = \frac{u}{2} \frac{C_1 - C_2}{C_1 + C_2} \tag{3-6}$$

对于变极距型电容式传感器,$C_1 = \dfrac{\varepsilon S}{d_0 - \Delta d}$,$C_2 = \dfrac{\varepsilon S}{d_0 + \Delta d}$,则

$$u_o = \frac{u}{2} \frac{\Delta d}{d} \tag{3-7}$$

对于变面积型电容式传感器,$C_1 = \dfrac{\varepsilon (S_0 + \Delta S)}{d}$,$C_2 = \dfrac{\varepsilon (S_0 - \Delta S)}{d}$,则

$$u_o = \frac{u}{2} \frac{\Delta S}{S_0} \tag{3-8}$$

电桥输出电压 u_o 与极距变化量 Δd、面积变化量 ΔS 都呈线性关系。由于输出电压与电源电压成正比,需要采用稳幅、稳频等措施稳定电源电压;传感器必须工作在平衡位置附近,在要求精度很高的场合(如飞机用油量表),可采用自动平衡电桥;交流电桥的输出阻抗很高(几兆至几十兆欧),输出电压幅值又小,必须后接高输入阻抗的放大器,将电桥输出电压放大后再进行测量。

3.3.3　调频电路

调频电路是将电容式传感器与电容、电感元件构成振荡器的谐振回路,如图 3-14 所示。图中电容式传感器的传感元件 C_x 接入 LC 振荡回路,或作为晶体振荡器中石英晶体的负载电容。当传感器的电容值变化 ΔC 时,其振荡频率亦改变,从而实现了由电容到频率的转换。

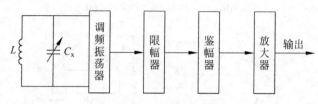

图 3-14　调频电路

初始时刻($\Delta C = 0$),振荡器的频率为

$$f_0 = \frac{1}{2\pi\sqrt{LC_0}} \tag{3-9}$$

当传感器工作时,$C_x = C_0 \pm \Delta C$,振荡器的振荡频率为

$$f = f_0 + \Delta f = \frac{1}{2\pi\sqrt{L(C_0 \pm \Delta C)}} \tag{3-10}$$

振荡器输出是一个受被测信号调制的频率波,中心频率 f_0 一般选在 1MHz 以上。调频电路的灵敏度较高,可以测量 $0.01\mu m$ 级甚至更小的位移变化量。输出调频波易于用数字仪器测量,便于与计算机通信,抗干扰能力强,可以发送、接收以实现遥控测量。

3.3.4　脉宽调制电路

脉宽调制电路也称脉冲调制电路,如图 3-15 所示。

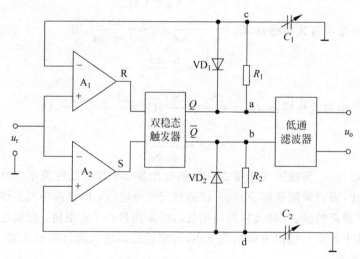

图 3-15　脉宽调制电路

A_1、A_2 为电压比较器，U_r 为参考电压；C_1、C_2 为差动式电容传感器，与固定电阻 R_1、R_2 构成两个充放电回路；双稳态触发器采用负电平输入，输出由电压比较器控制，触发器功能表如表 3-1 所示；电压经低通滤波器后，输出电压平均值。

表 3-1　双稳态 RS 触发器功能表

S	R	Q	$\overline{Q}$
0	0	保持原态	
0	1	0	1
1	0	1	0
1	1	不允许出现	

工作过程如下：

(1) 若接通电源后，触发器 Q 端（a 点）为高电平（$U_a = U$），$\overline{Q}$ 端（b 点）为低电平（$U_b = 0$），则 Q 端通过 R_1 对电容 C_1 充电，时间常数 $\tau_1 = R_1 C_1$。

(2) 当 C_1 充电至 $U_c \geqslant U_r$ 时，比较器 A_1 翻转，$U_a = 0$，$U_b = U$，此时，C_1 上已充电电荷通过二极管 VD_1 迅速放电至零（$U_c = 0$），而 $\overline{Q}$ 端通过 R_2 对电容 C_2 充电，时间常数 $\tau_2 = R_2 C_2$。

(3) 当 C_2 充电至 $U_d \geqslant U_r$ 时，比较器 A_2 翻转，$U_a = U$，$U_b = 0$，此时，C_2 上已充电电荷通过二极管 VD_2 迅速放电至零（$U_d = 0$），Q 端又通过 R_1 对电容 C_1 充电，周而复始重复过程(2)(3)，在 a、b 两点分别输出宽度受 C_1、C_2 调制的矩形脉冲。

当 $C_1 = C_2 = C_0$，$R_1 = R_2 = R$ 时，各点输出波形如图 3-16(a)所示。由于 $\tau_1 = \tau_2 = RC_0$，U_a 和 U_b 脉冲宽度相等，即 U_{ab} 为对称方波，经低通滤波器输出的平均电压 $U_o = 0$。

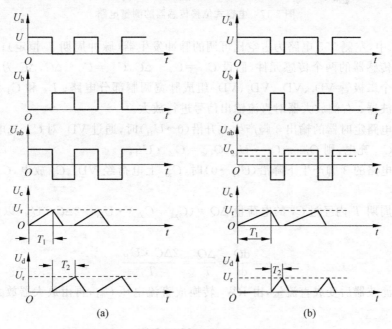

图 3-16　脉宽调制电路各点电压波形

当 $C_1 \neq C_2$ 时，设 $C_1 = C_0 + \Delta C$，$C_2 = C_0 - \Delta C$，则 $\tau_1 = R(C_0 + \Delta C)$，$\tau_2 = R(C_0 - \Delta C)$，各点输出波形如图 3-16(b)所示。$U_a$ 和 U_b 脉冲宽度不相等，此时低通滤波器的输出电压为

$$U_o = U_a - U_b = \frac{T_1 - T_2}{T_1 + T_2}U = \frac{C_1 - C_2}{C_1 + C_2}U \tag{3-11}$$

式中，T_1、T_2 分别为 C_1、C_2 充电至 U_r 时所需时间，$T_1 = RC_1 \ln \dfrac{U}{U-U_r}$，$T_2 = RC_2 \ln \dfrac{U}{U-U_r}$。

脉宽调制电路适用于任何类型的差动式电容传感器，理论上都是线性的，转换效率高，经过低通滤波器就可得到较大的直流输出电压，调宽频率的变化对输出没有影响。

3.3.5　典型应用和特点

电容式传感器测位移（如电缆芯的偏心检测）电路如图 3-17 所示，它是一种脉宽调制电路。

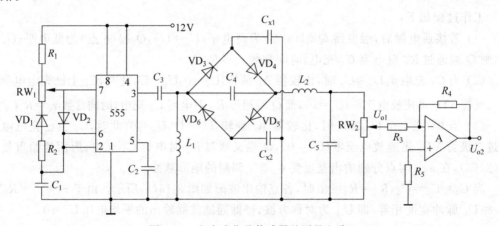

图 3-17　电容式位移传感器的测量电路

图 3-17 中，左侧 555 电路为占空比可调的脉冲发生器（脉冲周期 T 恒定）；C_{x1}、C_{x2} 为差动式电容传感器的两个传感元件（假设 $C_{x1} = C_x + \Delta C$，$C_{x2} = C_x - \Delta C$，ΔC 为差动电容变化量），与四个二极管 VD_3、VD_4、VD_5、VD_6 组成脉宽调制部分电路；L_2 和 C_5 组成一个简单的低通滤波器；右侧放大器对直流输出信号进行放大。

当 555 电路定时器的输出 3 脚产生上升沿（$0 \to U_H$）时，通过 VD_3 对 C_{x1} 充电，同时通过 C_4、VD_5 对 C_{x2} 充电，则 $Q_{Cx1} = C_{x1} \cdot U_H$，$Q_{Cx2} = C_{x2} \cdot U_H$。

当 555 电路的 3 脚产生下降沿（$U_H \to 0$）时，C_{x1} 上电荷经 VD_4、C_4 放电，C_{x1} 上电荷经 VD_6 放电。

在一个周期 T 内经过 C_4 的电荷量 $\Delta Q = (C_{x2} - C_{x1}) \cdot U_H = 2\Delta C \cdot U_H$（以向右为参考方向），则

$$i = \frac{dQ}{dt} = \frac{\Delta Q}{T} = \frac{2\Delta C \cdot U_H}{T}$$

电流经滤波器后变成直流量，由 RW_2 转换成直流电压 U_{o1}，再由放大器放大至 U_{o2}，可计算得

$$U_{o1} = i \cdot RW_2 = \frac{2U_H \cdot RW_2}{T} \cdot \Delta C$$

由上式可知 $U_{o1} \propto \Delta C$，输出电压与差动电容变化量呈正比。555 电路产生的脉冲周期 $T > 10\tau$，且脉冲占空比应调至 50%，以保证两电容能够完全充/放电。

3.4 电容式传感器的应用

3.4.1 电容式加速度传感器

电容式加速度传感器(Capacitive Acceleration Sensor)是基于极距变化型电容式传感器的原理,再配接"m-k-c"系统构成的一类加速度传感器。其工作原理是质量块的表面作为电容器的活动极板,在加速度的作用下,活动极板与固定极板间的间隙发生改变,从而引起可变电容值的变化测定加速度,如图3-18所示。

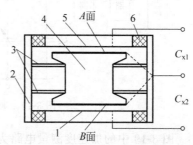

图3-18 电容式加速度传感器结构原理
1,5—固定极板;2—壳体;3—簧片;
4—质量块;6—绝缘体

注:"m-k-c"是传统的质量-弹簧系统与电容器结合的一种元件,电容极板的可动极板为质量块的上、下表面。

在图3-18所示电容式加速度传感器结构中,包含了固定极板、质量块、弹簧片等主要部分,弹簧片与质量块相连,质量块的 A 面与 B 面与固定极板间形成可变电容 C_{x1} 和 C_{x2},在外力加速度的作用下,质量块发生位移,使上、下两个电容量发生差动式变化,一个增大,另一个减小,最后由测量电路输出对应于加速度大小的电压或电流信号。

这种传感器一般用于测量气流(或液流)的振动加速度,还可以进一步测出压力。由牛顿第二定律 $F=ma$,弹簧片受到作用力 F 后,产生弹簧变形使质量块发生位移 x,根据胡克弹性定律,有

$$x = F/k \tag{3-12}$$

式中,k 为弹簧系统的倔强系数(N/m)。

胡克弹性定律:弹簧在发生弹性形变时,弹簧的弹力 F 与弹簧的伸长量(或压缩量)x 呈正比,即 $F=kx$。k 是物质的弹性系数,又称倔强系数,它只由材料的性质决定,与其他因素无关。

质量块的位移反映到电容量的变化上,根据电容量计算公式

$$C = \frac{\varepsilon S}{d}$$

假设质量块向下移动,则电容 C_1 为

$$C_1 = \frac{\varepsilon S}{d+x} \tag{3-13}$$

电容 C_2 为

$$C_2 = \frac{\varepsilon S}{d-x} \tag{3-14}$$

式中,S 为电容器的有效面积(m²);ε 为电容的介电常数(F/m);d 为电容的初始间距(m)。

将传感器测得的两个电容连在相应的测量电路中,其输出信号可以反映加速度的大小。典型的电容式加速度传感器测量电路如图3-19所示。

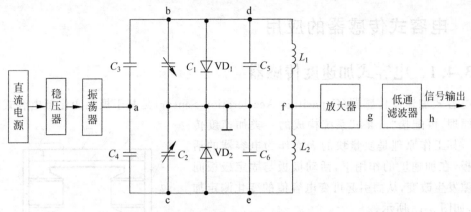

图 3-19   典型的电容式加速度传感器测量电路

图 3-19 中的加速度测量电路为交流电桥电路，直流电源作为电路的供电电源，需要通过稳压器稳压，保证电源不受外界波动影响，稳压后的直流信号通过振荡器产生幅值不变、频率大于 1MHz 的交流电压，作为电容电桥的载波信号引入 a 点，传感器输出的电容 C_1 和 C_2 随着测量信号发生变化，叠加在载波上面于 b、c 点形成调幅信号，该信号经过解调，送至 d 点和 e 点处得到信号的峰值电压，然后在 f 点处输出至标准放大器，对传感器的输出信号进行放大，使输出落在公差范围内，然后利用低通滤波器消除高频干扰或载波频率的残余影响，最后在 h 点处的输出信号，该信号就是正比于电容极板电容变化量的电压信号。

电容式传感器测量的电容值和电容变化量都非常小，传感器周围环境中的杂散电容尤其是连接导线与周围介质存在的电容，对传感器的测量影响较大，因此大多数电容式加速度传感器与测量电路组合成集成电路，将传感器信号进行调理并输出，这样就可以最大限度降低杂散电容的影响。电容式加速度传感器如图 3-20 所示。

电容式加速度传感器具有精度较高、频率响应范围宽、量程大、温度漂移小等优点，可以承受较高的冲击，也可以测量低频振动的加速度，因此应用比较广泛；其

图 3-20   电容式加速度传感器外形

缺点是高频测量特性不佳，与压电式加速度传感器相比，具有较大的相移和较高的背景噪声。

3.4.2   电容式接近开关

1. 工作原理

电容式接近开关的核心是以单个极板作为检测端的电容器，检测极板设置在接近开关的最前端，靠近开关的被测物体表面作为电容器的另一个极板。当物体与开关之间的距离发生变化时，电容随之改变，经过安装在接近开关壳体内的调理电路，就可以输出开关量信号，如图 3-21 所示。

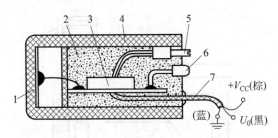

图 3-21　电容式接近开关结构

1—检测极板；2—充填树脂；3—测量转换电路；4—塑料外壳；5—灵敏度调节按钮；6—工作指示灯；7—信号电缆

当没有物体靠近电容式接近开关的检测极板时，检测极板与大地之间的电容量 C 非常小，它与电感 L 构成高品质因数的 LC 振荡电路，电容式传感器作为 LC 振荡器谐振回路的一部分，系统结构如图 3-22 所示。

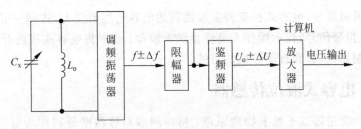

图 3-22　电容式接近开关电路原理

当电容式传感器电容量 C_x 发生变化时，振荡器的振荡频率发生相应的改变，这样就实现了电容—频率的变换。振荡器的频率由下式决定：

$$f = \frac{1}{2\pi\sqrt{LC_x}} \tag{3-15}$$

式中，f 为振荡电路频率（Hz）；L 为线圈的品质因数，无量纲；C_x 为电容式接近开关电容（F）。

图 3-22 中，当被检测物体是一端为地电位的导体（例如人体），该导体靠近电容式接近开关时，检测极板对地电容 C_x 增大，这时振荡器输出的频率降低，频率的变化通过鉴频器转换为电压的变化，经过放大器输出电压，就可以知道传感器与被测物体形成的电容量的大小，从而转换成物体与电容式接近开关距离的大小。

2. 电容式接近开关使用注意事项

（1）电容式接近开关的接通时间约为 50ms，所以在产品设计中，当负载和接近开关采用不同电源时，应先接通接近开关的电源。

（2）当使用感性负载（如灯、发动机等）时，瞬态冲击电流较大，容易造成电容击穿，在这些应用场合一般要使用交流继电器作为中间转换元件。

（3）由于电容器受潮湿、灰尘等因素的影响比较大，为保证长期稳定工作，需要定期检测电容式接近开关的接线和连接部位是否接触良好，是否有粉尘黏附等情况。

3. 电容式接近开关的应用

在用封闭式粮仓储存粮食的过程中，为了保证粮食的品质，必须经常倒库。在向粮仓中装入粮食时，需要安装物位检测系统控制装入粮食的上限，这里干燥的粮食是绝缘介质，因此可以选用电容式接近开关测量谷物的高度，如图 3-23 所示。

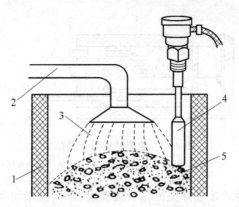

图 3-23　电容式接近开关测量物位示意

1—粮仓外壁；2—输送管道；3—粮食；4—电容式接近开关；5—粮食界面

在粮食上升过程中，电容式接近开关检测到的电容量逐渐变大，达到一定电容量时调理电路动作，输出报警信号，提示操作人员停止倒入粮食；或者将电容式接近开关的输出信号传递给自动控制系统，起到自动停机的目的。

3.4.3　电容式液位传感器

电容式液位变送器基于如下物理原理：将探测器与容器壁分别作为电容器的两极，容器中的液体就是两者之间的电介质——绝缘物。由于一般液体的介电常数都比空气的大，因此流体液位的变化将带来电容量的变化，如图 3-24 所示。

注：介质在外加电场时会产生感应电荷而削弱电场，原外加电场（真空中）与介质中电场的比值即为相对介电常数（permittivity），又称诱电率，与频率相关。

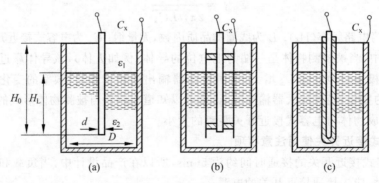

图 3-24　电容式液位计的电极

图 3-24(a) 适用于导电容器，液体为不导电的介质。容器为立式圆筒形，器壁为一极，沿轴线插入的金属棒为另一极，其间构成的电容 C_x 与液位成比例。也可悬挂带重锤的软导线作为电极。

图 3-24(b) 适用于非金属容器，或虽为金属容器但非立式圆筒形，液体为绝缘材料。这时在棒状电极周围用绝缘支架套装一个金属筒，筒上下开口，或桶壁整体上均匀分布多个孔，使内外液位相同。中央圆棒及与之同轴的金属套筒构成两个电极。其间电容量与容器形状无关，只取决于液位。这种电极只能用于液位测量，粉粒状则容易滞留极间。

图 3-24(c) 中，容器和电极的形状、位置与图 3-24(a) 一样，被测液体是导电性材料。中央圆棒电极周围包有绝缘材料，电容量 C_x 由绝缘材料的介电常数和液位决定，与液体的介电常数无关，导电液体使金属筒壁与中央电极间的距离缩短为绝缘层的厚度，液位升降相当于电极的有效面积改变。

以图 3-24(a) 为例，设导电容器直径为 D，中央电极直径为 d，上部空气的介电常数为 ε_1，下部液体的介电常数为 ε_2，电极有效总长为 H_0，浸没在液体中的长度为 H_L，则根据同心圆筒状电容器的电容量计算公式，可写出气体部分的电容为

$$C_1 = \frac{2\pi\varepsilon_1(H_0 - H_L)}{\ln\left(\dfrac{D}{d}\right)} \tag{3-16}$$

液体部分的电容为

$$C_2 = \frac{2\pi\varepsilon_2 H_L}{\ln\left(\dfrac{D}{d}\right)} \tag{3-17}$$

忽略杂散电容及端部边界效应后，由式(3-16)、式(3-17)可得两电极间总电容量为

$$C_x = C_1 + C_2 = \frac{2\pi\varepsilon_1 H_0}{\ln\left(\dfrac{D}{d}\right)} + \frac{2\pi(\varepsilon_2 - \varepsilon_1)H_L}{\ln\left(\dfrac{D}{d}\right)} = C_0 + \frac{2\pi(\varepsilon_2 - \varepsilon_1)H_L}{\ln\left(\dfrac{D}{d}\right)} \tag{3-18}$$

式中，$C_0 = \dfrac{2\pi\varepsilon_1 H_0}{\ln\left(\dfrac{D}{d}\right)}$ 为初始电容量，可在空仓时测出。因此，有液体时电容量 C_x 的增量与物位 H_L 呈线性关系。

电容式物位传感器早在 20 世纪 60 年代就已进入应用阶段，但由于电容式传感器的局限性未得到推广，直到 20 世纪后期射频导纳电容物位计的出现，才使其成为物位传感器中应用广泛的一种。

导纳的含义为电学中阻抗的倒数，它由传感器的电阻性成分、电容性成分、电感性成分综合而成。而射频指高频交变信号，所以射频导纳可以理解为用高频信号测量导纳。高频正弦振荡器输出一个稳定的测量信号，利用电桥原理，精确测量安装在待测容器中传感器上的导纳，在直接作用模式下，仪表的输出随物位的升高而增加。射频导纳测量技术与传统电容测量技术的区别在于测量变量的多样性、驱动三端屏蔽技术和增加了两个重要的电路，这些是根据实践中的宝贵经验改进而成的。上述技术不但解决了连接电缆屏蔽和温漂问题，也解决了垂直安装的传感器根部挂料问题。所增加的两个电路是高精度振荡驱动器和交流鉴相采样器。

射频导纳电容物位计是最通用的连续物位传感器之一。它可对多种物质进行测量，包括水、有机液体、泥浆及生石灰等液态化学物质。还有一种双探测器的电容液位传感器，可用于测量介电常数有显著差别的两种液体的分界面。此类传感器耐用、使用方便、不包含任何运动部件，容易进行清洁，可以设计成在高温和高压下工作。

3.4.4　电容式测厚仪

带材的厚度尺寸是带材加工中重要的质量指标之一，厚度尺寸公差的大小直接影响产

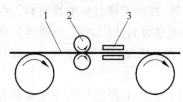

图 3-25　电容式测厚仪结构
1—带材；2—轧辊；3—工作电极

品质量的好坏,因此厚度在线测量仪器是现代带材轧制过程中不可缺少的重要组成部分。电容式传感器可以用于带材的厚度测量,下面介绍电容式测厚仪的工作原理及特点,如图 3-25 所示。

电容式测厚传感器用来对金属带材在轧制过程中厚度的检测,其工作原理是在被测带材的上、下两侧各置放一块面积相等、与带材距离相等的极板,这样极板与带材就构成了两个电容器 C_1、C_2。把两块极板用导线连接起来成为一个极,而带材就是电容的另一个极,其总电容为 C_1+C_2,如果带材的厚度发生变化,将引起电容量的变化,用交流电桥将电容的变化测出来,经过放大即可由电表指示测量结果。系统结构如图 3-26 所示。

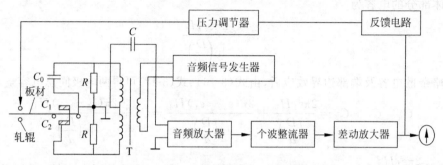

图 3-26　电容式测厚仪系统结构

该系统结构图中,信号发生器产生的交流音频信号,接入变压器 T 的原边线圈,变压器副边的两个线圈作为测量电桥的两臂,电桥的另外两桥臂由标准电容 C_0 和带材与极板形成的被测电容 $C_x(C_x=C_1+C_2)$ 组成。电桥的输出电压经放大器放大后整流为直流,再经差动放大,即可用指示仪表指示出带材厚度的变化。

3.4.5　电容式转速传感器

在工程测量中,转速测量是一种常见的测量,在测量电机转速、汽车发电机转速等应用中常用电容式转速传感器测量,其测量原理如图 3-27 所示。

当被测的旋转体转动时,电容式传感器将周期性地改变输出信号,此信号通过测量电路进行放大、整形,再用频率计指示出频率数值,此值与转轮的齿数和被测转速有关。

设齿数为 Z,由计数器得到的频率为 f,则转速 n 为

$$n = \frac{60f}{Z}(\text{r/min})$$

从而通过电容的变化得到转速信号。

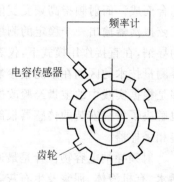

图 3-27　电容式转速传感器原理

3.4.6　电容式位移传感器

前面讲的电容式传感器分为三种类型,即改变极板面积的变面积型、改变极板距离的变间隙型和改变介电常数的变介电常数型,可以用来测量线位移、角位移等参数。变间隙型电

容式传感器一般用来测量微小的线位移(0.1μm 至零点几毫米)或由于力、压力、振动等引起的极距变化;变面积型电容式传感器一般用来测量角位移(1°至几十度)或较大的线位移;变介电常数型电容式传感器用来测量物位或液位以及各种介质的湿度、密度的测定。

在工程测量中,振动信号可以看成是一种特殊的位移量,一般采用变间隙型电容式传感器测量,如电容式位移传感器在测振幅和测轴回转精度及轴心偏摆的应用,其结构及原理如图 3-28 所示。

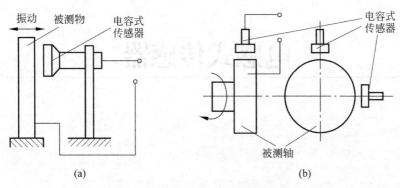

图 3-28 电容式传感器测量位移原理

图 3-28(a)中电容传感器固定作为电容的固定极,被测物体(金属导体)作为电容的活动极,当被测物体在平衡位置上发生位移时,电容值改变,经过测量电路处理可以得到物体振幅变化信号;图 3-28(b)是测量被测转轴在固定位置上的偏心情况,用两个电容式传感器分别测量被测轴上下、左右的偏移情况。

第4章

电感式传感器

电感式传感器是利用电磁感应把被测的物理量如位移、压力、流量、振动等转换成线圈的自感系数和互感系数的变化,再由调理电路转换为电压或电流的变化量输出,实现非电量到电量的转换。电感式传感器具有结构简单、工作可靠、测量精度高、零点稳定、输出功率较大等一系列优点。其主要缺点是灵敏度、线性度和测量范围相互制约,传感器自身频率响应低,不适用于快速动态测量。

电感式传感器种类很多,常见的有自感式传感器、互感式(差动变压器式)传感器和电涡流式传感器三种。

4.1 自感式传感器工作原理及类型

自感式传感器是利用线圈自感量的变化实现测量,它由线圈、铁芯和衔铁三部分组成。铁芯和衔铁由导磁材料如硅钢片制成,在铁芯与衔铁之间有气隙,传感器的运动部分与衔铁相连。当被测量变化时,使衔铁产生位移,引起磁路中磁阻变化,从而导致电感线圈的电感量变化,因此只要能测出这种电感量的变化,就能确定衔铁位移量的大小和方向。这种传感器又称为变磁阻式传感器。

跟电容式传感器很类似,自感式传感器从结构上也分为气隙型、截面型、螺管型三种,如图 4-1 所示。

在以上三种类型自感式传感器的磁阻大小为

$$R_{\mathrm{m}} = \sum \frac{l_i}{\mu_i S_i} + \frac{2\delta}{\mu_0 S} \tag{4-1}$$

式中,l_i 为各段导磁体的长度(m);μ_i 为各段导磁体的磁导率(H/m);S_i 为各段导磁体的截面积(m^2);δ 为空气隙的宽度(m);μ_0 为真空磁导率,$\mu_0 = 4\pi \times 10^{-7} \mathrm{H/m}$;$S$ 为空气隙

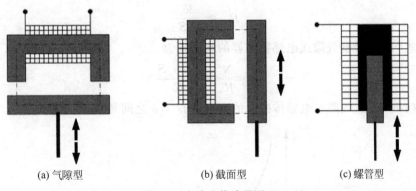

(a) 气隙型　　　　　　　(b) 截面型　　　　　　　(c) 螺管型

图 4-1　自感式传感器原理

截面积(m^2)。

相应的电感量为

$$L = \frac{N^2}{\sum \frac{l_i}{\mu_i S_i} + \frac{2\delta}{\mu_0 S}} \tag{4-2}$$

从式(4-1)可知,磁阻R_m与气隙宽度δ成正比关系,与气隙面积S成反比关系,因此根据这一特性可以制造出气隙型和截面型自感传感器。下面以气隙型自感传感器为例来介绍。

对于气隙型传感器,被测物体与衔铁相连,因而带动衔铁与铁芯之间的气隙宽度发生变化,从而使传感器的自感产生变化,进而测量出被测物体位移的大小,如图 4-2 所示。

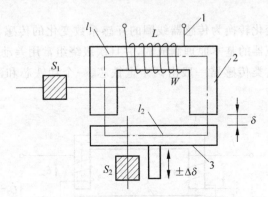

图 4-2　气隙型自感传感器

1—线圈;2—铁芯(定铁芯);3—衔铁(动铁芯)

一般情况下,因为衔铁和铁芯之间的气隙很小,所以可以认为气隙中的磁场是均匀的。若忽略磁路磁损,则图 4-2 中磁路的总磁阻为

$$R_m = \frac{l_1}{\mu_1 S_1} + \frac{l_2}{\mu_2 S_2} + \frac{2\delta}{\mu_0 S} \tag{4-3}$$

通常,式(4-3)中气隙的磁阻远大于铁芯和衔铁的磁阻,即:$\frac{2\delta}{\mu_0 S} \gg \frac{l_2}{\mu_2 s_2}$,$\frac{2\delta}{\mu_0 S} \gg \frac{l_1}{\mu_1 s_1}$,则磁路总磁阻为

$$R_{\mathrm{m}} \approx \frac{2\delta}{\mu_0 S} \tag{4-4}$$

根据式(4-4),得到气隙式电感传感器的自感量为

$$L = \frac{N^2}{R_{\mathrm{m}}} = \frac{N^2 \mu_0 S}{2\delta} \tag{4-5}$$

由式(4-5)可见,气隙式电感传感器的自感量 L 与 δ 之间是非线性关系,如图4-3所示。

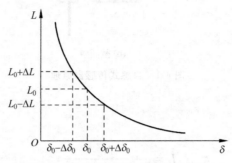

图 4-3　气隙型自感传感器特性曲线

当衔铁处于初始位置时,初始电感量为 L_0 ,气隙增加或减少 $\Delta\delta$ 时,自感量减少或增加 ΔL ,从而可以根据自感的变化,确定物体的位移。

一般情况下,常采用差动型变隙式自感传感器减小非线性,提高灵敏度。

4.2　差动变压器式传感器

把被测的非电量变化转换为传感器线圈的互感系数变化的传感器称为互感式传感器。这种传感器是根据变压器的基本原理制成的,并且次级绕组常用差动的形式连接,故称为差动变压器式传感器。这类传感器一般由两个定铁芯、一个动铁芯和两个线圈组成,结构如图4-4所示。

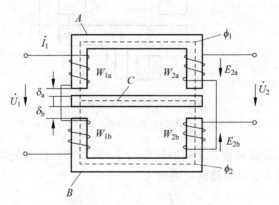

图 4-4　差动变压器式传感器结构

图中,A、B为固定铁芯,C与被测物体相连构成动铁芯。将差动变压器式传感器的两个电感线圈与两个初级绕组的同名端顺向串联,两个次级绕组的同名端则反向串联,再与铁芯相连构成如图4-5所示电路结构,则组成了差动变压器式传感器。

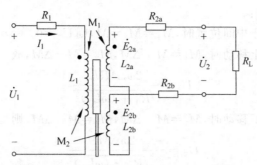

图 4-5　差动变压器式传感器的基本测量电路

4.2.1　工作原理

从图 4-4 可以看出,当被测物体没有位移时,衔铁 C 处于初始平衡位置,它与两个铁芯的间隙为 $\delta_{a0}=\delta_{b0}=\delta_0$,两个次级绕组的互感电势相等,即 $E_{2a}=E_{2b}$。由于次级绕组反向串联,因此,差动变压器输出电压

$$U_2=E_{2a}-E_{2b}=0$$

当被测体有位移时,与被测体相连的衔铁的位置将发生相应的变化,使 $\delta_a\neq\delta_b$,两次级绕组的互感电势 $E_{2a}\neq E_{2b}$,输出电压

$$U_2=E_{2a}-E_{2b}\neq 0$$

电压的大小反映了被测位移的大小,通过相应的测量电路连接,就可以根据电压的大小检测出位移的大小。

4.2.2　测量电路

1. 基本测量电路

差动变压器式传感器基本测量电路如图 4-5 所示,一次侧线圈接入激励电压 U_1 后,二次侧线圈将产生感应电压,输出互感变化时,输出电压 U_2 将作相应变化。

当次级开路时,初级线圈激励电流为

$$\dot{I}_1=\frac{\dot{U}_1}{R_1+j\omega L_1}$$

根据电磁感应定律,次级绕组中感应电势的表达式为

$$\dot{E}_{2a}=-j\omega M_1\dot{I}_1,\quad \dot{E}_{2b}=-j\omega M_2\dot{I}_1$$

式中,M_1 和 M_2 为线圈 L_{2a} 和 L_{2b} 的互感。因为次级两绕组反向串联,如果考虑到次级开路,则

$$\dot{U}_2=\dot{E}_{2a}-\dot{E}_{2b}=-\frac{j\omega(M_1-M_2)\dot{U}_1}{R_1+j\omega L_1}$$

输出电压有效值为

$$U_2=\frac{\omega(M_1-M_2)U_1}{\sqrt{R_1^2+(\omega L_1)^2}} \tag{4-6}$$

从式(4-6)可以得到:

(1) 当活动衔铁处于中间位置时,$M_1 = M_2 = M$,则 $U_2 = 0$。

(2) 当活动衔铁向上移动时,$M_1 = M + \Delta M$,$M_2 = M - \Delta M$,故

$$U_2 = \frac{2\omega \Delta M U_1}{\sqrt{R_1^2 + (\omega L_1)^2}}$$

(3) 当活动衔铁向下移动时,$M_1 = M - \Delta M$,$M_2 = M + \Delta M$,则

$$U_2 = -\frac{2\omega \Delta M U_1}{\sqrt{R_1^2 + (\omega L_1)^2}}$$

因此,差动变压器的输出特性曲线如图 4-6 所示。

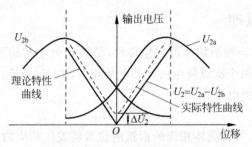

图 4-6　差动变压器输出特性曲线

由图 4-6 可见,在一定区间范围内,差动变压器输出电压幅值与铁芯的位移呈正比。理想情况下,当铁芯位于中间平衡位置时,差动变压器输出电压应为零,但实际上存在零点残余电压 ΔU_2。产生零点残余电压的原因有很多,主要是由传感器的两次级线圈的电气参数与几何尺寸不对称以及磁性材料的非线性等引起的;另外,铁芯的长度、励磁的频率都对零点残余电压也有影响。一般零点残余电压为几十毫伏,它的存在使传感器的输出特性曲线不经过零点,造成实际特性与理论特性不完全一致,因此,必须设法减小,否则将会影响传感器的测量结果。减小零点残余电压的方法有以下几种:

(1) 提高框架和次级线圈的对称性。

(2) 采用适当的测量电路。一般采用在放大器前加相敏整流电路的办法,使其输出特性转变成线性,这样不仅使输出电压可以反映衔铁位移的大小,而且能反映衔铁移动的方向。

(3) 采用适当的补偿电路,在没有输入信号时,调整补偿电路中的参数,使次级线圈输出为 0,这是一种简单有效的方法。

2. 变压器式电桥电路

差动变压器的输出电压 U_2 的大小反映了被测位移的大小,把初级线圈接在电源上,次级线圈与两个电感线圈接成如图 4-7 所示的电桥电路。

图 4-7 中 A 点的电压为

$$U_A = E \frac{Z_2}{Z_1 + Z_2}$$

图 4-7 中 B 点的电压为

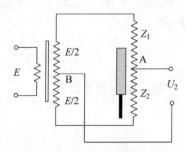

图 4-7　变压器式电桥电路

$$U_B = \frac{E}{2}$$

输出电压为

$$U_2 = U_A - U_B = E\left(\frac{Z_2}{Z_1 + Z_2} - \frac{1}{2}\right) \tag{4-7}$$

式(4-7)中,

(1) 当铁芯处于中间位置时,$Z_1 = Z_2 = Z$,这时 $U_2 = 0$,电桥平衡。

(2) 当铁芯向下移动时,下面线圈的阻抗增加,$Z_2 = Z + \Delta Z$,上面线圈的阻抗减小,$Z_1 = Z - \Delta Z$,得

$$\dot{U}_2 = \dot{E}\left(\frac{Z + \Delta Z}{2Z} - \frac{1}{2}\right) = \dot{E}\frac{\Delta Z}{2Z} = \frac{\dot{E}}{2}\frac{\Delta R_s + j\omega\Delta L}{R_s + j\omega L}$$

输出电压幅值为

$$U_2 = \frac{\sqrt{\omega^2\Delta L^2 + \Delta R_s^2}}{2\sqrt{\omega^2 L^2 + R_s^2}}E \approx \frac{\omega\Delta L}{2\sqrt{\omega^2 L^2 + R_s^2}}E$$

(3) 当铁芯向上移动同样大小的距离时,$Z_2 = Z - \Delta Z$,$Z_1 = Z + \Delta Z$,得

$$\dot{U}_2 = \dot{E}\left(\frac{Z - \Delta Z}{2Z} - \frac{1}{2}\right) = -\dot{E}\frac{\Delta Z}{2Z}$$

输出电压幅值为

$$U_2 = -\frac{\omega\Delta L}{2\sqrt{\omega^2 L^2 + R_s^2}}E \tag{4-8}$$

由式(4-8)可以看出,通过电桥的输出电压 U_2 的大小,即可以判断物体的位移量。差动变压器输出电压 U_2 是交流电压,其值只能反映铁芯位移的大小,而不能反映移动方向。另外,其测量值必定含有零点残余电压,为了达到能辨别移动方向和消除零点残余电压的目的,实际测量时,常常采用相敏电路来获得物体移动方向。

3. 相敏电路

相敏电路有差动整流电路和相敏检波电路两种。下面分别介绍这两种电路。

1) 差动整流电路

差动(全波相敏)整流电路和波形图如图 4-8 所示,它根据半导体二极管单向导通原理进行解调。如传感器一个次级线圈的输出瞬时电压极性,在 f 点为"+",e 点为"−",则电流路径为 fgdche(图 4-8(a));反之,如 f 点为"−",e 点为"+",则电流路径为 ehdcgf。可见,无论次级线圈的输出瞬时电压极性如何,通过电阻 R 的电流总是从 d 到 c。同理可分析另一次级线圈的输出情况。

输出的电压波形如图 4-8(b)所示,其值为 $u_{SC} = u_{cd} + u_{ab}$。

(1) 当衔铁在零位(中间位置)时,$|u_{cd}| = |u_{ab}|$,$u_{SC} = 0$;

(2) 当衔铁在零位以下(向下运动)时,$|u_{ab}| > |u_{cd}|$,$u_{SC} > 0$;

(3) 当衔铁在零位以上(向上运动)时,$|u_{cd}| > |u_{ab}|$,$u_{SC} < 0$。

2) 相敏检波电路

二极管相敏检波电路和波形图如图 4-9 所示。U_1 为差动变压器输入电压,U_2 为 U_1 的同频参考电压,且 $U_2 > U_1$,它们作用于相敏检波电路中两个变压器 B_1 和 B_2。

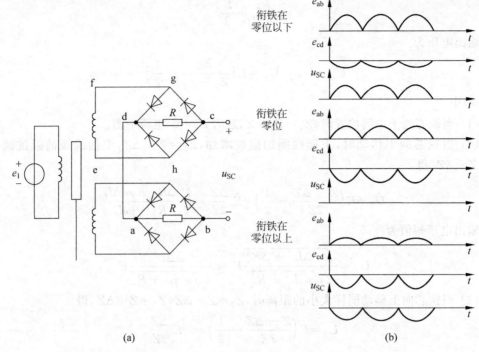

图 4-8　差动(全波相敏)整流电路和波形图

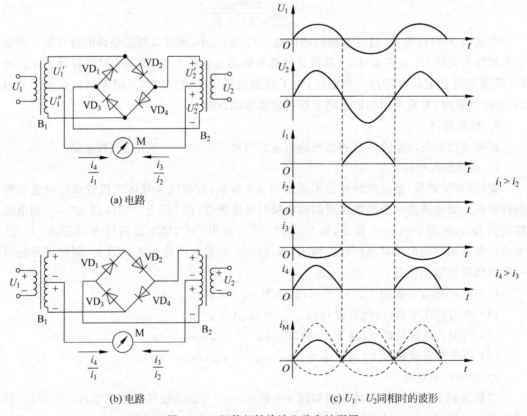

图 4-9　二极管相敏检波电路和波形图

当 $U_2=0$ 时,由于 U_2 的作用,在正半周时,如图 4-9(a)所示,VD_3、VD_4 处于正向偏置,电流 i_3 和 i_4 以不同方向流过电表 M,只要 $U_2'=U_2''$,且 VD_3、VD_4 性能相同,则通过电表的电流为 0,所以输出为 0。在负半周时,VD_1、VD_2 导通,i_1 和 i_2 相反,输出电流为 0。

当 $U_2 \neq 0$ 时,分以下两种情况来分析:

(1) U_1 和 U_2 同相的情况。正半周时,电路中电压极性如图 4-9(b)所示。由于 $U_2 > U_1$,则 VD_3、VD_4 仍然导通,但作用于 VD_4 两端的电压为 U_2+U_1,因此 i_4 增加;而作用于 VD_3 两端的电压为 U_2-U_1,所以 i_3 减小,则 i_M 为正。

在负半周时,VD_1、VD_2 导通,此时在 U_1 和 U_2 作用下,i_1 增加而 i_2 减小,$i_M=(i_1-i_2)>0$。U_1 和 U_2 同相时,各电流波形如图 4-9(c)所示。

(2) U_1 和 U_2 反相的情况。在 U_2 为正半周,U_1 为负半周时,VD_3、VD_4 仍然导通,但 i_3 将增加,i_4 将减小,通过 M 的电流 i_M 不为零,而且是负的。U_2 为负半周时,i_M 也是负的。

所以,上述相敏检波电路可以由流过电表的平均电流的大小和方向来判别差动变压器的位移大小和方向。

4.3　涡流式传感器

涡流式传感器是一种非接触的线性化计量工具,可以准确测量被测体(必须是金属导体)与探头端面之间的相对位移变化,以及与相对位移相关的参数,在工业测量中应用非常广泛。

4.3.1　工作原理

当金属导体置于变化的磁场中或在固定磁场中运动时,导体内都要产生感应电动势形成电流,这种电流在导体内是闭合的,称为电涡流,如图 4-10 所示。

因为趋肤效应,电涡流会浮在金属导体表面,并且随着电源频率增加,电涡流的渗透深度会减小。

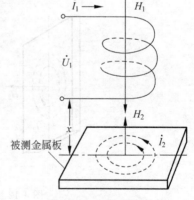

图 4-10　电涡流效应

注:趋肤效应(skin effect)是指当导体中有交流电或者交变电磁场时,导体内部的电流分布不均匀,电流集中在导体的"皮肤"部分,也就是说电流集中在导体外表的薄层,越靠近导体表面,电流密度越大,导线内部实际上电流较小。结果使导体的电阻增加,使它的损耗功率也增加。这一现象称为趋肤效应。

电涡流的产生必然要消耗一部分能量,从而使产生磁场的线圈阻抗发生变化,这一物理现象称为电涡流效应。利用电涡流效应制成的传感器称为涡流传感器,实际上是利用电磁感应形成的,因此也属于电感式传感器。

电涡流效应产生的电涡流只是浮在导体表面一定深度内,这个深度称为渗透深度,用 Q_s 表示。

$$Q_s = 5030 \sqrt{\frac{\rho}{\mu_r f}} \tag{4-9}$$

式中,ρ 为导体电阻率($\Omega \cdot cm$);μ_r 为导体相对磁导率;f 为交变磁场频率(Hz)。

可见,电涡流贯穿深度的大小与导体的电阻率、导体相对磁导率以及电源频率有关。通常以电源频率来改变电涡流的贯穿深度。

经过测试,当选用不同的测试频率时,渗透深度 Q_s 的值是不同的,从而使 $U\text{-}\delta$ 曲线的形状发生变化,如图 4-11 所示。

图 4-11 中,U 为电涡流传感器输出电压,δ 为金属导体的厚度,渗透深度 $Q_{s1} > Q_{s2} > Q_{s3}$,可见在板子厚度 δ 较小的情况下,Q_{s3} 曲线的斜率大于 Q_{s1} 曲线的斜率;而在 δ 较大的情况下,Q_{s1} 曲线的斜率大于 Q_{s3} 曲线的斜率。因此,为了保证传感器具有一定的灵敏度,测量薄板时应选较高的频率,测量厚材时应选较低的频率。电涡流传感器也由此分为高频反射式电涡流传感器和低频透射式电涡流传感器。

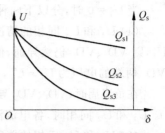

图 4-11　电涡流 $U\text{-}\delta$ 曲线图

4.3.2　类型

1. 高频反射式

高频反射式电涡流传感器其结构如图 4-12 所示,主要由一个安装在框架上的线圈组成,线圈 1 中通以高频信号 $\dot{I}_1$ 并置于金属导体附近,则在线圈周围产生正弦交变磁场 H_1,当交变磁场靠近金属导体时,金属导体内就会产生涡流 $\dot{I}_2$,涡流产生电磁场 H_2 反作用于线圈,从而改变了线圈的电感,电感的大小与线圈靠近金属导体的距离有关,因此通过相应的测量电路就可以检测出物体与金属导体的距离情况。

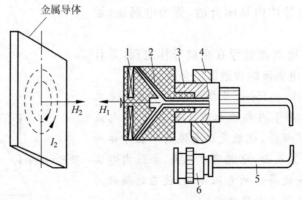

图 4-12　高频反射式电涡流传感器结构图
1—线圈;2—框架;3—框架衬套;4—支架;5—电缆;6—插头

测量时,将探头靠近被测物体,探头内电路产生的高频信号产生磁场,使得被测物体表面产生电涡流,电涡流产生的磁场与激励磁场的方向相反,两个磁场的共同作用下,使得探头内部电路的电感发生变化,通过测量电路可以测量出电感的变化量,从而得到金属物体靠近的程度。

2. 低频透射式

图 4-13 为低频透射式电涡流传感器的结构原理图。这种传感器由两个线圈组成,一个

用于产生电磁信号,称为发射线圈;另外一个用于接收电磁信号,称为接收线圈。发射线圈 L_1 安置在被测金属板的上方,接收线圈 L_2 安置在被测金属板下方。

当在 L_1 上加低频电压 U_1 时,L_1 上产生交变磁通 φ_1,若两线圈间无金属板,则交变磁通直接耦合至 L_2 中,L_2 产生感应电压 U_2。如果将被测金属板放入两线圈之间,则 L_1 线圈产生的磁场将导致在金属板中产生电涡流,并将贯穿金属板,此时磁场能量受到损耗,使到达 L_2 的磁通将减弱为 φ_1',从而使 L_2 产生的感应电压 U_2 下降。金属板越厚,涡流损失就越大,电压 U_2 就越小。因此,可根据 U_2 电压的大小得知被测金属板的厚度。低频透射式电涡流传感器特性曲线如图 4-14 所示。

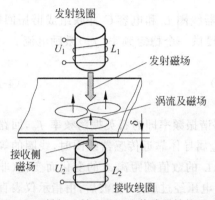

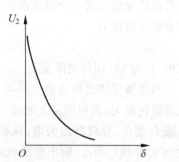

图 4-13　低频透射式电涡流传感器结构原理　　　图 4-14　低频透射式电涡流传感器特性曲线

一般情况下,常见的透射式电涡流传感器测量物体的厚度,其检测范围可达 1～100mm,分辨率为 $0.1\mu m$,线性度为 1%。

4.3.3　电涡流传感器的调理电路

根据电涡流传感器的基本原理,可将传感器与被测物体之间的距离转换为线圈的阻抗(或电感量)。为了对传感器输出阻抗进行转换和处理,常采用电桥电路和谐振电路。

1. 电桥电路

电桥电路是一种较为常用的简单电路,通常把线圈的阻抗作为电桥的一个桥臂,或用两个相同的电涡流线圈组成差动形式。初始状态电桥平衡,测量时由于线圈阻抗发生变化,使电桥失去平衡,用电桥输出电压的大小来反映被测量的变化,如图 4-15 所示。

2. 谐振电路

电涡流式传感器的谐振电路有调频式和调幅式两种。调频式谐振电路原理如图 4-16(a)所示。传感器线圈接入 LC 振荡回路,当传感器与被测距离 x 变化时,电涡流传感器的等效电感发生变化,将导致振荡频率的变化,该频率是距离 x 的函数,即 $f = L(x)$。频率 f 可以由数字频率计直接测量,也可以通过 F/V 变换,用数字电压表测量对应的电压值。振荡器的频率为

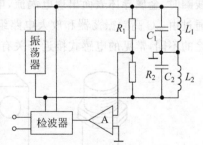

图 4-15　电涡流传感器电桥测量电路

$$f = \frac{1}{2\pi\sqrt{LC}}$$

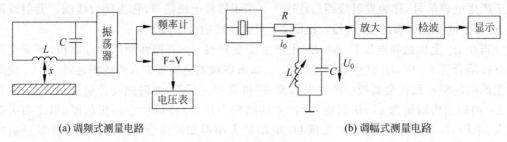

(a) 调频式测量电路　　　　　　　(b) 调幅式测量电路

图 4-16　谐振电路原理

调幅式测量电路原理如图 4-16(b)所示。传感器线圈 L 和电容 C 并联组成谐振回路，石英晶体振荡器起一个恒流源的作用，给谐振回路提供一个稳定频率(f_0)激励电流 i_0，LC回路输出电压为

$$U_0 = i_0 f(Z)\tag{4-10}$$

式中，Z 为 LC 回路的阻抗。

当金属导体远离或被去掉时，LC 并联谐振回路谐振频率即为石英振荡频率 f_0，回路呈现的阻抗最大，谐振回路上的输出电压也最大；当金属导体靠近传感器线圈时，线圈的等效电感 L 变化，导致回路失谐，从而使输出电压降低，L 的数值随距离 x 的变化而变化(非线性，S形曲线)，因此，输出电压也随 x 而变化。输出电压经过放大、检波后，由指示仪表直接显示出 x 的大小。

4.4　电感式传感器的应用

电感式传感器因为其结构简单、适应性强的特点，在各种场合运用十分广泛，其中常见的有以下几种类型。

4.4.1　电感式接近开关

电感式接近开关又称电涡流式接近开关，是利用金属物体在接近产生交变磁场的电感线圈时，金属导体表面出现电涡流，电涡流反作用于电感线圈，使其内部电路参数发生变化，通过由 LC 高频振荡器和放大电路组成的调理电路来识别有无金属物体接近。根据测量用途的不同，常见的电感式接近开关有如图 4-17 所示的几种外形。

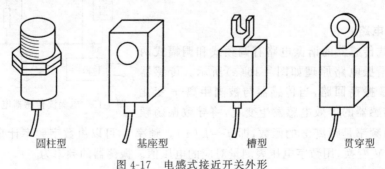

圆柱型　　　　　基座型　　　　　槽型　　　　　贯穿型

图 4-17　电感式接近开关外形

每种开关内部结构基本相似,其工作原理如图 4-18 所示。

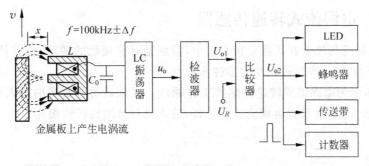

图 4-18 电感式接近开关工作原理

图 4-18 中,当处于传送带上的金属物体靠近传感器探头线圈时,LC 回路谐振频率改变,经检波后,电涡流式接近开关输出电压 U_{o1} 降低。输出电压 U_{o1} 送至比较器,与基准电压 U_R 作比较。当 $U_{o1} < U_R$ 时,比较器翻转,输出高电平,导致蜂鸣器鸣叫的同时 LED 闪亮,表示传送带上通过了一件金属产品,计数器累计高电平信号,从而得到产品的数量。这就是电感式接近开关在工业控制中的典型应用。

由于电感式接近开关运用了电涡流效应,因此这种类型的接近开关所能检测的物体必须是导磁性能良好的金属导体。传感器探头线圈的阻抗变化与金属导体的电导率、磁导率有关。对于弱磁性材料,被测物体的电导率越高,灵敏度越高;对于强磁性材料,灵敏度通常较高,但高磁导率将影响线圈的感抗,并使磁滞损耗增大。

电感式接近开关在使用时,需注意:

(1)勿将电感式接近开关置于 0.02T 以上的较强环境磁场下使用,以免造成误动作。

(2)为了保证不损坏接近开关,在接通电源前必须检查接线是否正确,核实电压是否为额定值。

(3)为了使接近开关长期稳定工作,需要定期维护,包括被测物体和接近开关的距离是否合适,安装位置是否有移动或松动,接线是否牢固。

(4)直流型接近开关使用电感性负载时,务必在负载两端并联续流二极管,以免损坏接近开关的输出级。

4.4.2 电感式加速度传感器

差动变压器式传感器可以直接用于位移测量,也可以测量与位移有关的任何机械量,如振动、加速度、应变、比重、张力和厚度等。

图 4-19 为差动变压器式加速度传感器原理。它由悬臂梁和差动变压器构成。测量时,将悬臂梁底座及差动变压器的线圈骨架固定,而将衔铁的 A 端与被测振动体相连,此时传感器作为加速度测量中的惯性元件,它的位移与被测加速度成正比,使加速度测量转变为位移的测量。当被测体带动衔铁以 $\Delta x(t)$ 振动时,导致差动变压

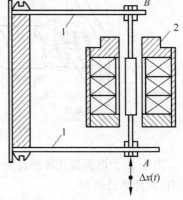

图 4-19 差动变压器式加速度
传感器原理

1—悬臂梁;2—差动变压器

器的输出电压也按相同规律变化。

4.4.3　电涡流式转速传感器

电涡流式转速传感器在速度分析测量中,特别是对非接触的转动、位移信号,能连续准确地采集到振动、转动等轨迹运动的多种参数。

图 4-20 所示为电涡流式转速传感器工作原理。在软磁材料制成的输入轴上加工一键槽,在距输入表面 d_0 处设置电涡流式传感器,输入轴与被测旋转轴相连。

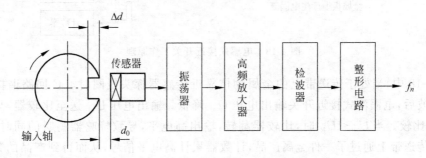

图 4-20　电涡流式转速传感器工作原理

当被测旋转轴转动时,电涡流式传感器与输出轴的距离变为 $d_0 + \Delta d$。由于电涡流效应,使传感器线圈阻抗随 Δd 的变化而变化,这种变化将导致振荡谐振回路的品质因数发生变化,它们将直接影响振荡器的电压幅值和振荡频率。因此,随着输入轴的旋转,从振荡器输出的信号中包含有与转速成正比的脉冲频率信号。该信号由检波器检出电压幅值的变化量,然后经整形电路输出频率为 f_n 的脉冲信号。该信号经电路处理便可得到被测转速。

这种转速传感器可实现非接触式测量,抗污染能力很强,可安装在旋转轴近旁长期对被测转速进行监测,最高测量转速可达 600 000r/min。

1. 电涡流式位移传感器

电涡流式位移传感器系统结构如图 4-21 所示。有电涡流探头靠近被测物体,产生的电信号通过检测电路和放大器输出到显示端,具体测量电路如图 4-22 所示。

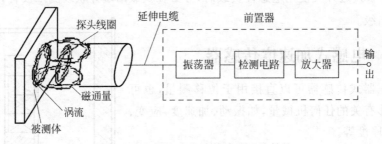

图 4-21　电涡流式位移传感器系统结构

图中 L 为电涡流式传感器的等效电感, L、C_2、C_3 组成三点式振荡器,振荡频率 1MHz 左右,其计算公式为

$$f = \frac{1}{2\pi\sqrt{L\dfrac{C_1 C_2}{C_1 + C_2}}}$$

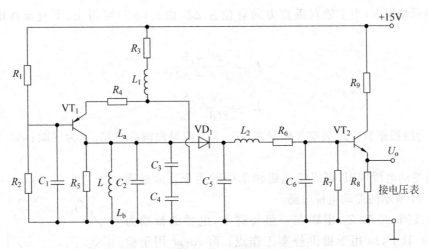

图 4-22 电涡流式位移传感器测量电路

VD_1、L_2、C_5、R_6、C_6 组成一个 π 型滤波的检波器，R_7、R_8、R_9、VT_2 组成一个射极跟随放大器，将滤波输出的电压进行放大输出。

为了避免输出电缆的分布电容的影响，通常将 L、C 装在传感器内部。此时电缆分布电容并联在大电容 C_2、C_3 上，因而对振荡频率 f 的影响就大大地减小了。

2. 用于磁力轴承的自感式位置传感器

电磁轴承利用电磁吸力将主轴悬浮于空中高速旋转，具有无摩损、无噪声和寿命长等优点。电磁吸力本身的固有特性决定了电磁主轴是不稳定的。为了实现系统的位置可控，必须建立一个主轴位置闭环反馈控制系统，在这样一个闭环系统中，首先要选择一个合适的主轴位置传感器，为了实现电磁主轴的高速旋转且回转精度高，要求其位置传感器具有非接触、频带宽和精度高的特点，如图 4-23 所示。

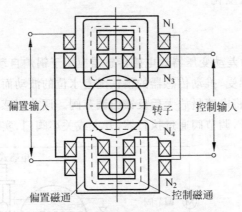

图 4-23 磁力轴承位置传感器结构原理

图 4-23 所示为一个八极磁轴承结构中的一对磁极。每对磁极上绕有两组线圈，一是提供静态工作点，上、下串联的直流线圈 N_1、N_2；二是提供交变控制力的上、下反串的交流控制线圈 N_3、N_4。结构系统的最大特点是交、直流线圈的分绕，为后面自感型电磁轴承设计创造了条件。

在图示情况下,当主轴在垂直方向有位置 $\Delta\delta$,由式(4-5)可得上、下直流线圈电感分别为

$$L_1 = \frac{N^2 \mu_0 S_0}{2(\delta + \Delta\delta)}$$

$$L_2 = \frac{N^2 \mu_0 S_0}{2(\delta - \Delta\delta)}$$

式中,N 为线圈匝数;μ_0 为空气磁导率;S_0 为气隙导磁横截面积;δ 为气隙;$\Delta\delta$ 为气隙变化量。

利用差动电桥知识,可以将电磁轴承中的两个直流线圈接成图 4-24 所示的差动电桥电路。

直流线圈 Z_1 和 Z_2 串联在一组桥臂上,电桥的激励为 $I_0 + \cos\omega t$,其中,I_0 用于提供静态工作点;而 $\cos\omega t$ 用于检测,其频率一般取 20～30kHz。根据差动电桥输出调幅波的性质,当载波频率很高时,其后可用高通滤波及检波电路获得电感变化信息。同时,由于结构上的分绕,直流线圈中用于检测的交流信号,不可避免地与同磁极上的交流线圈存在耦合干扰,这种情况也可通过提高载波频率,排除低频控制电流耦合干扰的影响,同时,由于机械结构的惯性,高频载波的影响也可消除。

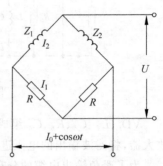

图 4-24　磁力轴承位置传感器测量电路

根据电路计算,电桥的输出电压为

$$U = j\omega \frac{N^2 \mu_0 S R \Delta\delta}{2R(\delta^2 + \Delta\delta^2) + j\omega\mu_0 S\delta N^2} I$$

由上式可见,电桥输出电压是位置变化 $\Delta\delta$ 的调幅波,该信号经过相敏检波、低通滤波可得到磁悬浮主轴的位置变化。

4.4.4　案例

【例 4-1】 图 4-25 为差动变压器式电感传感器应用于锅炉自动连续给水控制装置。锅炉水位的变化被浮球所感受,推动传感器的衔铁随着水位的波动而上下移动,使传感器的电感量发生变化,经控制器将电感量放大后反馈给调节阀。调节阀感受线圈电感量的变化,发生相应的开或关的电信号,调节阀通过执行器,开大或关小阀门,实现连续调节给水的目的。

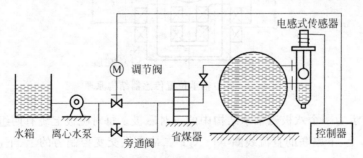

图 4-25　锅炉自动连续给水控制装置

当锅炉水位上升时,调节阀逐步关小,使锅炉的给水量逐步减少;反之,调节阀逐步开大,则锅炉的给水量逐步增加。由于在执行器的阀杆上设置一个与传感器线圈特性相同的阀位反馈线圈,当传感器线圈与反馈线圈经放大后的电感电压信号相等时,执行器就稳定在某一高度上,锅筒内水位也保持在某一高度,从而使锅炉的给水量与蒸发量不断地自动趋于相对平衡位置。

【**例 4-2**】　图 4-26 为电感式滚柱直径分选装置系统结构。从振动料斗送来的滚柱按顺序进入落料管 5。电感测微器的测杆在电磁铁的控制下,先提升到一固定高度,汽缸推杆 3 将滚柱推入电感测微器测头正下方(电磁限位挡板 8 决定滚柱的前后位置),电磁铁释放,钨钢测头 7 向下压住滚柱,滚柱的直径大小决定了电感测微器中衔铁的位移量。电感传感器的输出信号经相敏检波电路和电压放大电路处理后送入计算机,计算出直径的偏差值。测量完成后,电磁铁再将测杆提升,限位挡板 8 在其电磁铁的控制下移开,测量后滚柱在推杆 3 的再次推动下离开测量区域。这时相应的电磁翻板 9 打开,滚柱落入与其直径偏差值相对应的容器 10 中。同时,推杆 3 和限位挡板 8 复位。

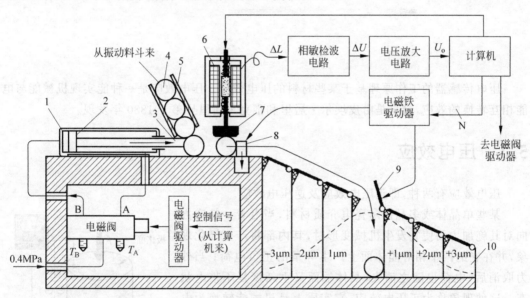

图 4-26　滚柱直径分选装置系统结构
1—汽缸;2—活塞;3—推杆;4—被测滚柱;5—落料管;6—电感测微器;
7—钨钢测头;8—限位挡板;9—电磁翻板;10—容器(料斗)

第5章

压电传感器

压电传感器的工作原理基于某些材料的压电效应。压电效应是一种能实现机械能与电能相互转换的效应,最早是由皮埃尔·居里和雅克·居里兄弟于 1880 年发现。

5.1　压电效应

压电效应有两种,即正压电效应及逆压电效应。

某些单晶体或多晶体陶瓷电介质材料,当沿着一特定方向对其施加力而使它发生机械变形时,其内部将产生极化现象,并在它的两个相对晶体面上产生等量的正负电荷;当外力取消后,电荷也随之消失,晶体端面又重新恢复不带电状态。这种现象称为正压电效应,它实质上是机械能转换为电能的过程。图 5-1 中,当作用力 F 的方向改变时,电荷的极性也随着改变,输出电荷的频率与动态压力的频率相同;当动态力变为静态力时,电荷将由于器件表面漏电而很快泄漏、消失。

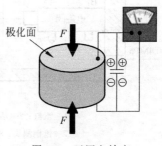

图 5-1　正压电效应

相反,如果在电介质的极化方向上施加电场(电压),这些电介质晶体会在一特定的晶轴方向上产生机械变形或机械应力;当外电场消失时,这些变形或应力也随之消失。这种现象称为逆压电效应,或称为电致伸缩现象。它实质上是电能转换成机械能的过程。

因此,压电效应具有双向性特点,如图 5-2 所示。

图 5-3 是压电晶体的三维示意图,其中 X 轴称为电轴,Y 轴称为机械轴,Z 轴称为光轴。图 5-4(a)、(b)描述的是纵向压电效应;图 5-4(c)、(d)描述的是横向压电效应。纵向压电效应是指沿电轴(X 轴)方向的力作用下产生电荷;横向压电效应是指沿机械轴(Y 轴)方向的

力作用下产生电荷。电荷都出现在 X 轴方向上,受拉力和压力出现的电荷极性相反,而在光轴(Z 轴)方向用力则不产生电荷。

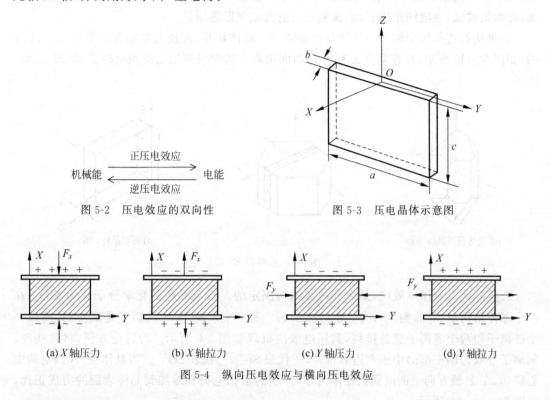

图 5-2　压电效应的双向性

图 5-3　压电晶体示意图

(a) X 轴压力　(b) X 轴拉力　(c) Y 轴压力　(d) Y 轴拉力

图 5-4　纵向压电效应与横向压电效应

压电材料在外力 F 作用下产生的表面电荷 Q 常用压电方程描述为

$$Q = dF \qquad (5\text{-}1)$$

式中,d 为压电常数(C/N)。

晶体表面受到剪切力作用也会在其表面出现电荷。

5.2　压电材料

明显呈现压电效应的敏感材料称为压电材料。常用的压电材料有三类:压电晶体、压电陶瓷和有机压电材料。压电晶体是一种单晶体,如石英晶体、酒石酸钾钠等,其稳定性好,特别是天然石英晶体,可用于高精度的传感器;压电陶瓷是一种人工通过高温烧结制造的多晶体,如钛酸钡、锆钛酸铅、铌镁酸铅等,具有制作工艺简单、耐湿、耐高温等优点,主要用在检测技术、电子技术和超声等领域;有机压电材料属于新一代的压电材料,其中较为重要的有半导体和高分子压电材料。压电半导体有氧化锌(ZnO)、硫化锌(ZnS)、碲化镉(CdTe)、硫化镉(CdS)、碲化锌(ZnTe)和砷化镓(GaAs)等;而聚偏二氟乙烯(PVDF)是一种新型的高分子传感材料,自 1972 年首次应用以来,已研制了多种用途的传感器,如压力、加速度、温度和无损检测等,在生物医学领域也获得了广泛的应用。

1. 石英晶体

天然石英(SiO_2)晶体是六角形晶柱,在晶体学中它可用三根互相垂直的轴来表示,在

图 5-5(a)中,柱体纵轴 z 称为光轴,该轴方向无压电效应;通过六角棱线并垂直于光轴的 x 轴称为电轴,此轴上的压电效应最强;同时与 x 轴和 z 轴垂直的 y 轴(垂直于正六面体的棱面)称为机械轴,在电场作用下,沿该轴方向的机械变形最明显。

如果从石英晶体中切下一片平行六面体——晶体切片,并使其晶面分别平行于 x、y、z 轴,如图 5-5(b)所示,并在垂直 x 轴方向两面用真空镀膜或沉银法得到电极面,如图 5-5(c) 所示。

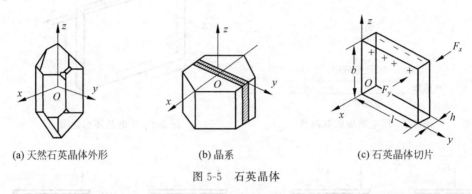

(a) 天然石英晶体外形   (b) 晶系   (c) 石英晶体切片

图 5-5   石英晶体

石英晶体具有压电效应,是由其内部结构决定的。石英晶体的化学分子式为 SiO_2,在一个晶体结构单元(晶胞)中,有 3 个硅离子 Si^{4+} 和 6 个氧离子 O^{2-},后者是成对的,所以一个硅离子和两个氧离子交替排列,其压电效应机理如图 5-6 所示。为讨论方便,将这些硅、氧离子等效为图 5-6(a)中正六边形排列,⊕代表 Si^{4+},⊖代表 $2O^{2-}$。当晶体受力时,电荷中心移动,在 x 轴方向上的电偶极矩不为零,产生的极化电荷和施加到晶体表面的力成正比,如图 5-6(b)、(c)所示。

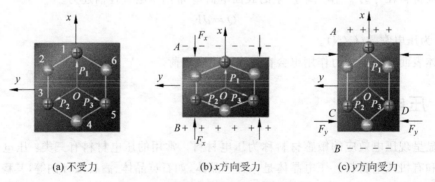

(a) 不受力   (b) x 方向受力   (c) y 方向受力

图 5-6   石英晶体的压电效应机理分析

2. 压电陶瓷

压电陶瓷属于铁电体一类的物质,是人工制造的多晶体压电材料,其压电效应机理如图 5-7 所示。图中,晶粒内有许多自发极化的电畴,是分子形成的区域,有一定的极化方向,从而存在一定的电场。在极化处理前,这些电畴在晶体上杂乱分布,它们的极化效应被相互抵消,因此原始的压电陶瓷内极化强度为零,如图 5-7(a)所示。当施加强度较大的外电场 E (20~30kV/cm)时,电畴自发的极化方向将向 E 的方向发生转动,使陶瓷材料得到极化,如图 5-7(b)所示。撤去外电场 E 后,压电陶瓷内部仍有剩余的极化,电畴的极化方向基本保持不变,在陶瓷片极化的两端分别出现正、负束缚电荷。但长时间放置时,束缚电荷吸附外界自由电荷,保持电中性,如图 5-7(c)所示。

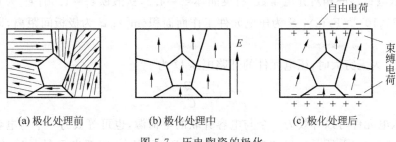

(a) 极化处理前　　　　(b) 极化处理中　　　　(c) 极化处理后

图 5-7　压电陶瓷的极化

如果在陶瓷片上加一个与极化方向平行的压力 F,如图 5-8(a)所示,陶瓷片将产生压缩形变(图中虚线),片内的正、负束缚电荷之间的距离变小(极化距离变小),极化强度也变小。因此,原来吸附在电极上的自由电荷,有一部分被释放而出现放电现象。当压力撤销后,陶瓷片恢复原状(这是一个膨胀过程),极化距离变大,极化强度也变大,因此电极上又吸附一部分自由电荷而出现充电现象。这种现象由机械效应转换为电效应,即机械能转换为电能。同理,可以分析压电陶瓷的逆压电效应,如图 5-8(b)所示。

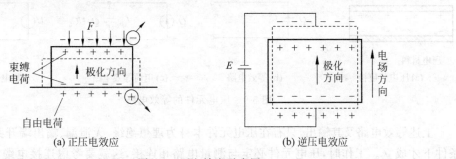

(a) 正压电效应　　　　　　　　(b) 逆压电效应

图 5-8　压电效应示意图

压电陶瓷的压电常数比石英晶体的大数十倍。

3. 压电半导体

这里指聚偏二氟乙烯(PVDF),它是高分子聚合物的薄膜,与石英晶体和压电陶瓷材料不同的是,PVDF 具有高弹性、柔软性好;高强度、抗冲击;声阻抗低(声阻抗等于材料密度乘声速,$Z = \rho c$),与水、人体组织、黏胶等接近,便于声阻抗的匹配;具有高介电常数,耐强电场作用可达 $75\text{V}/\mu\text{m}$,而压电陶瓷在这种强电场下性能已开始退化。

PVDF 薄膜的压电常数 $d \approx 23 \times 10^{-12}\text{C/N}$,是石英晶体的 10 倍;响应频带宽($10^{-3} \sim 10^9$ Hz),动态测量范围宽;具有高灵敏度,在示波器上可以直接观察到 PVDF 薄膜的输出信号。

PVDF 薄膜的价格便宜,可以用作压电计数开关、振动冲击传感器等。

5.3　压电元件的等效电路

当压电元件受力时,在它的两个电极上出现极性相反但电量相等的电荷 Q,如图 5-9 所示。可把它视为两极板上聚集异性电荷,中间为绝缘体的电容器,如图 5-9(b)所示,其电容量为

$$C_a = \frac{\varepsilon S}{d} = \frac{\varepsilon_r \varepsilon_0 S}{d} \tag{5-2}$$

式中,ε_r 为压电材料的相对介电常数,石英晶体 $\varepsilon_r = 4.5$,钛酸钡 $\varepsilon_r = 1200$;ε_0 为真空介电常数,$\varepsilon_0 = 8.85 \times 10^{-12}$(F/m);$S$ 为压电元件工作面面积(m^2);d 为极板间距离,即压电元件的厚度(m)。

负载电阻为无穷大时,压电元件的开路电压 U 为

$$U = \frac{Q}{C_a} \tag{5-3}$$

因此,压电元件可以等效为一个与电容并联的电荷源,也可等效为一个与电容串联的电压源,如图 5-9(c)、(d)所示。只有在外电路负载 R_L 无穷大、内部也无漏电时,外力所产生的电压 U 才能长期保存下来;如果负载 R_L 不是无穷大,则电路就要以时间常数 $R_L C_a$ 按指数规律放电。为此在测量一个频率很低的变化力时,就必须保证负载 R_L 具有很大的数值,从而保证时间常数很大,使漏电造成的电压降低很小,不致造成测量的显著误差,这时 R_L 常要超过数百兆欧。在进行动态测量时,电荷可以不断补充,从而供给测量电路一定的电流,所以压电式传感器适宜做动态测量。

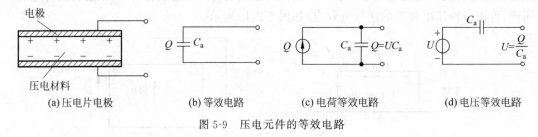

(a) 压电片电极   (b) 等效电路   (c) 电荷等效电路   (d) 电压等效电路

图 5-9   压电元件的等效电路

上述等效电路及其输出,只有在压电元件本身为理想绝缘、无泄漏、输出端开路($R_L = \infty$)条件下才成立。工作时,压电元件必定与测量电路相连接,这就要考虑连接电缆电容 C_c、放大器的输入电阻 R_i 和电容 C_i、传感器的漏电阻 R_a。因此压电传感器的实际等效电路如图 5-10 所示。

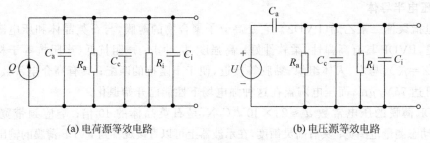

(a) 电荷源等效电路   (b) 电压源等效电路

图 5-10   压电式传感器的等效电路

5.4   压电元件常用的结构形式

单片压电元件产生的电荷 Q 很小,要产生足够的表面电荷要用很大的力。实际使用中,可采用两片或两片以上压电元件组合在一起增加压电效果。连接方法有两种:并联和

串联,如图 5-11 所示。图 5-11(a)为并联,两片压电元件的负极集中在中间极板上,正极在上下两边,分别连在一起再引出电极。输出电容 $C_并$ 为单片电容的 2 倍,输出电压 $U_并$ 等于单片电压,极板上的电荷量 $Q_并$ 为单片电容的 2 倍。这时电容量大,输出电荷量大,适用于测量缓变信号和以电荷为输出的场合。图 5-11(b)为串联,上极板为正极,下极板为负极,中间是一元件的负极与另一元件的正极连在一起。输出电容 $C_串$ 为单片电容的 1/2,输出电压 $U_串$ 等于单片电压的 2 倍,极板上的电荷量 $Q_串$ 等于单片电容。此时传感器本身电容小,输出电压高,适用于要求以电压为输出的场合,并要求测量电路有高的输入阻抗。

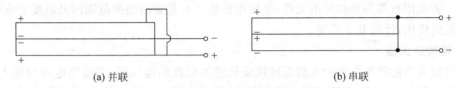

(a) 并联   (b) 串联

图 5-11 压电元件的并联与串联

5.5 压电式传感器的测量电路

压电式传感器要求负载电阻 R_L 必须有很大的数值,才能使测量误差小到一定数值以内。因此常在压电式传感器输出端后面,先接入一个高输入阻抗的前置放大器,确保测量电路有较大的时间常数,以避免电荷泄漏,然后再接一般的放大电路及其他电路。

前置放大器的作用有两个:①阻抗变换,即把压电式传感器的高输出阻抗变换成低输出阻抗;②把压电式传感器的微弱信号放大。

前置放大器有两种形式:一种是电压放大器,它的输出电压与传感器的输出电压成正比;另一种是电荷放大器,其输出电压与传感器的输出电荷成正比。

1. 电压放大器

电压放大器电路如图 5-12 所示。

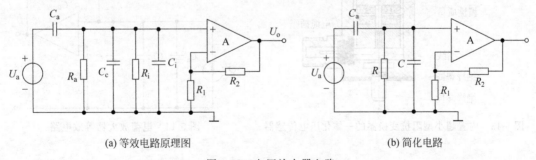

(a) 等效电路原理图   (b) 简化电路

图 5-12 电压放大器电路

在图 5-12 中,输出电压为

$$U_o = \frac{Q}{C} \cdot \frac{K}{1 + \frac{\omega_0}{j\omega}} \tag{5-4}$$

式中,$K = 1 + R_2/R_1$;$\omega_0 = 1/RC$。

为扩展传感器工作频带的低频端,须减小 ω_0,即增大 C 或增大 R。根据式(5-4)可知,增大 C 会降低灵敏度,所以一般采取增大 R,因此应配置输入电阻很大的前置放大器。

连接电缆电容 C_c 改变会引起 C 改变,进而引起灵敏度改变,所以当更换传感器连接电缆时必须重新对传感器进行标定。

解决电压放大器中电缆分布电容的有效办法是将放大器与传感器组成一体化结构,如图 5-13 所示。它可以直接输出达几伏的低输出阻抗信号,并可以用普通同轴电缆传输至示波器、记录仪、检流计和其他仪表,不需要再附加放大器;只有在测量低电平振动时,才需要再放大。若采用石英晶片作压电元件,该压电传感器在很宽的温度范围内灵敏度十分稳定,而且可长期使用,性能几乎不变。

2. 电荷放大器

电荷放大器能将高内阻的电荷源转换成低输出阻抗的电压源,其输出电压与输入电荷量成正比。因此电荷放大器同样也起着阻抗变换的作用,要求其输入阻抗高达 $10^{10} \sim 10^{12} \Omega$,输出阻抗小于 100Ω。

电荷放大器的等效电路如图 5-14 所示。近似分析,电荷 Q 只对反馈电容 C_f 充电,C_f 两端的电压近似等于放大器的输出电压,即

$$U_o \approx -\frac{Q}{C_f} \tag{5-5}$$

由式(5-5)可知,电荷放大器的输出电压只与输入电荷量和反馈电容值有关,而与放大器增益的变化以及电缆电容 C_c 等均无关。因此,只要保持反馈电容的数值不变,就可以得到与电荷量 Q 的变化呈线性关系的输出电压。此外,由于输出电压与反馈电容成反比,因此要达到一定的输出灵敏度要求,必须选择适当容量的反馈电容。使用电荷放大器的一个突出优点是,在一定条件下,传感器的灵敏度与电缆长度无关。

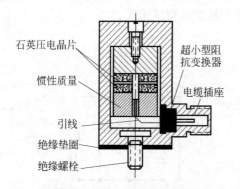
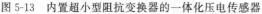

图 5-13   内置超小型阻抗变换器的一体化压电传感器

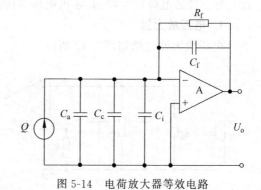

图 5-14   电荷放大器等效电路

5.6   压电式传感器的应用

5.6.1   压电式力传感器

压电元件本身是一种典型的力敏元件,最终能转换为力的物理量。例如压力、加速度、机械冲击和振动等,都可以用压电式传感器测量。压电式传感器的结构包括传感器、弹性敏

感元件和压电转换电路,其应用特点是通过弹性敏感元件把压力收集转换成集中力,再传递给压电元件。在有拉力同时也有压力的场合,通常采用双片或多片石英晶体作为压电元件,其刚度大,测量范围宽,线性及稳定性高,动态特性好。图 5-15 是单向力传感器的结构示意图,它用于机床动态切削力的测量。上盖为传力元件,其变形壁的厚度由测力范围决定。绝缘套用来绝缘和定位。当传力元件受外力作用时,将产生弹性变形,将力传递到石英晶片上;石英晶片采用 x 轴方向切片,利用纵向压电效应实现力-电转换。在结构上,基座对其中心线的垂直度,上盖、晶片、电极上下底面的平行度与表面粗糙度都有极严格的要求,否则会使横向灵敏度增加或晶片因应力集中而过早破碎。为提高绝缘阻抗,传感器装配前要经过多次净化(包括超声波清洗),然后在超净工作环境下进行装配,加盖之后用电子束封焊。

5.6.2 压电式压力传感器

压电式压力传感器的结构类型很多,但它们的基本原理、结构与压电式力传感器大同小异。突出的不同点是,它必须通过弹性膜、盒等,把压力收集并转换为力,再传递给压电元件。为保证静态特性及其稳定性,常采用石英晶体作为压电元件。压电式压力传感器主要用于发动机内部燃烧压力的测量与真空度测量。它既可以用来测量大的压力,也可以测量微小的压力。

图 5-16 是一种测量均布压力的压电式传感器结构。薄壁筒是一个薄壁厚底的金属圆筒,通过拉紧薄壁筒对压电晶片组施加压缩应力,薄壁筒外的空腔内可以注入冷却水,降低晶片温度,以保证传感器在较高的环境温度下正常工作。冷却腔用挠性材料制成的薄膜片进行密封。

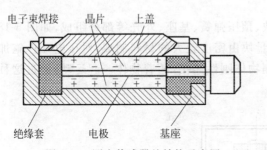

图 5-15 测力传感器的结构示意图

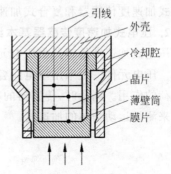

图 5-16 测量均布压力的压电式传感器结构

5.6.3 压电式加速度传感器

压电式加速度传感器是当前运用最广泛的一类加速度传感器。它利用的是具有压电效应的某些物质(如石英晶体)制成的传感元件,在加速度传感器受振时,质量块加在压电元件上的力也随之变化,因此压电式加速度传感器属于惯性式传感器。这里主要介绍压电材料的几种基本变形方式。

1. 压电材料基本变形方式

常用的压电材料有石英晶体、压电陶瓷,在使用之前需要按照一定的方向切成压电晶片,如图 5-3 所示。

图 5-3 中,X 轴方向为晶体片的厚度方向,Y 轴方向为晶体片的长度方向,Z 轴方向为晶体片的宽度方向。如果沿晶体片厚度方向施加压力或拉力,晶体片产生的变形为厚度变形;沿长度方向施加压力或拉力,晶体片产生的变形为长度变形;其他方向上施加的力为剪切变形,这三种变形方式是压电晶体片的基本变形方式,如图 5-17 所示。

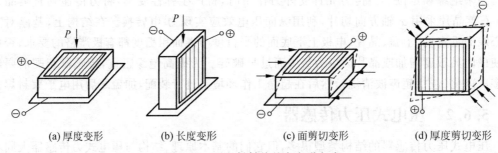

(a) 厚度变形　　　　(b) 长度变形　　　　(c) 面剪切变形　　　　(d) 厚度剪切变形

图 5-17　压电材料的基本变形方式

(1) 厚度变形:力的作用方向沿着晶体片的厚度方向,施加压力或拉力,在压电晶体片上所产生的变形称为厚度变形,如图 5-17(a) 所示。

(2) 长度变形:力的作用方向沿晶体片的长度方向,施加压力或拉力,在压电晶体片上所产生的变形称为长度变形,如图 5-17(b) 所示。

(3) 剪切变形:剪切变形有多种,除了厚度变形和长度变形以外的其他形变,都可以称为剪切变形,最常见的剪切变形有面剪切、厚度剪切等,如图 5-17(c) 和图 5-17(d) 所示。

按压电晶体片变形方式的不同,可以制成多种加速度传感器,如压缩式加速度传感器、剪切式加速度传感器和复合式加速度传感器。下面介绍这三类加速度传感器的基本结构。

2. 压电式加速度传感器基本结构

压电式加速度传感器由压电元件、质量块、预压弹簧、基座、外壳等部分组成,如图 5-18 所示。压电元件一般采用压电陶瓷制成;质量块由密度较大的材料制成,对压电元件施加预载荷的作用。测量时,传感器的基座与被测物体刚性连接,随着物体一起运动,通过这种方式来测量运动物体的加速度。

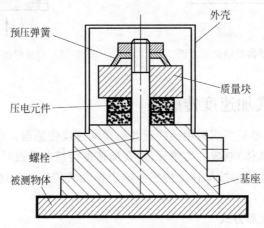

图 5-18　压电式传感器基本结构

　　其中对力敏感的压电元件是压电式加速度传感器的核心器件,其结构和性质决定着传感器的各种性能和测量精度;同时,与之相连的弹性体结构设计的优劣也对加速度传感器的性能起到了至关重要的作用。

　　常见的压电式加速度测量系统组成电路结构如图 5-19 所示。其中,压电式加速度传感器将被测加速度的变化转换为电荷量的变化;电荷放大器将传感器输出的微弱信号放大;信号处理电路将信号转换为适合 A/D 转换的信号;处理后的电压信号通过 A/D 转换后传送到单片机系统,通过计算机对数据进行处理分析再输出。

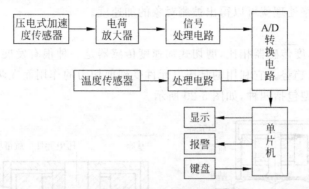

图 5-19　常见的压电式加速度测量系统

　　图 5-19 中温度传感器用于温度补偿。由于金属材料与陶瓷材料的热膨胀系数相差较大,热胀冷缩造成的机械变形也会对输出产生影响,从而导致质量块对压电陶瓷的预压力发生变化;而且压电陶瓷本身也受温度影响,环境温度变化会使压电材料的压电常数 d_n、介电常数 ε、电阻率 ρ 和弹性系数 k 等机电特性参数发生变化,d_n 和 k 的变化将影响传感器的输出灵敏度,ε 和 ρ 的变化会导致时间常数的变化,从而使传感器的低频响应特性发生变化。

　　因此在压电式加速度传感器测量系统中有必要引入温度补偿。温度补偿的方法是通过实验对传感器在不同温度下所产生的温度漂移值进行标定,将标定结果以数据表的格式存入单片机中。实际测量中,单片机根据测得的温度自动进行结果的修正。

3. 压电式加速度传感器类型

　　根据压电元件受到外力作用后变形方式的不同,压电式加速度传感器可以分为压缩式、剪切式和复合式三种类型。

1) 压缩式

　　压缩式加速度传感器是利用压电陶瓷片的纵向压电效应设计的加速度传感器,是一种基本的压电式加速度传感器。压缩式加速度传感器的压电元件一般采用两片压电陶瓷片构成,两片之间采用并联接法。

　　压电陶瓷片上面放一块密度较人的质量块,质量块用弹簧和螺栓、螺母对压电陶瓷片预先加载,施加预应力,图 5-18 就是典型的压缩式加速度传感器结构。

　　当物体产生加速度运动时,因质量块感受到传感器基座的振动,并受到与加速度 a 方向相反的惯性力 F 的作用,力的大小为

$$F = ma \tag{5-6}$$

式中,F 为惯性力(N);m 为质量块的质量(kg);a 为加速度(m/s^2)。

惯性力 F 作用在压电晶体上,产生压电效应,聚集产生的电荷 Q 为

$$Q = dF = dma \tag{5-7}$$

式中,d 为压电元件的压电系数(C/N)。

当物体的振动频率远低于传感器的固有频率时,传感器的输出电荷 Q 与作用力 F 成正比,即与被测物体的加速度 a 成正比。输出电荷由传感器的输出端引出,输入到前置放大器后,通过测量电路处理就可以得出被测对象的加速度。

2) 剪切式

与压缩式加速度传感器相比,剪切式加速度传感器是一种很有发展前途的传感器,并有逐步替代压缩式的趋势。它利用的是压电元件受到剪切力的作用而在两侧产生异号电荷来工作的,常用的类型包括四种,如图 5-20 所示。

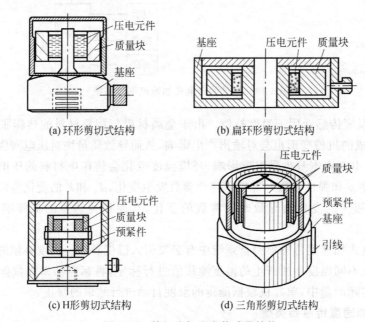

图 5-20   剪切式加速度传感器结构

图 5-20(a)为环形剪切式结构,测量振动时,质量块随着惯性力向上或向下移动时,压电元件承受剪切变形。压电元件和质量块均为空心圆柱形,质量块粘套在压电元件外侧,压电元件粘在基座的圆柱上。工作时利用压电材料变形后产生的压电效应进行测量,在压电元件内外圆柱面上取出感应电荷。环形剪切压电式传感器的性能优于其他结构,但过载能力稍差,而且由于黏合剂会随温度的增高而变软,因此最高工作温度受到限制。

图 5-20(b)为扁环形剪切式结构的压电传感器,这种结构也属于中空环形剪切型,其引线能从侧面任意方向引出,具有结构简单、轻巧、灵敏度高、便于安装的特点。

图 5-20(c)为 H 形剪切式结构的压电传感器,有左右两片压电晶体片通过横螺栓紧固在中心立柱上。这种加速度传感器具有更好的静态特性、更高的信噪比和较宽的频率特性,安装起来很方便。

图 5-20(d)为三角形剪切式结构的压电传感器,由三块压电晶片组合构成,晶体片和扇形质量块呈三角形空间分布,由预紧筒紧固在三角形中心柱上,由于取消了黏接剂,改善了线性特性和温度特性。

3) 复合式

复合式压电传感器泛指那些由不同组合结构、差动原理或复合材料构成的压电式传感器。典型结构为剪切-压缩复合型压电加速度传感器,如图 5-21 所示。

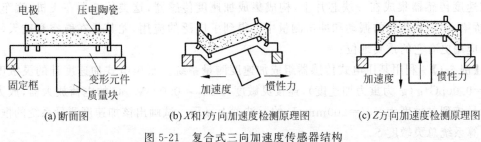

(a) 断面图　　　　　(b) X和Y方向加速度检测原理图　　　　　(c) Z方向加速度检测原理图

图 5-21　复合式三向加速度传感器结构

图 5-21(a)为剪切-压缩复合型的压电式加速度传感器的断面图,它仅用一个质量块和一组压电元件,可同时测量三个方向的加速度,这种加速度传感器又称为三轴加速度传感器,是性能较高的一种加速度传感器。图 5-21(b)所示为压电传感器在测量 X 和 Y 方向惯性力时的原理图,压电元件受到质量块和基座形成的沿各自方向的剪切力,并分别输出正比于各自方向的加速度分量的电荷。图 5-21(c)为压电传感器受到 Z 方向惯性力时的原理图,压电元件与质量块构成中心压缩式加速度传感器,用来测量 Z 轴方向上的加速度分量。

压电式加速度传感器具有结构简单、体积小、重量轻、测量频率宽、性能稳定、安装使用方便等优点,它是测量振动和冲击的一种较为理想的传感器。其典型的调理电路如图 5-22 所示。

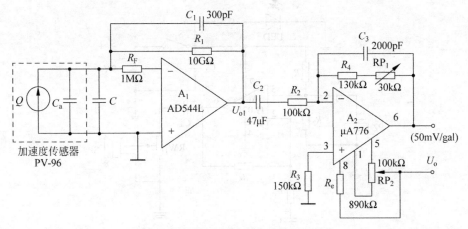

图 5-22　压电式加速度传感器调理电路

图 5-22 中的压电式加速度传感器调理电路由电荷放大器和电压调整放大器电路组成。第一级是电荷放大器电路,R_F 为过载保护电阻,以避免 AD544L 因输入过高而损坏;第二

级为输出调整放大电路。电荷放大器的低频响应由反馈电容 C_1 和 R_1 决定,低频截止频率为 $f_o=1/(2\pi R_1 C_1)=0.053\text{Hz}$。若传感器受到 $1g$ 加速度的作用,则第一级输出 $U_{o1}=Q_0/C_1=-10\,000\times10^{-12}\text{C}/300\times10^{-12}\text{F}=-33\text{V}$。因此可以推算出 AD544L 的灵敏度为 $-33\text{V}/g=-33.7\text{mV}/\text{gal}(1\text{gal}=1/980g=1\text{cm}/\text{S}^2)$。

μA776 是一个反相放大器,其闭环增益为 $A_{F2}=-(R_4+RP_1)/R_2$,调节 RP_1 可使 $A_{F2}=1.48$,因此放大器的输出灵敏度为 $(-1.48)\times(-33.7\text{mV}/\text{gal})=50\text{mV}/\text{gal}$。该电路一般与加速度传感器集成在一块芯片上,构成集成加速度传感器,这类传感器在飞机、汽车、船舶、桥梁、堤坝和建筑的振动和冲击测量中已得到了广泛的应用,尤其是在航空和航天领域中的应用更有它的重要地位。

【例 5-1】 利用某压电式传感器组成加速度测量系统。某压电式加速度计的灵敏度为 $S_{CP}=9.00\text{pC}/g(g$ 为重力加速度),连接灵敏度为 $S_{VC}=0.005\text{V}/\text{pC}$ 的电荷放大器,放大后的信号接到灵敏度为 $S_{XV}=200\text{mm}/\text{V}$ 的示波器上显示。试画出该加速度测量系统的框图;并计算系统总灵敏度 S。

解:

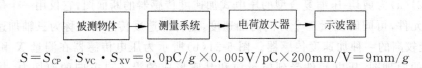

$$S=S_{CP}\cdot S_{VC}\cdot S_{XV}=9.0\text{pC}/g\times0.005\text{V}/\text{pC}\times200\text{mm}/\text{V}=9\text{mm}/g$$

5.6.4 拾音器

吉他拾音器电路如图 5-23 所示,元器件参数如表 5-1 所示。压电传感器 PZ 将吉他弦振动的信号转换为电信号,该小信号经 TL071 放大以便于驱动喇叭。信号的放大倍数由 R_3 和 R_5 电阻来确定,根据图中的参数可知其放大倍数为 3.2。喇叭音量的大小由电位器 RW_1 调节。

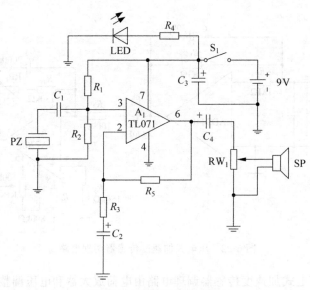

图 5-23　吉他拾音器电路

表 5-1　吉他拾音器元器件参数

元 器 件	参 数
R_1, R_2	2.2MΩ,1/4W 电阻
R_3	100kΩ,1/4W 电阻
R_4	1kΩ,1/4W 电阻
R_5	220kΩ,1/4W 电阻
RW_1	10kΩ,1/4W 电阻
C_1	0.1μF,63V 聚酯电容
C_2, C_3, C_4	10μF,50V 电解电容
A_1	TL071,运算放大器
LED	发光二极管
SP	蜂鸣器
PZ	压电片
S_1	开关
其他	9V 电池

第6章

磁电感应式传感器

磁电感应式传感器是利用磁场将被测量(如振动、位移、转速等)转换成电信号的一种传感器,包括磁电感应式传感器、霍尔式传感器、磁敏式传感器三大类,是一种机-电能量变换型传感器,在工业测量场合有着广泛的应用。

由法拉第电磁感应定律可知,N 匝线圈在磁场中运动切割磁力线或线圈所在磁场的磁通变化时,线圈中所产生的感应电动势 $E(V)$ 的大小取决于穿过线圈的磁通 $\Phi(Wb)$ 的变化率,即

$$E = -N\frac{d\Phi}{dt}$$

磁通量的变化可以通过很多办法来实现,如磁铁与线圈之间做相对运动、磁路中磁阻的变化、恒定磁场中线圈面积的变化等。一般可将磁电感应式传感器分为恒磁通式和变磁通式两类。

6.1 恒磁通式磁电感应传感器

工作气隙中的磁通恒定,感应电动势是由于永久磁铁与线圈之间有相对运动——线圈切割磁力线而产生。这类结构有动铁式和动圈式两种,如图 6-1 所示。

磁铁与线圈相对运动使线圈切割磁力线,产生与运动速度 v 成正比的感应电动势 E,其大小为

$$E = -N\frac{d\Phi}{dt} = -N\frac{d(BS)}{dt} = -NB\frac{dS}{dt} = -NB\frac{d(lx)}{dt} = -NBl\frac{dx}{dt} = -NBlv \quad (6\text{-}1)$$

式中,N 为线圈在工作气隙磁场中的匝数;B 为工作气隙磁感应强度;l 为每匝线圈平均长度。当传感器结构参数确定后,N、B 和 l 均为恒定值,E 与 v 成正比,因此根据感应电动势 E 的大小就可以知道被测速度的大小。

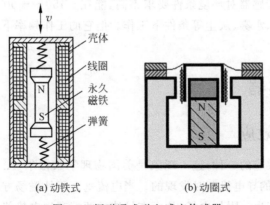

(a) 动铁式　　　　　　(b) 动圈式

图 6-1　恒磁通式磁电感应传感器

6.2　变磁通式磁电感应传感器

变磁通式磁电感应传感器一般做成转速传感器,产生感应电动势的频率作为输出,而电动势的频率取决于磁通变化的频率。变磁通式转速传感器的结构有开磁路和闭磁路两种,如图 6-2 所示。

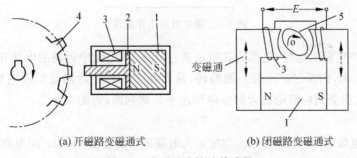

(a) 开磁路变磁通式　　　　　　(b) 闭磁路变磁通式

图 6-2　变磁通式转速传感器

1—磁钢;2—磁轭;3—线圈;4—齿轮;5—测量轮

图 6-2(a)中,磁路是处于一个开放式的空间,因此称为开磁路变磁通式传感器,当齿轮转动时,其线圈 3 中感应出交变的电势,其频率为

$$f = Zn/60 \qquad (6\text{-}2)$$

式中,Z 为齿轮齿数;n 为被测轴转速(r/min);f 为感应电动势频率(Hz)。

当已知齿轮齿数 Z,根据测得的频率 f 就知道转速 n 了。

开磁路式转速传感器结构比较简单,但输出信号小。另外,当被测轴振动比较大时,传感器输出波形失真较大。因此在振动强的场合往往采用闭磁路式转速传感器,因为磁路在通过路径上是闭合的,所以称为闭磁路变磁通式传感器,如图 6-2(b)所示,其中测量轮 5 可以被看成具有 2 个齿的特殊齿轮,在转动过程中使线圈 3 中产生感应电动势,其频率 f 与测量轮转速 n 成正比,即 $f = n/30$。在这种传感器结构中,也可以用齿轮代替椭圆形测量轮。

闭磁路变磁通式传感器对环境条件要求不高,能在$-150\sim+90℃$的温度下工作,不影响测量精度,也能在油、水雾、灰尘等条件下工作。但它的工作频率下限较高,约为50Hz,上限可达100kHz。

6.3 霍尔传感器

6.3.1 霍尔效应

霍尔效应是电磁效应的一种,这一现象是美国物理学家霍尔(A. H. Hall,1855—1938)于1879年在研究金属的导电机制时发现的。当电流垂直于外磁场方向通过导体时,垂直于电流和磁场的方向会产生一附加电场,从而在导体的两端产生电势差,这一现象就是霍尔效应。这个电势差也称为霍尔电势,用U_H表示,如图6-3所示。

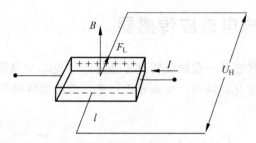

图 6-3 霍尔效应工作原理

之所以会产生霍尔电势,是因为在电流通过导体时,电流中运动的电荷在磁场中受到洛伦兹力F_L的作用,向霍尔芯片的一侧偏转,从而在霍尔芯片的侧面形成电势差,即霍尔电势U_H。运动电荷受到的洛伦兹力的方向用左手定则判断,力的大小为

$$F_L = qvB \qquad (6-3)$$

式中,q为电子电荷量,$q=1.602\times10^{-19}$C;v为电荷运动的速度(m/s);B为磁场强度(A/m)。可见这个力的大小与磁场强度有关,而在霍尔芯片两侧形成的电势差U_H,又与这个力有密切关系,经过测试,霍尔电势U_H的大小为

$$U_H = k_H IB \qquad (6-4)$$

式中,I为通过霍尔芯片的电流(A);k_H为与霍尔芯片材料的物理特性和几何尺寸有关的灵敏度系数,表示在单位磁感应强度和单位控制电流时的霍尔电势的大小。

由式(6-4)得出,当通过霍尔芯片的电流保持不变的情况下,霍尔电势和磁场的强度成正比。在传感器测量中直接测量磁场强度比较麻烦,因此可以借助物体位置的变化来测量磁场强度,这就是霍尔式位置传感器的工作原理,这一点在后面磁电式位置传感器中举例说明。

6.3.2 霍尔元件的结构和主要参数

由于在半导体材料中产生的霍尔电势比较明显,因此霍尔元件都是用半导体材料制成的,一般做成矩形半导体单晶薄片,尺寸大致为$4mm\times2mm\times0.1mm$。霍尔元件是一个四端型器件,它由霍尔芯片、4根引线和壳体组成,其符号如图6-4(a)所示,通常控制电流端的引线为红色,霍尔电势 U_H 输出端的引线为绿色。

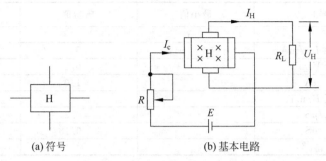

(a) 符号　　　　　　　　　　(b) 基本电路

图 6-4　霍尔元件符号和基本电路

霍尔式位置传感器的基本电路如图 6-4(b) 所示,在霍尔芯片的控制电流端接入直流电流,霍尔芯片输出端接负载。由于霍尔电势一般较小,因此在实际电路中还要经过放大。

基本电路中主要参数有:

(1) 额定控制电流 I:使霍尔元件温升 10℃ 所施加的控制电流值。

(2) 输入电阻 R_i:控制电极间的电阻值。

(3) 输出电阻 R_o:霍尔电势输出极之间的电阻值;

(4) 最大磁感应强度 B_m:磁感应强度超过 B_m 时,霍尔电势的非线性误差明显增大。

(5) 霍尔电势温度系数:在磁感应强度及控制电流一定的情况下,温度变化 1℃ 时相应霍尔电势变化的百分数。它与霍尔元件的材料有关,一般为 0.1%/℃ 左右。在要求较高的场合,应选择低温漂的霍尔元件。

(6) 不等位电势:在额定控制电流下,当外加磁场为零时,霍尔输出端之间的开路电压称为不等位电势。它产生的原因是霍尔芯片 4 个电极的几何尺寸不对称引起的。在图 6-5 中,霍尔芯片的电极间电阻 R_1、R_2、R_3、R_4 的电阻值不相等,在通入控制电流 I 时,在 C、D 两输出端就会有不等位电势,使用时多用电桥补偿法来补偿不等位电势引起的误差,在霍尔芯片电极间接一个可调电阻 RP,调节可调电阻的阻值,可以使霍尔芯片电极间的电阻值平衡。

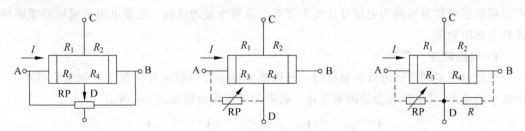

图 6-5　霍尔元件不等位电势补偿电路

例如,44E 型霍尔传感器是霍尔开关集成电路,其内部由稳压器、霍尔电势发生器、施密特触发器和集电极开路输出级构成。其输入为磁感应强度,输出是一个数字电压信号。表 6-1 给出了 44E 型霍尔传感器的主要技术指标。

表 6-1　44E 型霍尔传感器的主要技术指标

参数(符号)	最小值	典型值	最大值
工作电压 V_{CC}/V	4.5		24
电源脚工作电流 I_{CC}/mA		5	
输出低电平电压 V_{OL}/V		0.2	0.4
输出漏电流 I_{OH}/μA		1.0	10
导通磁感应强度 B/mT			20
输出上升时间 t_r/μS		0.2	2.0
输出下降时间 t_f/μS		0.18	2.0
工作温度范围 T_{OP}/℃	-40		125

6.3.3　使用注意事项

霍尔传感器在工业及民用测量中应用十分广泛,为了保证检测的顺利进行,在使用过程中要注意以下事项:

(1) 过高的电源电压会引起霍尔元件内部温升而使其变得不稳定,而过低的电源电压容易让外界的温度变化影响磁场强度特性,从而引起电路误动作,因此在使用时要保证霍尔式位置传感器的额定电源电压。

(2) 当使用霍尔开关驱动感性负载时,要在负载两端并入续流二极管,否则会因感性负载长期动作时形成的瞬态高压脉冲影响霍尔开关的使用寿命。

(3) 采用不同磁性的磁铁,则检测距离不同,应选择磁铁作用距离和检测距离相等的型号。

6.4　磁敏传感器

6.4.1　磁敏电阻

磁敏电阻又叫磁控电阻,是一种对磁场敏感的半导体元件,其电阻率对磁场敏感,因此可以将磁感应信号转换为电信号从而实现非电量到电量的转换。磁敏电阻对磁场的敏感现象称为磁阻效应。

1. 磁阻效应

磁敏电阻是利用磁阻效应制成的一种磁敏元件。将一载流导体置于外磁场中,除了产生霍尔效应外,其电阻也会随磁场变化。磁阻元件工作原理如图 6-6 所示。

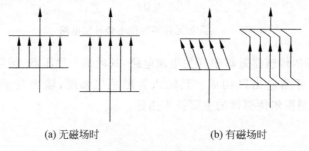

　　(a) 无磁场时　　　　　　　　　(b) 有磁场时

图 6-6　磁阻元件工作原理示意

在没有外加磁场时,磁阻元件的电流密度矢量如图6-6(a)所示。当磁场垂直作用在磁阻元件表面上时,由于霍尔效应,使得电流密度矢量偏移电场方向一个角度,如图6-6(b)所示。这使电流流通的途径变长,导致元件两端金属电极间的电阻值增大。电极间的距离越长,电阻的增长比例就越大,所以在磁阻元件的结构中,大多是把基片切成薄片,然后用光刻的方法插入金属电极和金属边界,以期得到大的电阻变化率。

2. 磁阻效应表达式

经过测试,当温度恒定,在弱磁场范围内,磁阻与磁感应强度的二次方成正比。对于只有电子参与导电的最简单情况,理论推导出磁阻效应的表达式为

$$\rho_B = \rho_0(1 + 0.273\mu^2 B^2) \qquad (6\text{-}5)$$

式中,ρ_0为没有磁场时的电阻率;ρ_B为磁感应强度为B时的电阻率;μ为电子迁移率。电阻率的变化为$\Delta\rho = \rho_B - \rho_0$,则电阻率的相对变化为

$$\Delta\rho/\rho_0 = 0.273\mu^2 B^2 \qquad (6\text{-}6)$$

由式(6-6)可知,磁场一定,迁移率高的材料磁阻效应明显。InSb(锑化铟)和InAs(砷化铟)等半导体的载流子迁移率都很高,更适合于制作磁敏电阻。磁敏电阻外形如图6-7所示。

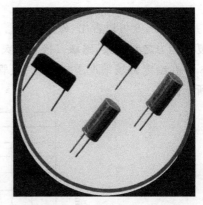

图6-7　磁敏电阻外形

6.4.2　磁敏二极管

磁敏二极管是一种磁电转换元件,可以将磁信息转换成电信号,具有体积小、灵敏度高、响应快、无触点、输出功率大及性能稳定等特点。广泛应用于磁场的检测、磁力探伤、转速测量、位移测量、电流测量、无触点开关和无刷直电流电机等许多领域。

磁敏二极管是PN结型的磁电转换元件,有硅磁敏二极管和锗磁敏二极管两种,结构如图6-8(a)所示。

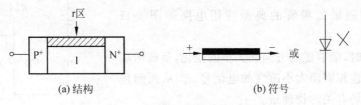

图6-8　磁敏二极管结构示意

在高纯度锗半导体的两端用合金法制成高掺杂的P型和N型两个区域,在P、N之间有一个较长的本征区I,本征区I的一面磨成光滑的复合表面(为I区),另一面打毛,称为高复合区(r区),因为电子-空穴对易于在粗糙表面复合而消失。当通以正向电流后就会在P、I、N结之间形成电流。由此可知,磁敏二极管是PIN型的,其符号如图6-8(b)所示。

磁敏二极管与普通二极管的区别:普通二极管PN结的基区很短,以避免载流子在基区复合;磁敏二极管的PN结却有很长的基区,大于载流子的扩散长度,但基区是由接近本征半导体的高阻材料构成。其工作原理如图6-9所示。

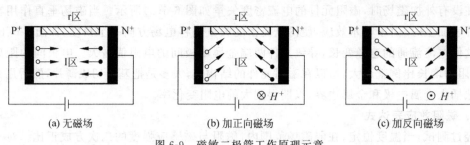

(a) 无磁场   (b) 加正向磁场   (c) 加反向磁场

图 6-9   磁敏二极管工作原理示意

由图 6-9 可以看出,磁敏二极管在磁场强度的变化下,其电流发生变化,且 I 区和 r 区的复合能力之差越大,磁敏二极管的灵敏度就越高。因此磁敏二极管是探测磁场的有效器件。

在给定磁场情况下,磁敏二极管两端正向偏压和通过它的电流的关系曲线,如图 6-10 所示。

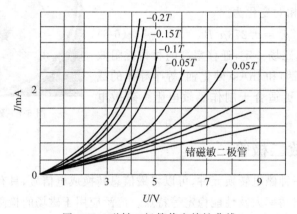

图 6-10   磁敏二极管伏安特性曲线

不同种类磁敏二极管的伏安特性也不同。利用磁敏二极管的这一特性,可以将与磁场有关的信号转换为电信号。常见的磁敏二极管的典型应用电路如图 6-11 所示。

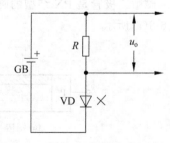

图 6-11   磁敏二极管的典型应用电路

正常工作时,随着磁场方向和大小的变化,负载两端就可以得到极性相同而大小改变的电信号 u_o,从而测量磁场以及与磁场有关的物理量。

除了磁敏电阻、磁敏二极管外,还有磁敏三极管这类磁电式传感器,其工作原理与二极管类似,这里不再赘述。

6.5   磁电式传感器的应用

6.5.1   磁电式位置传感器

磁电式位置传感器是基于电磁感应原理设计的一类测量物体位置信息的传感器。由于它借助磁场这种媒介,可以实现非接触测量,因此在许多工业测量和导航系统中得到了广泛应用。这类位置传感器中最常用的是霍尔式位置传感器。下面以霍尔式接近开关在机械臂限位控制中的应用为例,来进一步讲解。

在机械手加工设备中,需要对机械臂的位置进行限位,以保证机械臂周围设备和人身的安全,如图 6-12 所示。

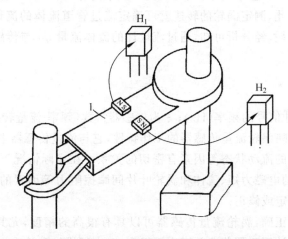

图 6-12　机械臂生产线上限位开关的应用

在需要限位的适当位置安装霍尔接近开关 H_1、H_2,在机械臂相应的位置上安装磁铁,当磁铁随机械臂的运动部件移动到距霍尔接近开关几毫米(动作距离)时,霍尔接近开关的输出由高电平变为低电平,使继电器吸合或释放,控制运动部件停止移动(否则将撞坏霍尔接近开关),从而起到限位的作用。

6.5.2　涡轮流量传感器

涡轮流量传感器是常见的利用转速来测量流量的传感器,其结构示意如图 6-13 所示,主要由涡轮、导流器、壳体和磁电接近式传感器等组成。涡轮转轴的轴承由固定在壳体上的导流器支撑,壳体由不导磁的不锈钢制成,涡轮为导磁的不锈钢,它通常有 4～8 片螺旋形叶片。

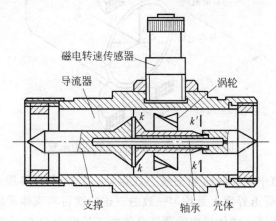

图 6-13　涡轮流量传感器的结构示意

当管道内有流体流过时,流体冲击涡轮使其旋转。流速越高、流量越大,则涡轮的旋转速度也就越大;当流量减小时,流速降低,则涡轮的旋转速度就减小,涡轮的转速是流体流量的函数。在涡轮旋转的同时,装在壳体外的非接触式磁电转速传感器产生变化的感应电动势,该电动势经过放大、整形,便得到足以测出频率的脉冲信号。该脉冲信号的频率与涡轮的转速成正比。因此,测定涡轮的转速就可确定流过管道流体的流量。如果忽略轴承的摩擦及涡轮的功率损耗,经分析可知,通过流量计的流体流量 q_V 与传感器输出的脉冲信号频率关系为

$$q_V = \frac{f}{\xi} \tag{6-7}$$

式中,f 为输出电脉冲信号的频率(Hz);ξ 为传感器常数(频率-流量转换系数)。

传感器常数 ξ 反映涡轮流量传感器的工作特性,它与流量传感器本身的结构、流体的性质和流体在涡轮周围的流动状态等因素有密切的关系。在实际情况下,由于涡轮轴承的摩擦力矩、磁电传感器的电磁力矩、流体和涡轮叶片间摩擦阻力等因素的影响,需要对传感器常数 ξ 做周期性的标定或修正。

如果选型和安装正确,涡轮流量传感器可以具有很高的精度,尤其是对低黏度流体而言。插入式涡轮流量计用于那些非关键应用场合,对它们维护和检查更容易,因为可以把它们去除而不影响主管道系统。

6.5.3　电磁式流量传感器

电磁式流量传感器由均匀磁场、不导电、不导磁材料的管道、管道截面上的导电电极和转换器等组成,如图 6-14 所示。其中磁场方向、电极连线和管道轴线在空间上相互垂直。此类传感器是基于法拉第电磁感应定律而设计的一种用来测量导管中导电流体流量的传感器。

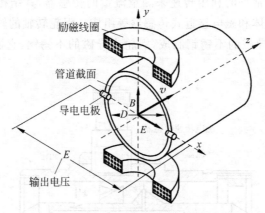

图 6-14　电磁式流量传感器结构示意

当导电流体在管道中流动时做切割磁力线运动。若所有流体质点都以平均流速 v 运动,则流体流速在整个管道界面上是均匀一致的。这样就可将流体看成许多直径为 D 的连续运动着的薄圆盘。这样由液体组成的薄圆盘等效于长度为 D 的导电体,其切割磁力线的运动速度为 v。根据法拉第电磁感应定律,在磁场和流动方向相垂直的方向上产生感应电

动势,由设置在管道壁上的导电电极导出。感应电动势的大小为

$$E = BvD \tag{6-8}$$

式中,E 为感应电动势(V);B 为磁感应密度(T);v 为流体在管道内的平均流速(m/s);D 为切割磁力线的导体长度,这里为管道内径(m)。

被测介质的平均流速与导管流通截面积的乘积为流经圆形导管流体的体积流量,结合式(6-8)得到

$$q_V = \frac{\pi}{4}D^2 v = \frac{\pi DE}{4B} \tag{6-9}$$

由式(6-9)可知,流体的体积流量 q_V 与感应电动势 E 成正比,只要测得导电电极输出的电动势大小就可求出流体的流量。

将式(6-9)改写为

$$E = kq_V = \frac{4B}{\pi D}q_V \tag{6-10}$$

式中,$k = \frac{4B}{\pi D}$ 为传感器的灵敏度。

如果磁场是交变磁场,则产生的感应电动势为交流感应电动势,其变化频率和磁场变化的频率相同。相应地,将式(6-8)、式(6-10)中的 B 改为 $B_{max}\sin\omega t$。现在工业用的都是交流磁场的电磁式流量传感器。

电磁式流量传感器用于在需要高质量和低维护成本的系统中测量导电液体(通常要求导电率>$5\mu S/cm$)的流速。电磁式流量传感器的成本相对其他类型流量传感器来说较高。但它具有许多优势,包括能够测量其他方式难以测量的具有腐蚀性的液体和泥浆的流量。

6.5.4　磁敏电位器

随着电子工业的发展,为了满足各种自动化和精密测量的需要,出现了一种新型的电位器——磁敏电位器。磁敏电位器作为一种非接触式的电位器,具有非常优越的性能。磁敏电位不仅在无接触滑动机构上与一般接触式电位器相比有本质上的区别,而且电阻体本身与接触式电位器截然不同。其结构示意如图 6-15 所示。

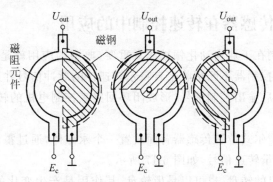

图 6-15　无触点电位器结构示意

它是将 InSb-NiSb 材料制成具有中心抽头的三端环形磁阻元件的无触点电位器。将半圆形磁钢(一种稀土永磁体)同心固定于磁阻元件上,并与两个轴承固定的转轴连接。随着

转动轴的转动,不断地改变磁钢在圆形磁阻元件上面的位置。这种无触点电位器实际上是一种中间抽头的两臂磁阻元件的互补电路。旋转磁钢改变作用于两臂磁阻元件的磁钢面积比,可产生磁阻比的变化。

图 6-16 表示电源电压 $E_c = 6V$ 时,输出电压与磁钢旋转角度的关系。

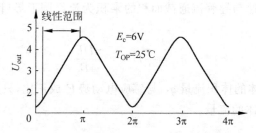

图 6-16   无触点电位器旋转的输出特性

从图 6-16 可知,旋转角输出特性是以 360°为周期、以 180°为界对称出现的。若以输出电压的一半处于中心点,在 ±25°范围内,其线性度达 0.5%;在 ±45°范围内,线性度达 1.5%。这种无触点电位器是通过磁钢与磁阻器件的相对位置变化来改变输出电压的,并且具有以下优点:

(1) 电位器完全没有滑动噪声,而且阻值大小与旋转速度无关;

(2) 因为没有接触摩擦,所以电位器具有寿命长的特点;

(3) 电位器的分辨率比触点式电位器高 2 个数量级;

(4) 电位器的旋转力矩很小;

(5) 因为没有由接触引起的电弧现象,所以电位器具有良好的防爆性;

(6) 电位器具有良好的高速响应性。

虽然磁敏电位器在应用中具有普通电位器不可比拟的优越性,但由于这种无触点电位器的成本比较高,目前还不能完全替代触点式电位器。

6.6   案例

6.6.1   霍尔传感器在转速控制中的应用

电动机的转速控制在工业自动化领域非常重要,典型的应用就是采用霍尔传感器输出电动机的转速信号,主控制器不断接收来自霍尔转速计的脉冲信号并进行处理,得到瞬时速度,与转速设定值比较后输出控制信号,形成闭环回路来控制电机的转速。下面具体讲解其控制过程。

霍尔转速计是在霍尔式位置传感器背面放置一个永磁体,通过霍尔电压的变化,检测转盘转动的频率,从而测量转速信号,如图 6-17 所示。

转盘可以是带缺口的转盘,也可以是齿轮盘,其作用是产生变化的磁场,从而产生霍尔效应。霍尔转速计的磁场强度之所以随着转盘的转动而发生变化,是因为转动过程中,当齿槽正对着霍尔芯片时,磁力线分散,磁场强度小;当齿峰正对着霍尔芯片时,磁力线集中,磁场强度大,如图 6-18 所示,这样在旋转过程中就产生了磁场强度的变化。

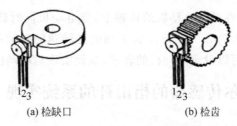

图 6-17　汽车用霍尔式位置传感器

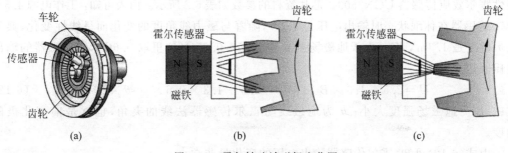

图 6-18　霍尔转速计磁场变化图

由式(6-4)可知,随着磁场强度的变化,霍尔电势 U_H 也会跟随磁场强度变化。如图 6-18(b),磁力线分散,霍尔元件产生的霍尔电势较小,经放大整形后输出低电平;如图 6-18(c),磁力线集中穿过霍尔元件,产生较大的霍尔电势,经放大整形后输出高电平,霍尔电势 U_H 经过调理电路,转换成频率信号,通过计算即可得到转速信号,这就是霍尔转速计的工作原理。

转速与频率的转换公式为

$$n = \frac{60f}{Z} \tag{6-11}$$

式中,n 为齿轮盘转速(r/min);f 为信号频率(Hz);Z 为齿轮的齿数。若对应于图 6-17(a),齿数为 1。

图 6-19 是汽车转速测量电路,采用霍尔集成元件 UGN3040T 来检测汽车转速的大小,电路中的 M51970L 是电机专用集成电路,主要作用是进行频率-电压(F-V)转换和输出控制信号控制电机转速。

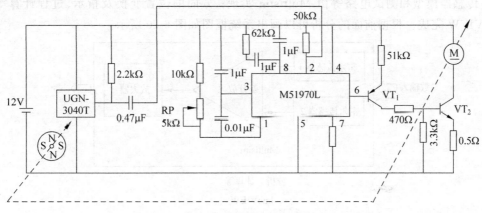

图 6-19　电机转速控制电路

工作时磁极转子安装在被测电动机的转轴上,与电动机同时转动。电动机转速相应的脉冲频率信号输入到 M51970L 的 2 脚,1 脚上加的是转速的基准信号,时间常数由 R 和 C 设定,通过改变它们的值可以设定电动机的转速,从而实现对电动机转速的控制作用。

6.6.2　基于霍尔传感器的指南针的系统实现

1. 系统框图分析

霍尔传感器分线性型和开关型,要正确指示方向及偏离角度,应选用线性型。本书选用线性霍尔效应传感器 UGN3503。芯片资料的参数如表 6-2 所示。由表可知:工作电源 4.5～6V;传感器在休眠状态时输出电压是 2.5V,随着与磁力线角度的变化而呈线性变化,典型的灵敏度是 1.3mV/G。由于地磁场强度是 0.25～0.65G(这里取 0.6G),则传感器的输出电压表达式为

$$U = 2.5 + 1.3 \times B \times 10^{-3} = 2.5 + 1.3 \times 0.6 \times \cos\theta \times 10^{-3} \tag{6-12}$$

式中,B 为地磁场强度大小;θ 为地磁线与霍尔传感器法线的夹角,也就是偏离北极的角度。

由式(6-12)可知,霍尔传感器输出电压的变化量非常小。

表 6-2　UGN3503 参数表

特　　性	符号	测 试 条 件	最小值	典型值	最大值	单位
工作电压	U_{CC}		4.5	—	6.0	V
供电电流	I_{CC}		—	9.0	13	mA
静态输出电压	U_{OUT}	$B=0$	2.25	2.50	2.75	V
灵敏度	ΔU_{OUT}	$B=0\sim\pm900G$	0.75	1.30	1.75	mV/G
带宽(−3dB)	BW		—	23	—	kHz
宽带输出噪声	U_{OUT}	BW=10Hz～10kHz	—	90	—	μV
输出阻抗	R_{OUT}		—	50	—	Ω

由于传感器输出电压的变化量太小,因此后续需经过放大电路。为了减少传感器受外界噪声的影响,使用两个霍尔效应传感器,放置时方向相反,这样一个输出正电压,另一个输出负电压。两传感器的输出连接到一个差分放大器。

传感器模型和测试电路等由 Multisim 实现;方向的位置变换及指示、过程计算等由 LabVIEW 完成。根据前面的分析可以画出系统框图如图 6-20 所示。

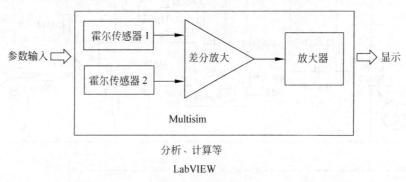

图 6-20　系统框图

2. 具体仿真电路实现

根据式(6-12)，在 Multisim 中建立相应的模型代替线性霍尔效应传感器 UGN3503，具体如图 6-21 所示。图中 Voltage_In 模拟地磁场强度 B，通过控制两个压控电压源来模拟实际的霍尔传感器(两传感器放置方向相反，因此输入值 Voltage_In_P 和 Voltage_In_N 应该模值相等，符号相反)，即其输出分别为 $U=2.5\pm1.3\times0.6\times\cos\theta\times10^{-3}$ V。Voltage_In 端输入的值是模拟 $0.6\times\cos\theta$，也就是地磁强度。为后续计算式方便，设 $\Delta U=1.3\times0.6\times\cos\theta\times10^{-3}$ V。

传感器输出的后续差分放大电路和反向比例放大电路如图 6-22 所示。U_{1A} 是差分放大，根据运算电路的基本分析方法，可知 $U_{O1A}=2.5-2\Delta U$；由于 ΔU 很小，因此再通过 U_{1C} 放大 100 倍来增大输出电压的变化量。U_{1D} 是电压跟随器，R_8 滑变电阻器用于补偿偏移电压。U_{1C} 的输出电压为 $U_{O1C}=(U_{O1D}-2.5)100+200\Delta U+U_{O1D}$，调节 R_8 可以得到合适的 U_{O1D}，使 U_{1C} 的输出电压到达一个正常的水平来驱动下一级

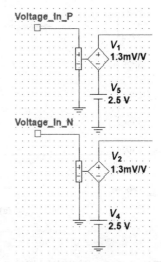

图 6-21 霍尔传感器 UGN3503 的仿真模型

的比较器。按照理论分析，其输出电压应与模拟输入的地磁强度成正比，通过 DC Sweep 可以看到两者的关系，具体如图 6-23(a)所示。图中横坐标 U_{VV3} 是模拟地磁强度，纵坐标是 U_{O1C} 的电压值。图 6-23(b)是其具体的数值。

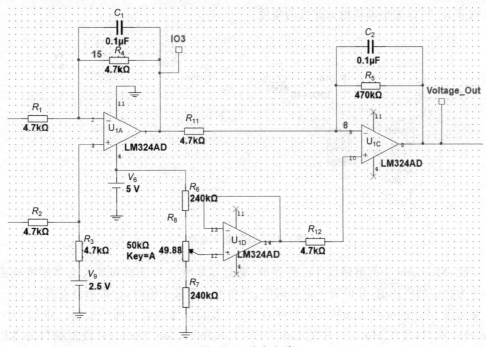

图 6-22 放大电路

可根据具体的参数设置合适的阈值，当大于阈值才能驱动后续电路使发光二极管点亮，实现方向的指示，具体电路如图 6-24 所示。U_{1B} 用作电压比较器，其反相输入端的参考电

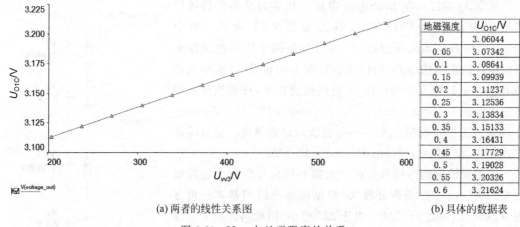

地磁强度	U_{O1C}/V
0	3.06044
0.05	3.07342
0.1	3.08641
0.15	3.09939
0.2	3.11237
0.25	3.12536
0.3	3.13834
0.35	3.15133
0.4	3.16431
0.45	3.17729
0.5	3.19028
0.55	3.20326
0.6	3.21624

(a) 两者的线性关系图　　　　(b) 具体的数据表

图 6-23　U_{O1C} 与地磁强度的关系

压约 3.2V。因此当同相输入端(U_{1C} 的输出)超过 3.2V 时，U_{1B} 输出高电平，三极管 Q_1 导通，LED 点亮。调节 R_8 的电压，可以使指南针转动 360°时，LED 会在很小的一个弧度段内点亮。一旦确定弧线边界两个 LED 点亮的点，则弧线中心即为地磁北极。通过 Multisim 的 DC Sweep 可以直观地观测到输入地磁场强度与比较器输出电压之间的关系，具体如图 6-25 所示。横坐标 U_{VV3} 是地磁强度，纵坐标为比较器 U_{1B} 的输出，当高电平时可驱动 LED 点亮。由图可知地磁强度超过 0.592G 时 LED 就可以点亮(偏移地磁北极约 10°范围内)，调节 R_8 可以缩小偏移地磁北极的角度。

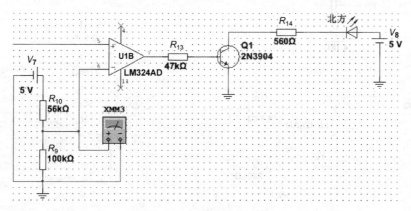

图 6-24　LED 指示电路

至此，Multisim 中的电路设计已经完成，通过霍尔线性传感器和放大电路能将地磁强度转换为相应的电压值，并设置一定的阈值，当角度小于某个值时，让指示灯点亮。

要实现 Multisim 与 LabVIEW 的联合仿真，需要设置两者之间的接口。添加 HB-SC Connector 端口，并在 Mutisim 中的 LabVIEW Co-simulation Terminal 设置端口的名称和属性。在 LabVIEW 的程序框图中添加相应的 Multisim 模型即可：控制设计与仿真→Simulation→External models→Multisim→Multisim Design。

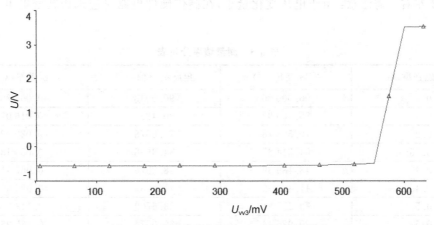

图 6-25　地磁强度与驱动 LED 的电压关系

3. 虚拟仪器的实现

通过指示灯点亮的方式不够直观,因此考虑结合 LabVIEW 在数据处理和人机交互方面的优势,将指南针以数字化的界面来直观显示。

虚拟仪器由前面板和程序框图两部分组成,前面板是人机交互接口,程序框图完成相应的功能。具体的指南针虚拟仪器如图 6-26 所示。

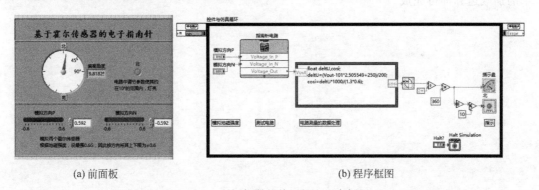

(a) 前面板　　　　　　　　　　　　　　(b) 程序框图

图 6-26　虚拟仪器的前面板和程序框图

图 6-26(a)中的"模拟方向"是模拟两个霍尔传感器检测的地磁强度,由于两传感器摆放方向相反,所以感应值也相反。输入的值为 $0.6 \times \cos\theta$,当传感器法线与地磁线一致时为 0.6G;图中输入的 0.592 约偏离地磁线 9.5°。指示盘显示目前的指向以及与北极偏离的角度值,偏离角度小于 10°时指示灯点亮。图中的测量结果(9.818°)与设置的值(9.5°)误差较小。图 6-26(b)程序框图中,"指南针电路"即 Multisim Model;前面板设置的"模拟方向"值通过指南针电路后,得到相应的 Voltage_Out 输出值(图 6-22 放大器 U_{1C} 的输出电压)。LabVIEW 通过 Voltage_Out 分析计算当前指针与北极的角度值,计算公式参照具体仿真电路实现中关于输出电压的计算公式。本设计中,调节电路得到 U_{O1D} 为 2.505549V;U_{1B} 电压比较器反相输入端的参考电压约 3.2V。改变 R_8 阻值,比较器的参考电压也需要做相应的改变。最终的测量误差如表 6-3 所示,随着夹角减小,误差量增大,但总体不超过 1°。实际制作电路板时,由于器件的精度等固有的原因,误差量比仿真结果要大些,但整体也能

限制在2°左右。需注意：由于电压变化量小，在制作硬件电路时应选用精密电阻，以减小误差。

表 6-3 测量结果分析表

地磁强度/G	实际夹角/(°)	角度测量值/(°)	误差量/(°)
0	90.000 00	90.0043	0.004 30
0.1	80.405 93	80.422	0.016 07
0.2	70.528 78	70.5578	0.029 02
0.35	54.314 67	54.3698	0.055 13
0.4	48.189 69	48.2576	0.067 91
0.45	41.409 62	41.4953	0.085 68
0.5	33.557 31	33.6709	0.113 59
0.52	29.926 44	30.0574	0.130 96
0.55	23.556 46	23.7295	0.173 04
0.58	14.835 11	15.1196	0.284 49
0.592	9.366 79	9.818 25	0.451 46
0.598	4.679 48	5.534 44	0.854 96

许多区域的地磁北极会偏离地理北极，因此若要修正，在程序框图的偏离角度处进行简单的加减运算即可完成。

第7章

热电式传感器

本章阐述温度传感器的原理、检测方法、选型及应用实例,主要包括接触式的热电偶、金属热电阻、半导体热敏电阻、集成温度传感器;还包括非接触式的辐射高温计、光学高温计、比色高温计、红外测温仪。应注意区别不同温度传感器的特点和测温范围。

7.1 温标

物质世界由固体、液体和气体构成。当对物体加热时,分子运动越激烈,相应会发生许多物理效应:固体的尺寸会发生变化,液体、气体的压力增加,温度都会上升。有时加热会导致固体变成液体,更进一步则变成气体,例如冰块→水→水蒸气。

由于温度对由分子组成的材料和物质变化过程有巨大影响,因此温度是常被检测的变量。温度定义为相对于特定点的冷热程度,也称为物体或系统具有的热能数量。热能与分子运动直接相关,包括分子中原子的冲撞、摩擦以及振动。分子运动越激烈,分子动能越大,所包含的热能也越大。

为了定量地描述温度,需建立温度的数值概念,用来度量物体温度数值的标尺称为温标,它规定了温度的读数起点(零点)和测量温度的基本单位。下面介绍用得较多的温标:摄氏温标、华氏温标、热力学温标和国际温标。

1. 摄氏温标(Celsius Temperature Scale)

由摄氏(Anders Celsius)于1742年提出:在标准大气压下,以纯水冰点为0摄氏度,沸点为100摄氏度,中间等分成100份,每份为1摄氏度,符号为℃。

2. 华氏温标(Fahrenheit Temperature Scale)

由华氏(Daniel Fahrenheit)于1724年提出:在标准大气压下,以纯水冰点为32华氏度,沸点为212华氏度,中间等分成180格,每格为1华氏度,符号为℉。

华氏度与摄氏度之间的转换关系为

$$t_{\text{C}} = \frac{5}{9}(t_{\text{F}} - 32)\tag{7-1}$$

3. 热力学温标

热力学温标又称开氏温标,或绝对温标。用符号 T 表示,单位为开尔文(符号为 K)。

1954 年国际计量大会决定采用水的三相点(固、液、气三相并存)作为热力学温标的基本固定点,并定义该点的温度为 273.16K,同时规定分子运动停止时的温度为热力学零度,即 0K。

4. 国际温标

根据第 18 届国际计量大会的决议,自 1990 年 1 月 1 日起开始在全世界执行 1990 国际温标(ITS-90),我国自 1994 年 1 月 1 日起全面实施 1990 国际温标。

在国际温标中指出,热力学温度是温度的基本物理量。热力学温度与摄氏度之间的转换关系为

$$t_{\text{C}} = T - 273.15\tag{7-2}$$

纯水冰点的热力学温度是 273.15K。

7.2　温度传感器的类型

温度传感器常利用物理效应来测量温度,比如液体或固体的膨胀、压力的变化、电阻值改变、热电偶效应、辐射能量等。温度传感器由温度敏感元件(感温元件)和转换电路组成,如图 7-1 所示。

图 7-1　温度传感器原理框图

根据温度检测是否与物体接触的方式,温度传感器分为接触式和非接触式两大类型。

(1) **接触式**:要求传感器与被测媒介或者物体发生直接的物理接触。它可用于检测固体、液体或者气体较宽范围的温度变化。常见的接触式温度传感器主要有热膨胀式温度传感器、热电偶、金属热电阻、半导体热敏电阻、集成温度传感器等。

(2) **非接触式**:利用物体的辐射能量随温度变化的原理制成。常见的非接触式测温仪表有辐射高温计、光学高温计、比色高温计、红外测温仪等。

7.3　热电偶温度计

热电偶测温原理是 1821 年德国物理学家托马斯·塞贝克(T. J. Seekbeck)发现的热电效应。热电偶是工业上最常用的测温元件之一。其优点:测量精度高,直接与被测对象接触,不受中间介质的影响;测温范围广,常见的热电偶可在 $-50 \sim +1600\,^{\circ}\text{C}$ 范围内连续测量,某些特殊热电偶最低可测到 $-269\,^{\circ}\text{C}$,最高可达 $+2800\,^{\circ}\text{C}$(如钨-铼)。

热电偶传感器通常由两种不同的金属丝组成,外有保护套管,结构简单,使用方便,性能稳定。

7.3.1 测温原理

热电效应:又称塞贝克效应。两种不同的金属导体 A 和 B 组成的闭合回路中,如果它们的两接触点的温度不同(假定 $T > T_0$),则在回路中会产生电流,即该回路中存在热电势 $E_{AB}(T, T_0)$,如图 7-2 所示。组成热电偶的两种不同的导体或半导体称为热电极;放置在被测温度为 T 的介质中的接点称为测量端(或工作端、热端);另一个接点通常置于某个恒定的温度 T_0(如 0℃),称为参考端(或自由端、冷端)。

热电势 $E_{AB}(T, T_0)$ 的大小由接触电动势和温差电动势所决定。

1. 接触电动势(珀尔贴电动势)

当两种不同的金属导体材料 A、B 接触时,由于两者的自由电子密度不相同,则在接触面处产生自由电子扩散现象。假设 $N_A > N_B$,则从 A 到 B 扩散的电子数要比从 B 到 A 多。失去电子的一方呈正电位,获得电子的一方呈负电位,即在接触面形成了一个由 A 到 B 的静电场 E_s,如图 7-3 所示。该静电场将阻止电子扩散,当电子扩散的能力与静电场的阻力相平衡时,自由电子扩散达到动态平衡。在温度为 T 的一端形成一定的接触电动势 $E_{AB}(T)$:

$$E_{AB}(T) = \frac{KT}{e} \ln \frac{N_A}{N_B} \tag{7-3}$$

式中,K 为玻耳兹曼常数,$K = 1.38 \times 10^{-23}$ J/K;e 为电子电荷量,$e = 1.6 \times 10^{-19}$ C;N_A、N_B 为金属 A 和 B 的电子密度。

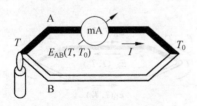

图 7-2 热电偶闭合回路

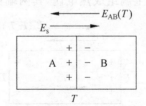

图 7-3 接触电动势

同理,A 和 B 在温度为 T_0 的一端也会形成一定的接触电动势 $E_{AB}(T_0)$:

$$E_{AB}(T_0) = \frac{KT_0}{e} \ln \frac{N_A}{N_B}$$

注意:电动势的实际方向是由负极指向正极,是电位升高的方向。$E_{AB}(T)$ 与静电场 E_s 指向相反。

2. 温差电动势(汤姆逊电动势)

同一导体中存在温度梯度时,处于高温端的电子能量比低温端的电子能量大,所以从高温端向低温端移动的电子数比从低温端向高温端移动的电子数多得多。结果高温端因失去电子而带正电,低温端因得到电子而带负电,在高、低温两端之间便形成一个从高温端指向低温端的静电场 E'_s。这个静电场将阻止电子进一步从高温端向低温端移动,并加速电子向相反的方向转移而建立相对的动态平衡。此时,在导体两端产生的电位差称为温差电动势(汤姆逊电动势)$E_A(T, T_0)$,如图 7-4 所示。

$$E_A(T,T_0) = \int_{T_0}^{T} \sigma_A \cdot dT \qquad (7\text{-}4)$$

$$E_B(T,T_0) = \int_{T_0}^{T} \sigma_B \cdot dT \qquad (7\text{-}5)$$

式中，σ_A、σ_B 分别为导体 A 和导体 B 的汤姆逊系数。

根据理论推导，有

$$\sigma_A = \frac{K}{eN_A} \cdot \frac{d(N_A \cdot T)}{dT}$$

$$\sigma_B = \frac{K}{eN_B} \cdot \frac{d(N_B \cdot T)}{dT}$$

综上所述，当两种不同的均质导体 A 和 B 首尾相接组成闭合回路时，设 $N_A > N_B$ 且 $T > T_0$，则在这个回路内，将会产生两个接触电动势 $E_{AB}(T)$、$E_{AB}(T_0)$ 和两个温差电动势 $E_A(T,T_0)$、$E_B(T,T_0)$，如图 7-5 所示。在热电偶的回路中，因 $N_A > N_B$，所以导体 A 为正极，B 为负极。热电偶回路的总热电势为

$$E_{AB}(T,T_0) = E_{AB}(T) + E_B(T,T_0) - E_{AB}(T_0) - E_A(T,T_0)$$

$$= \frac{K(T-T_0)}{e} \ln \frac{N_A}{N_B} - \int_{T_0}^{T} (\sigma_A - \sigma_B) \cdot dT \qquad (7\text{-}6)$$

由式(7-6)可知，热电势的大小取决于热电偶两个热电极材料的性质和两端接点的温度。若热电极 A 和 B 为同一种材料时，$N_A = N_B$，$\sigma_A = \sigma_B$，则 $E_{AB}(T,T_0) = 0$；若热电偶两端处于同一温度下，$T = T_0$，则 $E_{AB}(T,T_0) = 0$。因此热电势存在必须具备两个条件，即两种不同的金属组成热电偶，其两端存在温差。

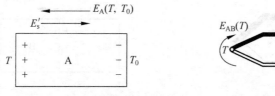

图 7-4　温差电动势　　　　图 7-5　热电偶回路的热电动势

对式(7-6)重新组合，有

$$E_{AB}(T,T_0) = E_{AB}(T) - \int_{0}^{T} (\sigma_A - \sigma_B) \cdot dT - \left[E_{AB}(T_0) - \int_{0}^{T_0} (\sigma_A - \sigma_B) \cdot dT \right]$$

$$= f_{AB}(T) - f_{AB}(T_0) \qquad (7\text{-}7)$$

由式(7-7)可知，当热电极的材料一定时，热电偶的热电动势 $E_{AB}(T,T_0)$ 是两个接点温度 T 和 T_0 的函数差。若能保持热电偶的冷端温度 T_0 恒定，对于一定的热电偶材料，则 $f_{AB}(T_0)$ 也为常数，用 C 代替，则热电动势可表示为

$$E_{AB}(T,T_0) = f_{AB}(T) - C \qquad (7\text{-}8)$$

由式(7-8)可知，热电动势 $E_{AB}(T,T_0)$ 和 T 之间是单值函数关系，即唯一对应的关系。因此测得热电动势 $E_{AB}(T,T_0)$，就可以知道测量端的温度 T。

通常，热电偶的热电动势与温度的关系，都是规定热电偶冷端温度为 0℃。按热电偶的不同种类，分别列成热电动势与温度对应的表格形式，这些表格就称为热电偶的分度表。

7.3.2 热电偶的基本定律及常用类型

对热电效应进行研究,可以得到以下几个基本定律。

1. 均质导体定律

单一材料导体做成的热电回路,不管两接点的温度如何,回路的总电动势恒定于零。这一定律很容易从式(7-6)推得。

由此定律可知,热电回路必须用两种不同的材料做成,即 $N_A \neq N_B$,才能反映出温度的变化。需注意的是,若热电偶的热电极是非均质导体,将会给测量带来附加的误差。所以,热电极材料的均质性是衡量热电偶质量高低的重要技术指标之一。

2. 中间导体定律

在热电偶回路中接入第三种均质导体后,只要中间接入的导体两端具有相同的温度,就不会影响热电偶的热电动势。

图 7-6 中,在电极为 A、B 的热电偶回路中接入第三种导体 C,只要保持 C 两端的温度相等,则回路总电动势仍为 $E_{AB}(T, T_0)$,与 C 的接入无关。

由该定律可知,只要保证第三导体接入热电偶回路的两个接点温度 T_0 相等,就可以用合适的导线自热电偶冷端引出输出信号,并接到温度显示记录或控制仪表上。

3. 中间温度定律

热电偶 AB 在接点温度为 T_1、T_3 时的热电动势 $E_{AB}(T_1, T_3)$ 等于热电偶 AB 在接点温度为 T_1、T_2 和 T_2、T_3 时热电动势 $E_{AB}(T_1, T_2)$ 和 $E_{AB}(T_2, T_3)$ 的代数和,如图 7-7 所示。

$$E_{AB}(T_1, T_3) = E_{AB}(T_1, T_2) + E_{AB}(T_2, T_3)$$

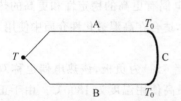

图 7-6 热电偶回路中接入中间导体

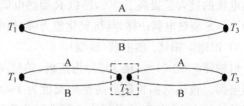

图 7-7 中间温度定律原理

中间温度定律为制定热电偶的分度表奠定了理论基础,热电偶的分度表是以冷端温度 0℃为基准制作的,而在工程测试时,冷端往往不是 0℃,这就需利用中间温度定律来修正测量值。

4. 标准化热电偶

所谓标准化热电偶是指生产工艺成熟、能成批生产、性能稳定、应用广泛、具有统一的分度表并已列入国际和国家标准文件中的热电偶。到目前为止,国际电工委员会(IEC)共推荐了 8 种标准化热电偶,分别以 8 个不同的字母表示热电偶的类型,也称为分度号,如表 7-1 所示。

1) 铂铑$_{10}$-铂热电偶(S 型)

以铂铑$_{10}$(铂 90%,铑 10%)为正极,纯铂丝为负极。该热电偶长期最高使用温度为 1300℃,短期最高使用温度为 1600℃。铂和铑都是难以被氧化的耐高温金属,抗氧化能力强,热电特性稳定,适合于在氧化性和中性介质中长期使用。不足之处是热电动势较小,高温下机械强度下降,贵金属材料昂贵,不宜在还原性介质中使用。

表 7-1　标准化热电偶

分度号	热电极识别	材　料	温度范围/℃	
			长期	短期
S	正：亮白较硬 负：亮白柔软	铂铑$_{10}$-铂	0～1300	1600
R	正：较硬 负：柔软	铂铑$_{13}$-铂	0～1300	1600
B	正：较硬 负：稍软	铂铑$_{30}$-铂铑$_6$	0～1600	1800
K	正：不亲磁 负：稍亲磁	镍铬-镍硅	0～1200	1300
N	正：不亲磁 负：稍亲磁	镍铬硅-镍硅	−200～1200	1300
E	正：暗绿 负：亮黄	镍铬-铜镍（康铜）	−200～760	850
J	正：亲磁 负：不亲磁	铁-铜镍（康铜）	−40～600	750
T	正：红色 负：银白色	铜-铜镍（康铜）	−200～350	400

2) 铂铑$_{13}$-铂热电偶（R 型）

以铂铑$_{13}$（铂 87％，铑 13％）为正极，纯铂丝为负极。与 S 型热电偶相比，R 型热电偶的正热电极的铑含量提高了 3％，所以 R 型热电偶比 S 型热电偶有更高的稳定性和更高的热电动势。与 S 型热电偶一样，其抗氧化能力强，热电特性稳定，适合在高温氧化性介质中使用。

3) 铂铑$_{30}$-铂铑$_6$热电偶（B 型）

以铂铑$_{30}$（铂 70％，铑 30％）为正极，铂铑$_6$（铂 94％，铑 6％）为负极，该热电偶也称双铂铑热电偶。该热电偶长期最高使用温度为 1600℃，短期最高使用温度为 1800℃。由于正负极都是铂铑合金，在高温下其热电特性较为稳定，宜在氧化性和中性介质中使用。但这种热电偶的热电动势较小，因此冷端温度在 40℃ 以下使用时，一般不必进行冷端温度的补偿。

4) 镍铬-镍硅热电偶（K 型）

以镍铬合金为正极，镍硅合金为负极。该热电偶长期最高使用温度为 1000℃，短期最高使用温度为 1200℃。它是一种廉价金属热电偶，虽然测量精度不高，但能满足工业测温的要求，是工业上常用的热电偶。具有较好的抗氧化性和抗腐蚀性，复现性较好，热电动势大且与温度关系近似于线性关系。

5) 镍铬硅-镍硅热电偶（N 型）

以镍铬硅合金为正极，镍硅合金为负极。该热电偶使用温度范围为 −270～1300℃。其抗氧化性强，能在 1200℃ 的氧化介质中可靠地使用；稳定性优于 K 型热电偶；在氧化性介质中，直到 1200℃，其热稳定性与 R 型、S 型等贵金属热电偶相当。不足在于在高温下不能直接用于硫、还原性或还原、氧化交替的介质中，也不能用于真空中。

6) 镍铬-铜镍热电偶（E 型）

以镍铬合金为正极，铜镍合金为负极。该热电偶使用温度范围为 −270～1000℃。其热电动势较大,性能比较稳定,可用于湿度较大的环境中,具有稳定性好、抗氧化性能高、价格便宜等特点。由于在还原介质或含碳与含硫介质中材料容易变脆,故这种热电偶不宜在这些介质中使用。

7) 铁-铜镍热电偶(J 型)

该热电偶线性度好,热电动势大,灵敏度高,稳定性较好,价格便宜。可用于真空、氧化、还原和惰性介质中。但正极铁在高温下氧化较快,所以测温上限受到限制。在氧化性介质中的使用温度上限为 750℃,在还原性介质中的使用温度上限为 950℃。

8) 铜-铜镍热电偶(T 型)

以纯铜为正极,康铜为负极,其测温范围为 -200～300℃。铜热电极容易氧化,一般在氧化性气体中使用不宜超过 300℃。其热电动势较大,热电特性良好,材料质地均匀,成本低。

常见的几种标准化热电偶热电动势与温度之间的关系如图 7-8 所示。标准化热电偶的特性总结如表 7-2 所示。

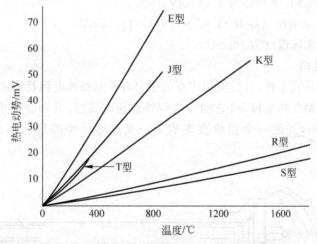

图 7-8 标准化热电偶热电动势与温度之间的关系

表 7-2 标准热电偶的特性表

分度号	优 点	缺 点
B	适于测量 1000℃ 以上的高温; 抗氧化、耐化学腐蚀	在中低温领域热电动势小,不能用于 500℃ 以下; 灵敏度低; 热电动势的线性不好
R,S	精度高、稳定性好; 抗氧化、耐化学腐蚀; 可作标准	灵敏度低; 不适用于还原性气体(尤其是 H_2、金属蒸气); 热电动势的线性不好; 价格高
N	热电动势线性好; 1200℃ 以下抗氧化性能良好	不适用于还原性气体; 同贵金属热电偶相比,时效变化大
K	热电动势线性好; 1000℃ 以下抗氧化性能良好	不适用于还原性气体; 同贵金属热电偶相比,时效变化大

续表

分度号	优　点	缺　点
E	在现有的热电偶中,灵敏度最高; 同 J 型相比,耐热性能良好; 两极非磁性	不适用于还原性气体; 热导率低具有微滞后现象
J	可用于还原性气体; 热电动势较 K 型高 20％左右	铁正极易生锈; 热电特性漂移大
T	热电动势线性好; 低温特性好; 产品质量稳定性好; 可用于还原性气体	使用温度低; 铜正极易氧化; 热传导误差大

【例 7-1】　用镍铬-镍硅热电偶测炉温,其分度表见附录。当冷端温度为 40℃(恒定)时,测出热端温度 t℃时的热电动势为 41.97mV,求炉子的实际温度。

解:查表得 40℃时,电动势为 1.611mV,

则温度 t℃时,总的电动势为 41.97＋1.611＝43.58mV,

查表得炉子的实际温度为 1060℃。

5. 热电偶的结构

热电偶的结构形式多样,目前应用广泛的主要有普通型热电偶及铠装型热电偶。

取两种不同类型的热电极,将它的一端焊接或扭结妥善,分别套上单芯或双芯的绝缘体,装在外保护管内,并配一个接线盒即成为一支普通结构的热电偶。其结构如图 7-9 所示。

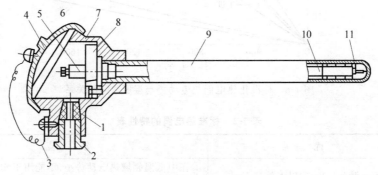

图 7-9　普通型热电偶的基本结构

1—出线孔密封圈;2—出线孔螺母;3—链条;4—面盖;5—连接柱;6—密封圈;

7—接线盒;8—接线座;9—保护管;10—绝缘体;11—热电偶

铠装型热电偶由热电极、绝缘体、金属套管经整体复合拉伸工艺加工而成可弯曲的坚实组合体,其结构如图 7-10 所示。铠装热电偶具有整体结构纤细小巧、挠性好、弯曲自如等特点,较好地解决了普通型热电偶体积及热惯性较大、在弯曲结构复杂的对象上不便安装等问题。

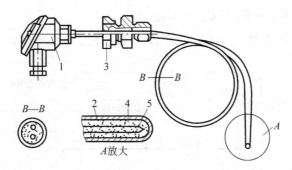

图 7-10　铠装型热电偶的基本结构

1—接线盒；2—金属套管；3—固定装置；4—绝缘体；5—热电极

7.3.3　热电偶的冷端补偿

热电偶温度传感器在我国应用广泛,技术也比较成熟。由前面的分析及式(7-8)可知,热电偶传感器只有将冷端的温度恒定,热电动势才和被测温度有确定的单值函数关系。保持冷端为 0℃,是因为热电偶的分度表和显示仪表都是以热电偶的冷端温度为 0℃作先决条件的,为了直接应用分度表,就必须使冷端温度为 0℃。但在实际应用中,热电偶的冷端通常靠近被测对象,难以保持 0℃的低温,且受到周围环境温度的影响,其温度不是恒定不变的。为此,必须采取一些措施进行冷端温度补偿或修正。

1. 保持冷端为 0℃

将热电偶冷端置于冰点(0℃)恒温器中,如图 7-11 所示。这种方法适用于实验室或精密的温度测量。

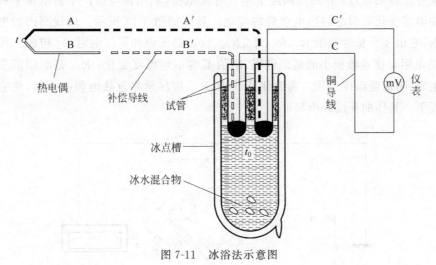

图 7-11　冰浴法示意图

2. 冷端温度测量补偿法

实际测量时,可用温度测量补偿法取代冰浴法,其示意图如图 7-12 所示。冷端温度用另一种类独立的温度传感器(常为半导体温度传感器或热敏电阻)测量,测量结果转变成一个电压值 E_{comp},串联加入热电偶回路中,用于补偿冷端温度和理想 0℃之间的差异。

$$E_{comp} = f(T_0)$$

$$E_{out} = E_T - E_{T_0} + E_{comp}$$

如果 $E_{comp} = E_{T_0} - E_{\mathrm{C}}$，　那么 $E_{out} = E_T - E_{\mathrm{C}}$

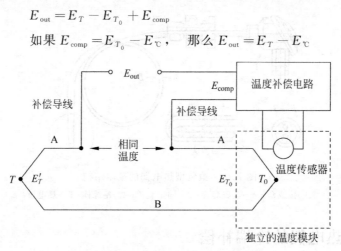

图 7-12　采用温度传感器进行冷端补偿

3. 冷端温度修正法

热电偶分度表是以冷端温度 0℃ 为基础制成的，如果直接利用分度表，根据显示仪表的读数求得温度必须使冷端温度保持为 0℃。如果冷端温度不为 0℃，如冷端温度恒定在 $T_0 > 0℃$ 时，则测得的热电势将小于该热电偶的分度值，为了求得真实温度，可利用 $E(T, 0) = E(T, T_0) + E(T_0, 0)$ 来修正。因此必须知道冷端温度为多少，并且恒定该温度。

4. 冷端补偿器

冷端补偿器的原理：在测温回路中串入直流电桥，利用该电桥产生的电压来补偿热电偶参考端温度变化而引起的热电动势的变化。具体如图 7-13 所示。虚线圈内的电桥即冷端补偿器，它由 4 个桥臂电阻 R_1、R_2、R_3、R_{Cu}、直流稳压源和限流电阻 R_p 构成。其中，R_1、R_2、R_3 是电阻温度系数很小的锰铜电阻，阻值基本不随温度变化；R_{Cu} 是电阻温度系数很大的铜电阻，阻值随温度变化。需要注意的是，R_{Cu} 应尽量靠近热电偶的冷端，使它们处于同一温度下。具体的补偿分析如下：

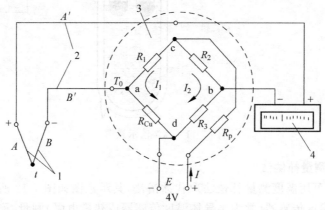

图 7-13　冷端补偿器

1—热电偶；2—补偿导线；3—冷端补偿器；4—显示仪表

常温(20℃)时,$R_1 = R_2 = R_3 = R_{Cu} = 1\Omega$,电桥平衡,因此冷端补偿电压 $U_{ab} = 0$。当冷端温度 T_0 升高,R_{Cu} 随 T_0 增大,U_{ab} 也随之增大。而热电偶回路的总热电动势随 T_0 升高而减小。选择合适的限流电阻,可使 U_{ab} 的增加量与热电动势的减少量相等。T_0 减小的分析过程与增大的类似。这样就能避免 T_0 变化带来的影响,起到冷端温度补偿的作用。

7.4　热电阻温度计

随着温度的变化,导体或半导体的电阻值会发生变化,且温度和电阻值之间具有单一的函数关系。利用该函数关系来测量温度的方法,称为热电阻测温法,而用于测温的导体或半导体称为热电阻。测温用的热电阻主要有金属电阻和半导体电阻两大类。一般把由金属导体如铂、铜、镍等制成的测温元件称为热电阻,把由半导体材料制成的测温元件称为热敏电阻。

制作热电阻的金属和合金应具有以下条件:温度系数较高,电阻温度的线性关系良好,材料的化学与物理性能稳定,容易提纯和复制,机械加工性能好。目前,能满足上述要求并应用广泛的金属电阻有铂电阻、铜电阻,此外还有镍电阻、铟电阻、铑电阻等;半导体电阻主要有锗电阻、碳电阻等。

7.4.1　金属热电阻温度计

金属的电阻大小与温度有关,温度升高,金属的电阻一般是增加的。这是因为随着温度的升高,金属内部原子的无规则运动加剧,对定向运动电子的阻碍加强。金属材料不同,随温度变化的电阻量也不一样。可以用电阻温度系数 α 表示,其定义是温度从 0℃ 变化到 100℃ 时,电阻值的相对变化率。

$$\alpha = \frac{R_{100} - R_0}{R_0 \times 100} = \left(\frac{R_{100}}{R_0} - 1\right) \times \frac{1}{100} \tag{7-9}$$

式中,R_0、R_{100} 分别为热电阻在 0℃ 和 100℃ 时的电阻值。α 值的大小由 R_{100}/R_0 所决定。热电阻材料纯度越高,α 值越大。

金属在不同温度下的电阻比值称为金属的电阻比,记为 W_t。

$$W_t = \frac{R_t}{R_{t_0}} \tag{7-10}$$

式中,R_t、R_{t_0} 分别为温度为 t 和 t_0 时的电阻值。

对于测温用的热电阻,一般将温度 t 定为 100℃,t_0 定为 0℃,记为 W_{100}。由式(7-10)可得

$$W_{100} = \frac{R_{100}}{R_0} = \frac{R_0(1 + 100\alpha)}{R_0} = 1 + 100\alpha \tag{7-11}$$

1. 铂热电阻

常使用的铂热电阻温度计的 0℃ 阻值为 10Ω 和 100Ω,对应的分度号是 Pt_{10} 和 Pt_{100}。它们是中低温区($-200 \sim 850℃$)常用的一种温度传感器。

铂热电阻的纯度常用 $W_{100} = R_{100}/R_0$ 表示。$W_{100} > 1.3925$ 为标准铂热电阻;工业铂热电阻的纯度低于标准铂热电阻,其 W_{100} 为 $1.387 \sim 1.391$。

铂热电阻的电阻—温度关系式为

$$-200 \sim 0℃ \text{ 时}: R_t = R_0[1 + At + Bt^2 + C(t-100)t^3]$$

$$0 \sim 850℃ \text{ 时}: R_t = R_0(1 + At + Bt^2) \tag{7-12}$$

式中，R_t 为温度为 t 时的电阻值；R_0 为温度为 0℃时的电阻值；A、B、C 为与铂纯度有关的分度常数，对 $W_{100} = 1.391$，有 $A = 3.96847 \times 10^{-3}/℃$，$B = -5.847 \times 10^{-7}/℃$，$C = -4.22 \times 10^{-12}/℃$。

铂热电阻的分度表（温度和电阻值的对照表）就是根据式（7-12）列出。选定 R_0，测出 R_t，通过查分度表就可以确定被测温度值 t。

图 7-14 为 Pt_{100} 的电阻随温度的变化曲线，利用 α 进行直线逼近。注意，在 $-20 \sim +120℃$ 范围内，直线逼近的精度优于 $\pm 0.4℃$。

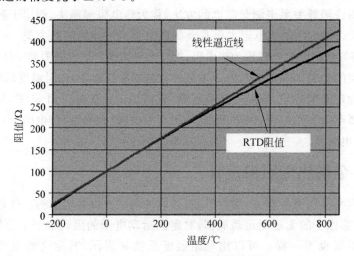

图 7-14　Pt_{100} 电阻与温度的关系

铂热电阻的优点是精度高，稳定性好，应用的温度范围广，不仅应用于工业测温，还被制成各种标准温度计供计量和校准用。

2. 铜热电阻

我国现行的铜热电阻有 Cu_{50} 和 Cu_{100} 两种，即温度为 0℃时阻值分别为 50Ω 和 100Ω，使用的温度范围为 $-50 \sim 150℃$。铜热电阻的电阻—温度关系式为

$$R_t = R_0(1 + \alpha t) \tag{7-13}$$

与铂热电阻一样，测得 R_t 就可知道被测温度 t。

铜热电阻的优点是制造工艺简单、性能稳定、价格便宜。不足是容易氧化，因此测温范围有限，且只能在无水分、无腐蚀的环境下使用，体积比较大。

3. 金属热电阻的一般结构

金属热电阻一般由金属热电阻丝、绝缘骨架、引出线和保护管等组成，外形与热电偶相似。热电阻通常也有普通型和铠装型等结构形式。普通结构和铠装结构分别如图 7-15、图 7-16 所示。

需要说明的是，热电阻引线有两线制、三线制和四线制三种。

两线制：在热电阻的两端各连一根导线的引线形式为两线制。这种引线形式配线简单，但要带入引线电阻的附加误差，用于测量精度要求不高的场合，并且导线的长度不宜过长。

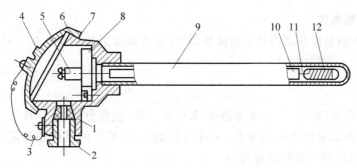

图 7-15 金属热电阻的普通结构

1—出线孔密封圈；2—出线孔螺母；3—链条；4—面盖；5—接线柱；6—密封圈；7—接线盒；

8—接线座；9—保护管；10—绝缘子；11—热电阻；12—骨架

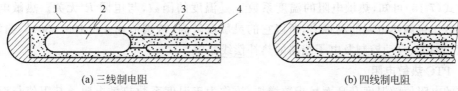

(a) 三线制电阻   (b) 四线制电阻

图 7-16 铠装热电阻的结构

1—保护管；2—热电阻；3—引出线；4—绝缘材料

三线制：在热电阻的一端连接两根导线的引线，另一端连接一根引线，这种引线形式为三线制。

四线制：在热电阻的两端各连两根导线的引线形式为四线制，在高精度测量时采用。

铠装型热电阻同普通热电阻相比具有如下优点：外形尺寸小，套管内为实体，响应速度快；抗震、可挠，使用方便；适于安装在结构复杂的测量部位。

7.4.2 热敏电阻温度计

热敏电阻是一种电阻值随温度呈指数变化的感温元件，由半导体材料制成。根据热敏电阻的温度特性划分，热敏电阻可分为负温度系数热敏电阻（Negative Temperature Coefficient，NTC）、正温度系数热敏电阻（Positive Temperature Coefficient，PTC）和临界温度系数热敏电阻（Critical Temperature Resistor，CTR）。3 种热敏电阻的温度特性曲线如图 7-17 所示。

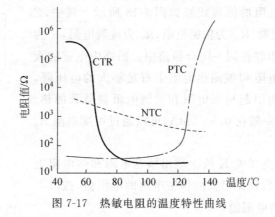

图 7-17 热敏电阻的温度特性曲线

1. NTC 热敏电阻

它的电阻值随温度升高而呈指数降低,故称为负温度系数热敏电阻。其阻值与温度的关系式为

$$R_T = R_0 e^{B\left(\frac{1}{T} - \frac{1}{T_0}\right)} \qquad (7\text{-}14)$$

式中,T 为被测温度(K);T_0 为参考温度(K);R_T、R_0 温度分别为 T 和 T_0 时的热敏电阻阻值(Ω);B 为热敏电阻的材料常数,又称为热敏指数(K),可以通过测量在 25℃ 和 50℃(或 85℃)时的电阻值后进行计算得到。

NTC 热敏电阻的温度系数为

$$\alpha = -\frac{B}{T^2} \qquad (7\text{-}15)$$

由式(7-15)可知,热敏电阻的温度系数 α 是温度的函数,与电阻 R 无关。热敏电阻的温度系数比金属热电阻的高很多,所以它的灵敏度较高,特别适用于 $-100 \sim 300℃$ 测温,广泛应用于测温、自动控制及电子线路的热补偿线路中。

2. PTC 热敏电阻

它的电阻值随温度升高而呈指数增加,故称为正温度系数热敏电阻。其阻值与温度的关系式为

$$R_T = R_0 e^{B(T - T_0)} \qquad (7\text{-}16)$$

由图 7-17 可知,当温度超过某一数值时,PTC 的电阻值朝正的方向快速变化。可用于各种电器设备的过热保护和发热源的定温控制。

3. CTR 热敏电阻

由图 7-17 可知,CTR 的热电性质与 NTC 相似,不同之处是在某一温度下,其阻值急剧下降,具有开关特性,可用于低温临界温度报警。

与金属热电阻相比,热敏电阻具有灵敏度高、体积小(热容量小)、响应快等优点,它作为中低温的测量元件已得到广泛的应用。

7.4.3　热电阻的测量方法

随温度变化的电阻值通常用两种方法来测量,一种是电位差计法,另一种是电桥法。

1. 电位差计法

用电位差计测量电阻的原理线路如图 7-18 所示。其中,E 为直流电源,R_r 为变阻器,R_N 为精密电阻,R_t 为被测电阻,K 为换向开关。R_N 和 R_t 串联在同一闭合回路中。回路中电流的大小要既能保证在精密电阻和被测热电阻上有足够大的电压降,又不能因产生焦耳热而引起精密电阻和被测电阻被显著加热。因此,回路电流的大小一般在 0.5~5mA,可以通过可变电阻 R_r 进行调整。

测量时,先通过切换开关 K 依次测出精密电阻和热电阻上的电压降 U_N 和 U_t,然后根据已知的精密电阻的电阻值,按以下公式计算被测热电阻的电阻值:

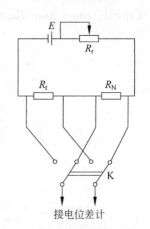

图 7-18　电位差计的原理图

$$R_t = \frac{U_t}{U_N} \cdot R_N$$

为了避免因读数时切换量程挡而引入的误差，R_N 的电阻值应尽可能接近被测热电阻的电阻值，这样被测电压降 U_N 和 U_t 也就可能比较接近。

2. 电桥法

热电阻测量中，为避免长引线的电阻串接到测温电阻中，常用三线制和四线制连接法来避免或减少导线电阻。工业用热电阻一般采用三线制，在高精度测量则采用四线制接法。

三线制接法的原理图如图 7-19 所示。图中热电阻 R_t 的三根导线粗细、材质、长度都相同，阻值都是 r。其中一根串接在电桥的电源上，另外两根分别串接在电桥相邻的两个臂上，使相邻两个臂的阻值都增加相同量 r。当电桥平衡时，可写出下列关系式（具体分析可以参考 2.4 节相关内容）：

$$(R_t + r) \cdot R_2 = (R_3 + r) \cdot R_1 \tag{7-17}$$

由式(7-17)可得

$$R_t = \frac{(R_3 + r) \cdot R_1 - rR_2}{R_2} = \frac{R_3 R_1}{R_2} + \frac{R_1 r}{R_2} - r \tag{7-18}$$

由式(7-18)可知，若电桥满足 $R_1 = R_2$，则该式就变成 $R_t = \dfrac{R_3 R_1}{R_2}$，这样热电阻的测量值就不会受引线电阻 r 影响。

四线制的接法如图 7-20 所示。由恒流源供给的已知电流 I 流过热电阻 R_t，用电位计测得热电阻两端的电压降 U，便可得到 R_t 值 $(R_t = U/I)$。尽管回路中的引线存在电阻，但电流流过引线而引起的电压降 rI 不在测量范围内；连接到电位差计的引线虽然存在电阻，但没有电流流过，所以 4 根引线的电阻对测量均无影响。

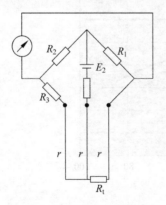

图 7-19 热电阻的三线制接法

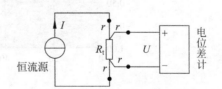

图 7-20 热电阻的四线制接法

7.5 集成温度传感器

集成温度传感器在 20 世纪 80 年代问世，采用硅半导体集成工艺制成。它将温度传感器集成在一个芯片上，可完成温度测量及模拟或数字信号输出功能的专用集成电路 (Integrated Circuit，IC)，因此也称为 IC 温度传感器、硅传感器。尽管集成传感器的温度范围有限,但易于使用,并且许多具有附加功能,例如温度监控功能。

模拟温度传感器 IC 利用双极性晶体管的热特性产生与温度成正比的输出电压或电流。

最简单的模拟温度传感器只有三个有源连接：地、电源电压输入和输出。其他具有增强特性的模拟传感器还有更多的输入或输出端,例如电压基准输出。

图 7-21 所示为模拟温度传感器 MAX6605 的输出电压-温度曲线;图 7-22 所示为该传感器相对于直线的偏差。由图可知,在 $0°\sim+85℃$ 温度范围,线性度大约在 $\pm0.2℃$ 之内,这相对于热敏电阻、RTD 及热电偶来说是较好的。

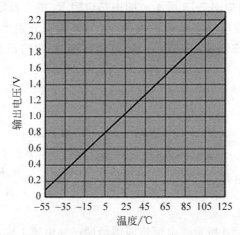

图 7-21　模拟温度传感器的温度特性

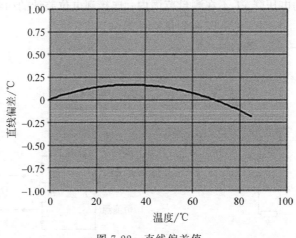

图 7-22　直线偏差值

将模拟温度传感器与 ADC 集成在一起,则构成具有直接数字接口的温度传感器,即数字温度传感器。

使用数字温度传感器的优势之一是传感器的精确度指标内包括将温度值数字化时产生的所有误差;相比之下,模拟温度传感器的规定误差还必须加入 ADC、放大器、电压基准或传感器所使用的其他元件的规定误差。例如,数字温度传感器 MAX31725 在 $-40°\sim+105℃$ 温度范围内的精确度达到 $\pm0.5℃$。

数字温度传感器常具有一路或多路输出来指示实测温度已经超出了预设限值(软件可编程)。传感器输出类似于比较器输出,当温度高于或低于预设限值时分别为两种状态。常见的另一种输出实现方法则像中断,只有主控设备采取动作进行响应后才会被复位。

数字温度传感器可带有各种各样的数字接口,包括 I^2C、SPI、1-Wire 和 PWM。

注: I^2C 总线以同步串行二线方式进行通信(一条时钟线,一条数据线);SPI 总线以同步串行三线方式进行通信(一条时钟线,一条数据输入线,一条数据输出线);1-Wire 单总线采用单条信号线,既可传输时钟,又可传输数据,且数据传输是双向的。

接触式测温传感器优缺点比较如表 7-3 所示。

表 7-3 接触式测温传感器优缺点比较

类型	线性度	优　点	缺　点
双金属式	良好	成本低,坚固耐用,测温范围广	本地测量或当作开关使用
压力式	中	准确,测温范围广	需要温度补偿,蒸气式是非线性的
热电阻	好	稳定,测温范围广,准确	响应较慢,灵敏度较低,价格昂贵,自热
热敏电阻	较差	成本低,体积小,灵敏度高,响应快速	非线性,自热
热电偶	良好	成本低,坚固耐用,测温范围极广	灵敏度低,需参考端
半导体	优秀	低成本,灵敏度高,连接方便	自热,响应慢,测温范围较窄,需电源

7.6　非接触式测温

非接触式测温仪表是目前高温测量中应用广泛的一种仪表,主要应用于冶金、铸造、热处理以及玻璃、陶瓷和耐火材料等工业生产过程中。

非接触式测温仪表是利用物体的辐射能量(热辐能)随温度而变化的原理制成的。任何物体温度高于绝对零度时,其内部的带电粒子在原子或分子内会持续地处于振动状态,并能自发地向外发射能量。这种依赖于本身温度向外辐射能量的过程称为热辐射。

热辐射能以波动形式表现出来,其波长的范围极广,从射线、可见光、红外光到长波。在温度测量中主要是可见光和红外光。电磁波谱如图 7-23 所示。

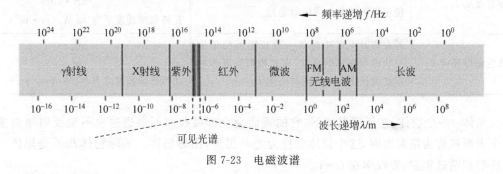

图 7-23　电磁波谱

与热电偶、热电阻测温等相比,辐射测温有以下特点:

(1) 热辐射测温的物理基础是基本的辐射定律,它的温度可以和热力学温度直接联系起来,因此可以直接测量热力学温度。

（2）热辐射测温是非接触测温，测量过程中不干扰被测物体的温度场，从而有较高的测温精度。

（3）响应时间短，最短可达微秒级，容易进行快速测量和动态测量。

（4）测温范围广，从理论上讲，热辐射测温无上限。

（5）可以进行远距离遥测。

热辐射测温的不足：不能测量物体内部的温度；受发射率的影响较大，必须进行发射率修正，才能得到真实温度；受中间环境介质的影响比较大；设备较复杂，价格较高。但随着科学技术的进步，这些不足可望被逐步解决。

物体的热辐射特征与物体的温度有很大的关系。例如，当钢铁的温度升至 600℃ 时呈现暗红色，800℃ 时呈红亮色，1400℃ 时呈白亮色。同理，若距离相同，物体的温度越高，越感觉到烤得厉害。可以根据这些特征大体判断温度的高低，但这种判断是比较粗糙的。要准确地通过热辐射确定物体的温度，需要根据表征热辐射的参数来判断。

热辐射的参数如表 7-4 所示。

表 7-4　热辐射的参数

参 数 名 称	概　　念	公式及单位
辐射能 Q	物体全部辐射光谱的总能量	焦耳(J)
辐射通量 Φ	物体单位时间内的辐射能	$\Phi = \dfrac{dQ}{dt}$ 焦每秒(J/s)或瓦特(W)
辐射强度 I	辐射源在给定方向上的单位立体角单元内的辐射通量	$I = \dfrac{d\Phi}{d\omega}$ 瓦特每球面度(W/sr)
辐射出射度 M	辐射源在单位表面积上的辐射通量	$M = \dfrac{Q}{S}$ 瓦特每平方米(W/m^2)
辐射亮度 L	辐射源在垂直于给定方向的平面上的单位正投影面积内的辐射通量	$L(\Phi,\theta) = \dfrac{dI(\Phi,\theta)}{dS \cdot \cos\theta}$ 瓦特每球面度平方米[W/(sr·m^2)]
单色辐射亮度 L_λ	若在辐射光谱中的某一波长附近的单位波长内存在辐射亮度，则此辐射亮度称为在此波长下的单色辐射亮度 L_λ	$L_\lambda = \dfrac{dL}{d\lambda}$ 瓦特每球面度立方米[W/(sr·m^3)]

黑体：一个物体，在任何温度下，它的表面会全部吸收而不会透过也不会反射辐射能，这个表面就称为绝对黑面，这个物体就称为绝对黑体，简称黑体。实际物体都不是黑体，都能反射和透过辐射，吸收率在 0～1。

黑体在热辐射测温中具有非常重要的意义，这是因为辐射测温的物理基础是黑体辐射，所有重要的辐射定律都是从黑体辐射中得出的。

根据测温原理的不同，辐射测温可以分为全辐射测温法、亮度测温法、红外测温法等。下面逐一介绍根据这些原理制成的温度计。

7.6.1 全辐射温度计

全辐射测温所依据的理论基础是斯忒藩-玻耳兹曼定律,即通过测量辐射体所有波长的辐射总能量来确定物体的温度。其公式为

$$M^0 = \sigma_0 T^4 \tag{7-19}$$

式中,M^0 为单位面积全波辐射能通量;σ_0 为斯忒藩-玻耳兹曼常数(W·m^{-2}·K^{-4})。

式(7-19)表明,只要测定 M^0,即可确定辐射体的温度。

全辐射温度计的工作原理如图 7-24 所示。聚光镜 1 将物体发出的辐射能经过光阑 2、3 聚焦到受热片 4 上。在受热片上装有热电堆,热电堆由 8~12 只热电偶或更多只热电偶串联而成,具体如图 7-25 所示。热电偶的热端汇集到中心一点,冷端位于受热片的四周,受热片输出热电动势为所有热电偶输出电动势的总和,该热电动势与温度成正比关系。

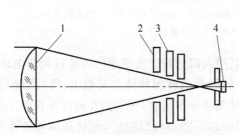

图 7-24 辐射感温器的工作原理图
1—聚光镜;2—可变光阑;3—固定光阑;4—受热片

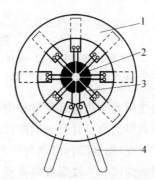

图 7-25 热电堆的结构
1—云母片;2—受热靶面;3—热电偶丝;4—引出线

对于全辐射温度计是按绝对黑体分度的,也就是说测定的是辐射温度。而实际物体不是黑体,因此物体的实际温度 T 与物体的辐射温度 T_r 有以下关系:

$$\varepsilon_T \sigma_0 T^4 = \sigma_0 T_r^4 \tag{7-20}$$

整理式(7-20)可得

$$T = T_r \sqrt[4]{\frac{1}{\varepsilon_T}} \tag{7-21}$$

式中,ε_T 为物体全辐射发射率。由于 $\varepsilon_T < 1$,所以测定的 $T_r < T$,应按物体的 ε_T 进行修正。

7.6.2 亮度测温计

根据物体的单色亮度来测量温度的方法称为单色亮度辐射测温计。亮度测温法所依据的原理是普朗克定律,即通过测量辐射体的辐射亮度求出辐射出射度,再通过普朗克方程求得温度:

$$M^0_{\lambda T} = C_1 \lambda^{-5} (e^{C_2 / \lambda T} - 1)^{-1} \tag{7-22}$$

式中,C_1 为第一普朗克系数,$C_1 = 3.7418 \times 10^{-16}$ W·m;C_2 为第二普朗克系数,$C_2 = 1.4388 \times 10^{-2}$ m·K;$M^0_{\lambda T}$ 为光谱在温度为 T 时波长 λ 的单色辐射出射度。

亮度测温计可以分为两类:光学高温计和光电高温计。

1. 光学高温计

光学高温计是目前工业中应用较广泛的一种非接触式测温仪表,其工作原理如图 7-26 所示。测温时调整物镜系统 2,使被测物成像在高温计灯泡 5 的灯丝平面;调整目镜系统 9,使人眼 10 清晰地看到被测物和灯丝的成像。再调整电测系统可变电阻,改变灯丝电流,使被测物或辐射源的亮度在红色滤光片 6 的光谱范围内处于平衡,即相互间处于相同的亮度温度。由于高温灯泡在检定时其亮度温度与通入电流之间的对应关系已知,因而可确定被测物体在红色滤光片波长范围内的亮度温度。

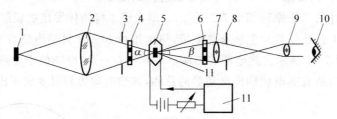

图 7-26 隐丝式光学高温计原理

1—被测物体或辐射源;2—物镜;3—物镜光阑;4—吸收玻璃;5—高温计小灯泡;6—红色滤光片;
7—显微镜物镜;8—目镜光阑;9—显微镜目镜;10—人眼;11—电测仪器

在使用光学高温计的过程中,最经常的工作是用人眼进行亮度平衡。即通过调节电流,用人眼观察的高温计灯丝瞄准区域均匀地消失在辐射源或被测物体的背景上,即"隐丝"或"隐灭"。在"隐丝"时,灯丝与瞄准目标相交的边界无法分辨出来,即它们在高温计视野上具有相同的亮度和亮度温度。高温计电流过高或过低都不能出现"隐丝",也就是不能产生亮度平衡。由于使用这种高温计测温时,必须使被测物背景与小灯泡灯丝间的亮度达到"隐丝"状态,所以这种光学高温计又称为隐丝式光学高温计。图 7-27 给出了调节亮度时,在高温计视野上灯丝的 3 种情况。

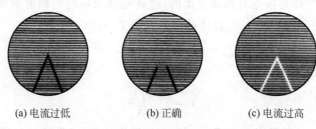

(a) 电流过低　　　　　(b) 正确　　　　　(c) 电流过高

图 7-27 亮度比较情况示意

光学高温计可用来测量 800~3200℃的高温,一般可制成便携式仪表,由于采用肉眼进行色度比较,所以测量误差与人的使用经验有关。它的结构简单、使用方便、测温范围广,被广泛应用于高温熔体、高温窑炉的温度测量。

2. 光电高温计

光电高温计测温靠手动的办法改变光学高温计小灯泡电流,并用人眼进行观察,实现亮度平衡。该方法受到人为因素影响,导致测量误差。光电高温计是以光敏元件代替目视法的光学高温计,它具有较高的精度和灵敏度。

光电高温计的测温原理如图 7-28 所示。光电高温计采用光电倍增管作为光敏元件,代替人眼睛感受被测物体辐射亮度的变化,并将此亮度信号转换成电信号,经滤波放大后送检测系统进行后续转换处理,最后显示出被测物体的亮度温度。

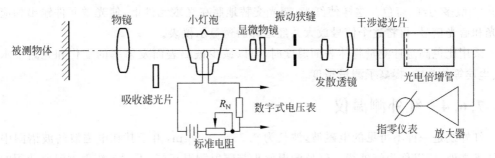

图 7-28 光电高温计的测温原理

与光学高温计相比,光电高温计具有下列特点:灵敏度高、准确度高、测温范围宽、响应时间短、自动化程度高等。

7.6.3 比色高温计

当黑体与非黑体在两个波长下的单色辐射亮度之比相等时,则黑体的温度称为该非黑体的比色温度,即

$$\frac{L(\lambda_1, T)}{L(\lambda_2, T)} = \frac{L^0(\lambda_1, T_C)}{L^0(\lambda_2, T_C)} \tag{7-23}$$

式中,T 为非黑体的真实温度;T_C 为黑体的温度,即非黑体的比色温度。经整理,可得

$$\frac{1}{T} - \frac{1}{T_C} = \frac{\ln \dfrac{\varepsilon_{\lambda_1}}{\varepsilon_{\lambda_2}}}{C_2\left(\dfrac{1}{\lambda_1} - \dfrac{1}{\lambda_2}\right)} \tag{7-24}$$

式中,ε_{λ_1}、ε_{λ_2} 为不同波长 λ_1、λ_2 情况下,物体的发射率;C_2 为第二普朗克系数。

式(7-24)表示了比色温度与被测物体真实温度之间的关系,它利用同一被测物体在两个波长下的单色辐射亮度之比随温度变化这一特性作为测温原理。

在用比色高温计测量物体温度时,没有必要精确地知道被测物体的光谱发射率,只需知道两个波长下光谱发射率的比值即可。一般来说,测量光谱发射率的比值要比测量光谱发射率的绝对值简便和精确。

比色温度计的结构分为单通道和双通道两种,单通道又可分为单光路和多光路两种。这里介绍单光路调制系统的比色高温计,具体原理图如图 7-29 所示。由被测对象 1 辐射来的射线经光学系统聚焦在光敏元件 3 上,在光敏元件之前放置开孔的旋转调制盘 6,这个圆

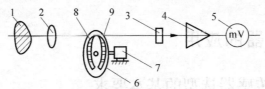

图 7-29 单光路调制比色高温计

1—被测对象;2—透镜;3—光敏元件;4—运算放大器;5—显示装置;
6—调制盘;7—电动机;8—红光滤光片;9—蓝光滤光片

盘由电动机 7 带动,将光线调制成交变的信号。在圆盘的开孔上附有两种颜色的滤光片 8 和 9,一般多为红、蓝色。这样使红光、蓝光交替地照在光敏元件上,使光敏元件输出相应的红光和蓝光信号,再将这个信号放大并经运算后送显示仪表。

采用比色高温计测量物体表面温度时,可以减少被测表面发射率的变化和光路中水蒸气、尘埃等的影响,提高了测量精度。

7.6.4　红外测温仪

红外线是一种不可见的电磁波,波长为 $0.75\sim1000\,\mu m$,由于其在电磁波的波谱图中位于红光之外,所以称为红外线。红外测温原理与辐射测温相同,不同是辐射测温所选用的波段一般为可见光,而红外测温所选用的波段为红外线。

红外温度计将被测物体表面发射的红外波段辐射能量通过光学系统汇聚到红外探测元件上,使其产生电信号,经放大、模/数转换等处理,最后以数字形式显示温度值。

红外测温仪的光路系统如图 7-30 所示。物镜是由椭球面-球面组合的反射系统,主镜为椭球反射面,反射面真空镀铝,反射率达 95% 以上。光学系统的焦距通过改变次镜位置调整,使最佳成像位置在热敏电阻表面。次镜到热敏电阻的光路之间装有透过波长 $2\sim15\,\mu m$、倾斜 45°角的锗单晶滤光片,它使红外辐射透射到热敏电阻上,而可见光反射到目镜系统,以便对目标瞄准。

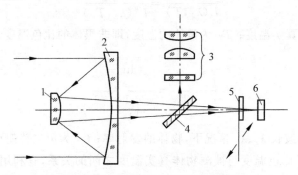

图 7-30　红外测温仪的光路系统
1—次镜;2—主镜;3—目镜系统;4—锗单晶滤光片;5—机械调制片;6—热敏电阻

红外测温方法几乎可在所有温度测量场合使用。例如,各种工业窑炉、热处理炉温度测量、感应加热过程中的温度测量,尤其是钢铁工业中的高速线材、无缝钢管轧制,有色金属连铸、热轧等过程的温度测量等。军事方面的应用,如各种运载工具发动机内部温度测量、导弹红外(测温)制导、夜视仪等。在一般社会生活方面,如快速非接触人体温度测量、防火、防盗监测等。

7.7　温度传感器的应用

7.7.1　温度传感器选型的基本要求

在过程控制中,可以根据测温范围、线性度、精度、远程显示方式、纠错、校准、振动灵敏度、尺寸大小、响应时间、使用寿命、维护要求及成本等多个条件对各类温度传感器进行筛选。

实际应用中,每个测温项目都有其特殊的指标要求和环境特点,需要分别评估。选型时需要考虑下述问题:

(1) 实际应用时需要接触式测量还是非接触式测量?如果实际应用中被测物是移动的,或者由于污染和危险等原因无法实现物理接触测量时,可选用红外式等非接触式测量。

(2) 需要传感器控制或者检测的温度范围、精度要求是多少?表 7-5 给出了各类传感器通常的测温范围及精度。

表 7-5 温度传感器的测温范围及精度

测温方式	传感器类型	测温范围/℃		精 度
接触式测温	膨胀式	水银玻璃	−35～430	±1%
		液体玻璃	−180～500	±1%
		双金属	−80～600	±20%
	压力式	液体	−80～500	±0.5%
		蒸气	−80～550	±2.0%
		气体	−80～550	±0.5%
	金属热电阻	铂	−180～650	±0.5%
		铜	−50～150	±0.2%
		镍	−180～320	±1%
	半导体热敏电阻		−100～500	±25%
	热电偶		−60～540	±1%
			−180～2500	±10%
	半导体 IC		−40～150	±1%
非接触式测温	辐射类	光学高温计	800～3200	±1%
		光电高温计	200～1600	±1%
		全辐射温度计	400～2000	±1%
		比色温度计	800～2000	±1%
		红外测温仪	−50～3000	±1%

(3) 实际应用中,温度的变化速度有多快?感温元件不会立刻响应温度的变化,对于温度变化速度>1.0℃/min,就需要考虑传感器的热时间常数。而热时间常数决定了传感器的热惯性,与传感器所含质量、测温接触面积等有关。对于温度变化极快的情况,传感器的质量必须足够小以致确保它能精确地跟踪系统温度的变化。此外,还需考虑热电偶套管或者其他保护材料的质量和热传递能力。

测温时传感器必须移动的,设计方案要进行测试验证。这需要使用两个或者更多的不同原理传感器同时检测系统的温度,以便比对其测量的可靠性。

(4) 如何将温度测量精度和系统温度控制精度综合考虑?在某些应用中,传感器温度测量精度和系统温度控制精度是完全不同的。如果系统精度不足±3℃,那么购买昂贵的高精度传感器毫无意义。一般两者应在同一数量级上,前者稍高。当要求系统精度达±0.1℃时,就需要更为昂贵的传感器。

对于消费类产品(如滴滤式咖啡器、爆米花机)等低成本系统,传感器在系统成本中所占比重就大得多。在这类应用中,传感器的精度并不太重要,而成本和可靠性则更为重要。例如,商业级的热敏电阻可以可靠地测量高温,并且总成本不超过几块钱。除了电路板、元器件、组装及焊接等的成本外,基于热电偶的电路比基于热敏电阻的电路价格高,但是由于热电偶电路的元件和焊接点更多,因此其可靠性反而更低。

(5) 在医学应用中,除非采用快动型热敏电阻作为安全器件,否则不允许使用电子控制系统。因为电子系统的故障类型无法预测,还会干扰其他设备,有可能耽误抢救生命。

7.7.2　温度传感器的安装和校准

安装时,需注意温度传感器感温元件的放置位置。测量时,感温元件应完全被待测介质包围,并且不能接触到盛装介质的容器壁。对混合流体测温时,传感器感温元件应该放置在流体混和点的下游,尽可能接近混合点的地方。

7.7.3　案例

根据温度传感器的不同,温度检测和控制的设计方案也不同。

1. 利用热电偶和高分辨率 ADC 实现高精度温度测量

【例 7-2】 图 7-31 为完整的热电偶至数字输出电路示意。通过监测冷端位置处的温度传感器来修正冷端温度,精密运放和精密电阻对热电偶输出信号进行放大,由 ADC 提供所需分辨率的输出数据。微控制器用来校准修正放大器的失调电压和电压基准误差;还必须进行测量曲线的线性化处理,以修正热电偶非线性的温度-电压关系。

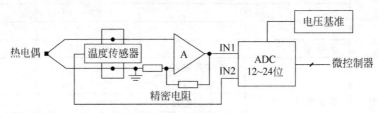

图 7-31　热电偶信号调理电路示意

【例 7-3】 图 7-32 所示电路是一个基于 24 位 Σ-Δ 型 ADC AD7793 的完整热电偶系统,精度高、低功耗、低噪声、完整模拟前端放大器,内置 PGA(programmable gain amplifier,可编程增益放大器)、基准电压源、时钟和激励电流。系统峰峰值噪声约为 0.02℃。AD7793 的最大电流仅 500μA,因而适合低功耗应用。在关断模式下,将关断整个 ADC 及其辅助功能,器件的最大电流降至 1μA。AD7793 提供一种集成式热电偶解决方案,可以直接与热电偶接口,冷端补偿由一个热敏电阻和一个精密电阻提供。该电路只需要这些外部元件来执行冷端测量,以及一些简单的 RC 滤波器来满足电磁兼容性要求。

2. 金属热电阻(RTD)用于工业环境精密温度测量

图 7-33～图 7-35 所示电路通过适当配置实现二线制、三线制及四线制 RTD 测量。

【例 7-4】 图 7-33 中,电路采用了低噪声 CMOS 轨到轨(rail to rail)输入/输出运算放大器 AD8603,该器件的最大输入偏置电流仅 1pA 且最大失调电压为 50μV。配合使用 8 通道矩阵开关 ADG738,则 AD8603 产生的 RTD 激励电流为 $I_{EXC} = V_W/R_{REF}$。AD7193 是 24 位 Σ-Δ 型 ADC,确保整个电路具有高分辨率、高线性度及低噪声性能,以及极高的 50Hz/60Hz 抑制能力,是一款高精密测量的完整模拟前端。数据输出速率可在 4.7Hz(24 位有效分辨率,Gain=1)到 4.8kHz(18.6 位有效分辨率,Gain=1)范围内变化。片上低噪声 PGA

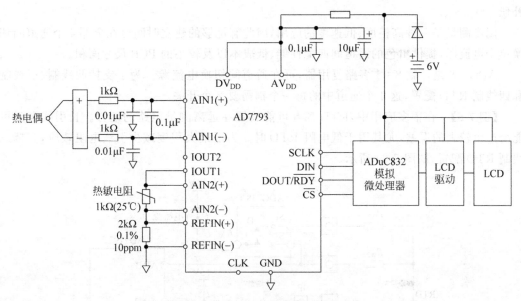

图 7-32 带冷端补偿的热电偶测量系统

可将来自 RTD 的差分小信号以增益 1~128 放大，从而直接匹配后续电路。增益级缓冲器具有高输入阻抗，并将输入漏电流限制为±3nA（最大值）。AD7193 的增益必须根据温度范围和传感器类型进行适当配置。片内多路复用器允许 4 个差分输入通道共享同一个 ADC 内核，节省空间与成本。

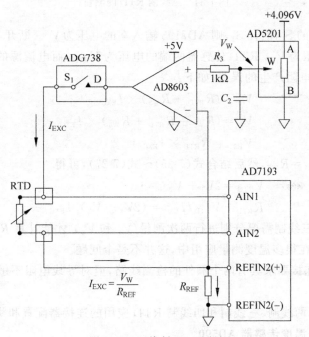

图 7-33 两线制 RTD 测量

33 位数字电位计 AD5201、运算放大器 AD8603 构成简单电流源，用于 RTD 测量。ADG738 可将电流源切换至活动 RTD 通道，允许针对三线制 RTD 配置进行导线电阻补偿。

温度测量是一种高精度、低速度的应用,因此有足够的建立时间可在全部 4 个通道间切换单个电流源,提供出色的通道间匹配性能、低成本以及较小的 PCB 尺寸面积。

ADG738 是一款 8∶1 多路复用器,可在通道间切换电流源。为了支持两线制、三线制和四线制 RTD 配置,这 4 个通道中的每一个都需要 2 个开关。

【例 7-5】 在很多应用中,RTD 都有可能放置在远离测量电路的地方。长引线电阻可能会产生较大的误差,尤其用于低电阻 RTD 时。为了最大程度减少引线电阻效应,支持三线制 RTD 配置,如图 7-34 所示。

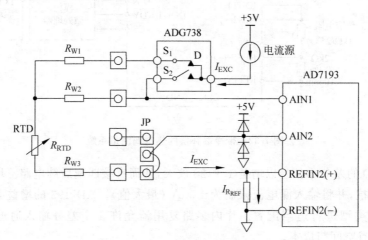

图 7-34 三线制 RTD 的测量

闭合 ADG738 的 S_1,断开 S_2,则 AD7193 输入端的电压为 V_1。断开 S_1,同时闭合 S_2,则 AD7193 输入端电压为 V_2。RTD 传感器两端的电压为 V_{RTD},而电流源的激励电流为 I_{EXC}。V_1 和 V_2 包括引线电阻产生的误差,如下:

$$V_1 = (R_{RTD} + R_{W3}) \times I_{EXC} \tag{7-25}$$

$$V_2 = (R_{W2} + R_{RTD} + R_{W3}) \times I_{EXC} \tag{7-26}$$

$$V_{RTD} = R_{RTD} \times I_{EXC} \tag{7-27}$$

假定 $R_{W1} = R_{W2} = R_{W3}$,然后结合式(7-25)~式(7-27),可得

$$V_{RTD} = 2V_1 - V_2 \tag{7-28}$$

$$R_{RTD} = V_{RTD}/I_{EXC} = (2V_1 - V_2)/I_{EXC} \tag{7-29}$$

式(7-29)表示三线制需要分别进行两次测量(V_1 和 V_2)才能计算 R_{RTD},因此输出数据速率有所下降。但在很多温度测量应用中,这并不是个问题。

四线制 RTD 连接要求具有两个额外的检测线路,但对导线电阻不敏感,且仅需进行一次测量。

图 7-35 总结了两线制、三线制和四线制 RTD 应用的连接器配置和跳线位置。

3. 电流输出型温度传感器 AD590

AD590 是一款双端集成温度传感器,其输出电流与绝对温度成比例。在 4~30V 电源电压范围内,该器件可充当一个高阻抗、恒流调节器,调节系数为 $1\mu A/K$。片内薄膜电阻经过激光调整,可用于校准传感器,使该温度传感器在 298.2K(25℃)时输出 298.2μA(273.2+25)电流。

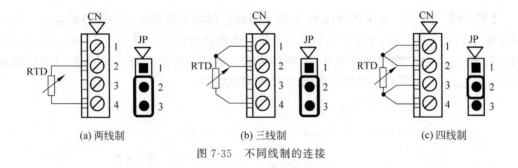

图 7-35 不同线制的连接

AD590 适用于 150℃ 以下、目前采用传统电气温度传感器的任何温度检测应用。低成本的单芯片集成电路及无须支持电路的特点,使它成为许多温度测量应用中很有吸引力的备选方案。应用 AD590 时,无须线性化电路、精密电压放大器、电阻测量电路和冷端补偿。

AD590 提供高阻抗电流输出,对长线路上的压降不敏感,特别适合远程检测应用。任何绝缘良好的双绞线都适用,与接收电路的距离可达到数百英尺。这种输出特性还便于 AD590 实现多路复用:输出电流可以通过一个 CMOS 多路复用器切换,或者电源电压可以通过一个逻辑门输出切换。

其特征如下:

(1) 线性电流输出:$1\mu A/K$,正比于绝对温度;

(2) 宽温度范围:$-55℃ \sim +150℃$;

(3) 与探头兼容的陶瓷传感器封装;

(4) 双端器件:电压输入/电流输出;

(5) 激光调整至 $\pm 0.5℃$ 校准精度(AD590M);

(6) 出色的线性度:满量程范围 $\pm 0.3℃$(AD590M);

(7) 宽电源电压范围:$4 \sim 30V$;

(8) 传感器与外壳绝缘;

(9) 低成本。

AD590 可串联工作也可并联工作,具体如图 7-36 所示。图 7-36(a)将 3 个 AD590 串联使用时,V_T 是 3 个被测温度中的最低温度;图 7-36(b)AD590 并联使用时,V_T 是 3 个被测温度的平均值。

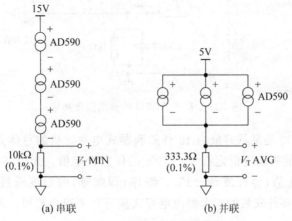

图 7-36 AD590 的串并联使用

【例 7-6】　图 7-37 是采用 AD590 监测 J 型热电偶参考端温度的冷端补偿电路。当环境温度介于 15～35℃时,该电路可替代冰池作为热电偶参考端。AD580 是一款三端的基准电压源,输出 2.5V。电路通过调节 R_T 进行校准。电路温度介于 15～35℃时,其补偿精度为±0.5℃。对于不同分度号的热电偶,只需调整电阻值。

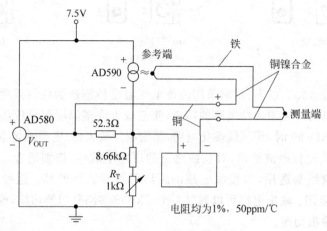

图 7-37　热电偶补偿电路

【例 7-7】　图 7-38 采用 AD590 实现远端温度测量。测量的温度范围是－55℃～＋100℃,电路的输出电压为 100mV/℃。其工作原理:AD590 输出电流为 $(273.2+T)\mu A$,流过 1kΩ 的电阻,则仪表放大器同相端电压为 $(273.2+T)mV$。AD580 的输出电压为 2.5V,调节滑变电阻使 AD524 反相端的电压为 273.2mV,放大增益为 100。因此可知,－55℃～＋100℃ 的测量范围对应的输出电压为－5.5～＋10V(100mV/℃)。双绞线两端的 R 和 C 能消除射频(RF)干扰及外部电路引入的噪声。

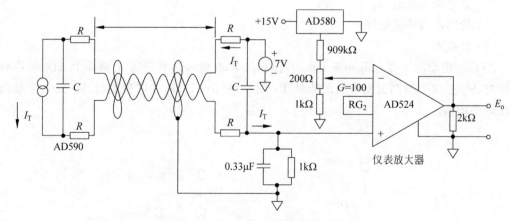

图 7-38　基于 AD590 的远端温度测量

【例 7-8】　图 7-39 是某款容量为 12 杯的滴漏式电咖啡机的总体方案及结构简图。当咖啡煮好后,该系统能将温度恒定在 50～70℃的任意设定值。无论杯中咖啡多少,咖啡液温度都必须维持在该值,容许波动±1℃。液体(即咖啡)的温度通过集成型温度传感器 AD590 感知,液位由杯外安装的 3 个静电电容式接近开关组合测得。因为实际中不允许在液体中测温,所以将测温元件 AD590 装在玻璃杯的底部外壁一点,将杯中液体中心点的恒温问题转化为杯子外壁测温点的恒温问题。图中,温度测定值和设定值通过比较电路,输出误差信号 E。通过 PWM,输出一个固定周期的脉冲序列,其占空比随着误差信号 E 趋向于零而减小。用该脉冲序列来控制固态继电器的通断,进而控制加热功率,使加热速度随着误差信号 E 趋向于零而减慢,避免产生升温过冲。

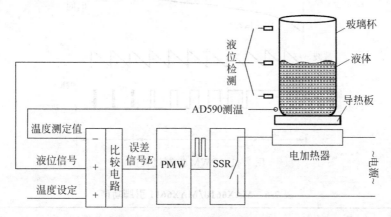

图 7-39　总体方案及结构简图

图 7-40 为咖啡机的控制原理结构图。设定咖啡温度后,系统按照事先确定的咖啡温度与瓶壁测温点的对应关系,以及当前的液位补偿,得到等效测温点设定温度。通过实时与 AD590 测出的温度进行比较,得到误差信号 E。载波为周期 2.5s 的锯齿波,PWM 输出为同样周期的脉冲方波,其占空比由误差信号 E 决定。当检测值低于设定值很多,即 E 为较大负数时,输出占空比 100%,即加热器一直加热,如图 7-41 的 a 阶段所示;随着温度的上升,占空比逐渐减小,加热器间歇加热,如图 7-41 的 b 阶段;在检测值等于设定的保温阶段,占空比保持一个较小的数值(5%～15%),保持短暂加热,以此维持热平衡,实现恒温。

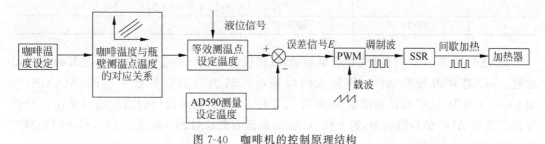

图 7-40　咖啡机的控制原理结构

4. 电压输出型温度传感器 MAX6610/6611

MAX6610/MAX6611 是精密的、低功耗模拟温度传感器,带有高精度电压基准。电源电流低于 $150\mu A$(典型值)。MAX6610/MAX6611 均采用 6 引脚、SOT23 封装,工作温度范围为 $-40℃～+125℃$。适用于家用产品、空气调节系统、系统温度监视、温度补偿等应用。

MAX6610/MAX6611 引脚功能如表 7-6 所示。

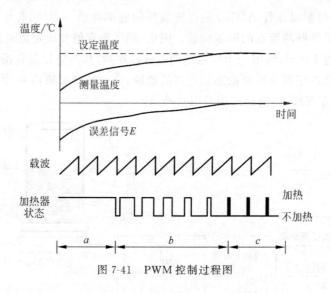

图 7-41　PWM 控制过程图

表 7-6　MAX6610/MAX6611 引脚功能

引脚	名　称	功　能
1	V_{CC}	电源端,接 $0.1\mu F$ 旁路电容 MAX6611:4.5~5.5V MAX6610:3.0~5.5V
2	GND	地
3	$\overline{SHND}$	关闭控制端,低电平有效, 将内部电路的电流降至 $1\mu A$ 以内
4	TEMP	温度输出端,输出电压与温度呈线性关系 MAX6611:$U_{TEMP}=1.2V+(T℃×16mV/℃)$ MAX6610:$U_{TEMP}=0.75V+(T℃×10mV/℃)$
5	REF	基准电压输出端。 25℃时,MAX6611:4.096V；MAX6610:2.560V
6	GND	必须和 2 脚连接

　　MAX6610/MAX6611 非常适合带有 A/D 转换器(ADC)的应用,图 7-42 是其典型应用电路。μC 芯片内带有 ADC,将输入的模拟电压转换为相应的数字电压,MAX6610/MAX6611 可为 ADC 提供基准电压,并提供有利于 ADC 输出代码的温度输出电压。分辨率的高低与 ADC 的位数有关,若 8 位 ADC 的最低有效位(LSB)对应于 1℃,而 10 位 ADC 的 LSB 对应于 0.25℃。

5. 温度传感器在笔记本计算机的应用

　　由于计算机效能不断推陈出新,愈来愈多的功能被整合到计算机中。因此,计算机的数据处理量与日俱增,这些数据包含多媒体数据及 3D 动画资料。为了满足大量的数据处理需求,愈来愈多的芯片组被置入主机中,同时,CPU 及芯片组的工作频率也不断提高。更多的芯片组及更快的时钟频率意味着更多热量的产生。

　　对于笔记本计算机,用户除了要求系统具有更好的效能外,在外观上,还要求轻、薄、小,这是设计人员所面临的另一个挑战。在有限的空间内,如何耗散系统所产生的热量是一个

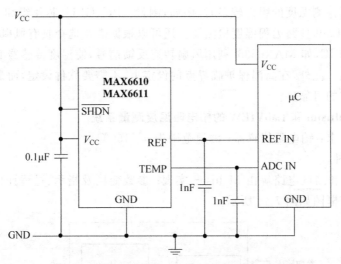

图 7-42 MAX6610/MAX6611 的典型应用电路

棘手问题。如何兼顾系统效能、系统舒适度（包括笔记本计算机外壳的温度、风扇旋转所产生的噪音）及系统运行时间，是笔记本计算机设计的一个重要课题。

图 7-43 为笔记本计算机普遍使用的一种温度控制方案。温度传感器 IC 通过 SMBus 接口连接到笔记本计算机的嵌入式微控制器，由于温度传感器 IC 与嵌入式微控制器之间为数字接口，因此温度传感器 IC 在位置上可以远离嵌入式微控制器而不会有噪声干扰问题。MAX6649 同时内置一个本地温度传感器和用于连接远端二极管的差分接口。MAX6649 的 $I_{DH} = 100\mu A$, $I_{DL} = 10\mu A$，高精度、小电流的电流源可减小因杂散电阻所产生的测量误差。差分输入有助于降低噪声干扰。图中温度传感器 IC 只负责温度检测，风扇转速控制由嵌入式微控制器完成，由软件实现。为了避免软件控制的死机问题，MAX6649 还集成了保护功能，当温度到达第一个高温临界点时，MAX6649 ALERT 可发出中断请求，要求嵌入式微控制器进行相应的处理，例如对处理器进行降频；如果上述对策仍无法有效抑制温度的上升，当温度达到第二高温临界点时，MAX6649 OVERT 可以用来控制系统的第二个风扇或对系统进行强制关机。该电路具有低成本、高精度、使用弹性大等优点，但在软件的设计上需花费较多的工夫。

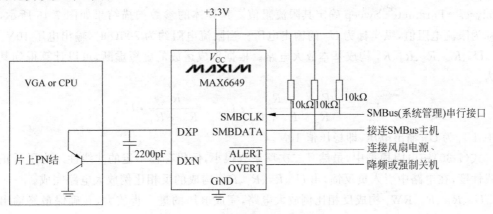

图 7-43 笔记本计算机温度控制方案

应用中需要检测温度的组件较多时,例如,测量 CPU、GPU、芯片组和 DDR 的温度时,可以选用 MAX1989 多路远程温度检测器。还可以根据需要选择具有风扇转速控制功能的温度检测及控制 IC,如 MAX6635,利用风扇转速反馈信号,使温度传感器 IC 对风扇转速构成闭环回路控制。此外,在高温保护临界点的设定上,不需要软件设定,而是通过硬件设定,以增加高温保护的可靠性。

6. 基于 Multisim 和 LabVIEW 的铂电阻温度测量系统

测温系统要求:铂电阻传感器;测温范围为 0~150℃。

1) 系统框图

传感器模型和测试电路等由 Multisim 实现;参数变换及指示、过程计算等由 LabVIEW 完成。具体系统框图如图 7-44 所示。

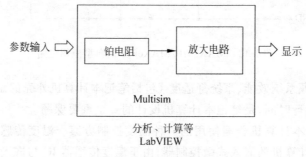

图 7-44　系统框图

2) 具体仿真电路

首先建立铂电阻传感器模型。根据式(7-12)可知,0℃~850℃时:$R_t = R_0(1+At+Bt^2)$。$R_0 = 100, A = 3.968\,47 \times 10^{-3}/℃, B = -5.847 \times 10^{-7}/℃, C = -4.22 \times 10^{-12}/℃$,代入参数后得

$$R_t = 100 + 0.396\,847t - 5.847 \times 10^{-5}t^2 \tag{7-30}$$

根据式(7-30),可以采用压控多项式函数模块和压控电阻来模拟仿真铂电阻传感器。具体模型和电路如图 7-45 所示。

U_1 作电压跟随器,要求稳压输出为 10V。根据稳压管的稳压值、最大稳定电流及最小稳定电流等参数计算出限流电阻的取值范围。然后可以利用 Multisim 中的工具 Simulate→Analyses→Parameter Sweep 确定其限流阻值。其具体的参数扫描结果如图 7-46 所示,横坐标为限流电阻值,纵坐标为 U_1 的输出电压。当限流电阻约为 200Ω 时,输出电压 10V。

U_2、R_{pt}、R_2、R_3、R_4 构成基本放大电路。根据集成运放的虚短虚断,可以计算得到其输出为

$$U_{2o} = -\frac{R_{pt}}{R_3} \cdot \frac{R_2}{R_2 + R_4} \cdot U_{1o} + \frac{R_4}{R_2 + R_4} \cdot U_{1o}$$

式中,U_{1o} 为 U_1 输出电压,即稳压值 10V。

式(7-30)铂电阻模型中,虽然其二次项系数很小,但仍存在一定的非线性。为了矫正其非线性度,在电路中引入负反馈,由 U_3、R_6、R_7、R_{10} 构成的反相比例放大电路完成。

U_4、R_{14}、R_9、RW_3 构成反相比例放大电路,完成电压的进一步放大,并确保最终输出电压为正。

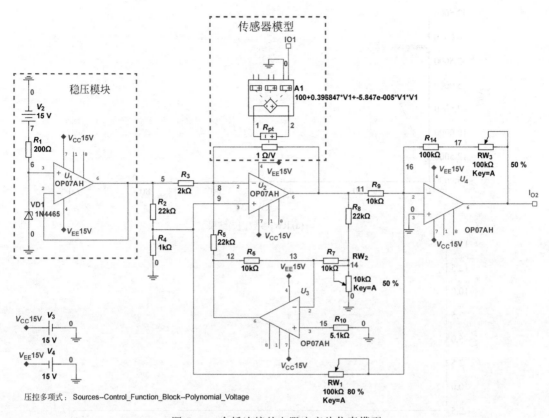

图 7-45 全桥连接的电阻应变片仿真模型

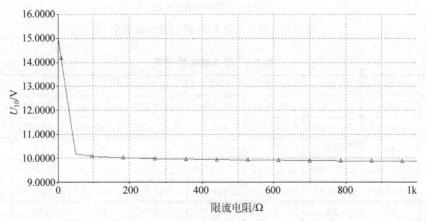

图 7-46 限流电阻的参数扫描分析结果

RW₁ 为测量电路的调零电阻。图 7-47(a)横坐标是 RW₁ 阻值,纵坐标是输出电压,当阻值取 70kΩ 左右,测量电路的最终输出电压 $U(U_4$ 运算放大器的输出电压)为零。图 7-47(b)是实际取值 80kΩ 时,输入端 V_1 和最终输出电压 U 的扫描图,当输入为零时,输出也为零。

在 0~150℃范围,每隔 5℃读一次数,得到的数据如表 7-7 所示。

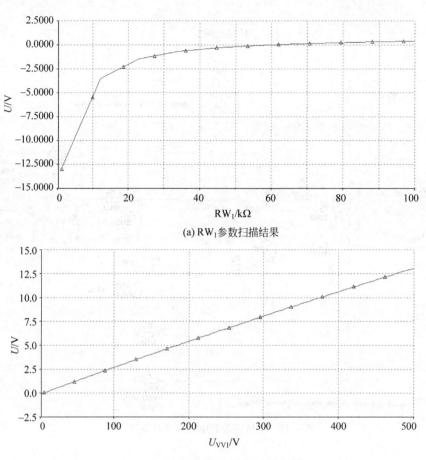

(a) RW₁参数扫描结果

(b) RW₁调零后的直流扫描结果

图 7-47 调零电阻 RW₁ 的扫描分析结果

表 7-7 输入输出数据表

$T/℃$	0	5	10	15	20	25	30	35
R_{pt}/Ω	100	101.9828	103.9626	105.9395	107.9136	109.8846	111.8528	113.818
U_o/V	−0.02162	0.120295	0.261999	0.403498	0.54479	0.685877	0.826757	0.967432
$T/℃$	40	45	50	55	60	65	70	75
R_{pt}/Ω	115.7803	117.7397	119.6962	121.6497	123.6003	125.548	127.4928	129.4346
U_o/V	1.107901	1.248163	1.38822	1.528071	1.667715	1.807154	1.946387	2.085413
$T/℃$	80	85	90	95	100	105	110	115
R_{pt}/Ω	131.3736	133.3095	135.2426	137.1728	139.1	141.0243	142.9457	144.8641
U_o/V	2.224234	2.362848	2.501256	2.639458	2.777454	2.915244	3.052827	3.190205
$T/℃$	120	125	130	135	140	145	150	
R_{pt}/Ω	146.7797	148.6923	150.602	152.5087	154.4126	156.3135	158.2115	
U_o/V	3.327376	3.464341	3.6011	3.737653	3.873999	4.010139	4.146073	

利用 MATLAB 中的 polyfit 函数对 U_o 和 R_{pt} 进行最小二乘拟合,所得结果为

$$U_o = 0.0716 \times R_{pt} - 7.1814 \qquad (7\text{-}31)$$

3) 虚拟仪器的实现

为了更直观地将输出电压转换为被测温度值,考虑结合 LabVIEW 在数据处理和人机交互方面的优势,将测温系统以较完整的形式体现。

虚拟仪器由前面板和程序框图两部分组成,前面板是人机交互接口,程序框图完成相应的功能。具体的铂电阻测温虚拟仪器如图 7-48 所示。图 7-48(b)中程序框图的公式可根据式(7-30)和式(7-31)推导得到。

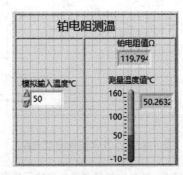

(a) 前面板

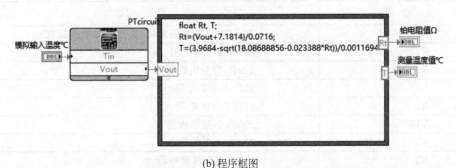

(b) 程序框图

图 7-48　虚拟仪器的前面板和程序框图

7. 利用热敏电阻制作红外火焰探测器

图 7-49 是红外火焰探测器。电路中,R_{T1} 和 R_{T2} 是负温度系数的热敏电阻。R_{T1} 是热传感器,测量红外源(如火焰或热金属等)的温度变化,接到运算放大器的反相端;R_{T2} 放置在室温环境下,连接到滑变电阻器 R_2 上,R_2 作为设置电路参考点的电阻。室温变化将引起 R_{T1} 和 R_{T2} 同时变化,但红外源只影响 R_{T1}。滑变电阻器 R_2 只有在继电器关闭时人工调节,调节后的电压点作为参考点,平时电路输出都低于这个参考点。当热敏电阻 R_{T1} 探测到红外光源,运算放大器将改变状态并驱动晶体管 T_1,继电器线圈得电,从而驱动其开关。

红外火焰探测器非常灵敏,在近 1m 的范围内都能探测到红外光源。为了提高灵敏度,可以将热敏电阻 R_{T1} 放置在反射镜的焦点处,以确保获得最大的灵敏度。

电路的元器件如表 7-8 所示。

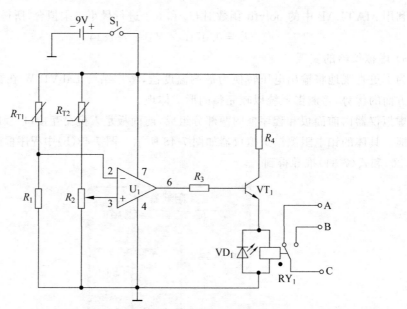

图 7-49　红外火焰探测器电路

表 7-8　红外火焰探测器电路的元件表

元 器 件	参 数
R_{T1}、R_{T2}	25~50kΩ 的热敏电阻(玻璃水珠状或球状)
R_1	33kΩ,1/4W 电阻
R_2	50kΩ,滑变电阻器
R_3	1kΩ,1/4W 电阻
R_4	47Ω,1/4W 电阻
VD_1	1N4002,硅二极管
VT_1	2N2222,晶体管
RY_1	6V 单刀双掷继电器
U_1	LM741 运算放大器
S_1	单刀单掷开关
其他	9V 电池,反射镜

第**8**章

光电传感器

8.1 光电检测系统的基本构成

光电检测技术是光学与电子学技术相结合的检测技术。完整的光电检测系统的基本组成如图 8-1 所示，包括被测对象、光电传感器、处理电路、显示/执行等。其核心部分是光电传感器，它将被测量转换为电信号，决定了整个检测系统的灵敏度、精确度等。处理电路是将光电传感器输出的微弱信号进行放大、运算等，以满足后续显示、执行机构的要求。

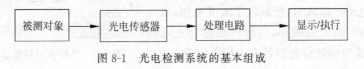

图 8-1　光电检测系统的基本组成

8.2 光电效应

多数现代电子器件是用导电能力介于导体和绝缘体之间的半导体制成的。半导体材料具有掺杂和光敏、热敏特性。

光子是具有能量的粒子，每个光子的能量为

$$E = hf \tag{8-1}$$

式中，h 为普朗克常数，$h = 6.626 \times 10^{-34} \mathrm{J \cdot s}$；$f$ 为光的频率（Hz）。

光的频率越高，光子的能量就越大。光照射在物体上会产生一系列的物理或化学效应，如光合效应、光热效应、光电效应。光电传感器的物理基础是光电效应，即光照射在某一物体上，物体吸收了光子能量后转换为该物体中某些电子的能量。光电效应包含外光电效应和内光电效应。

8.2.1　外光电效应

在光线的作用下,物体内的电子逸出物体表面向外发射的现象称为外光电效应。外光电效应多发生于金属和金属氧化物,向外发射的电子称为光电子。基于外光电效应的光电器件有光电管、光电倍增管等。

根据爱因斯坦光电效应理论,一个电子只能接受一个光子的能量,所以要使一个电子从物体表面逸出,必须使光子的能量大于该物体的表面逸出功 A_0,超过部分的能量表现为逸出电子的动能。根据能量守恒定理

$$hf = \frac{1}{2}mv_0^2 + A_0 \tag{8-2}$$

式中,m 为电子质量;v_0 为电子逸出速度;A_0 为物体的表面电子逸出功。

由式(8-2)可知,光电子能否产生,取决于光子的能量是否大于该物体的表面电子逸出功 A_0。不同的物质具有不同的逸出功,即每一个物体都有一个对应的光频阈值,称为红限频率或波长限。

根据式(8-2),红限频率 $f_0 = A_0/h$;对应的波长限为 $\lambda_0 = hc/A_0$,其中 c 为真空中的光速,$c \approx 3 \times 10^8 \,\mathrm{m/s}$。当入射光的频率高于红限频率时,才会有光电子射出;光强越大,意味着入射光电子数目越多,逸出的电子数也就越多,即产生的光电流与光强成正比。

8.2.2　内光电效应

在光线的作用下,物体的导电性能发生变化或产生电动势的效应称为内光电效应。

1. 光电导效应

半导体材料电子能带分布如图 8-2 所示。在光线作用下,半导体材料吸收了入射光子能量,若光子能量大于或等于半导体材料的禁带宽度 $hf \geqslant E_g$,就激发出电子—空穴对,使载流子浓度增加,半导体的导电性增加,阻值减小,这种现象称为光电导效应。基于光电导效应的器件有光敏电阻等。

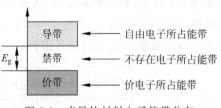

图 8-2　半导体材料电子能带分布

2. 光生伏特效应

在光线的作用下能够使物体产生一定方向的电动势的现象称为光生伏特效应。基于该效应的器件有光电池、光敏二极管、光敏三极管等。

在 PN 结的接触面,由于空穴和电子的扩散运动,形成 PN 结的自建场,P 区带负电,N 区带正电。入射光照射下,当光子能量 hf 大于光电导材料的禁带宽度 E_g 时,就会在材料中激发出电子—空穴对,破坏 PN 结的平衡状态。在结电场的作用下,电子向 N 区移动,空穴向 P 区移动,从而形成光生电流可移动的电子和空穴,称为材料中的少数载流子。在开路的情况下,少数载流子积累在 PN 结附近,P 区带正电,N 区带负电,产生一个与平衡结内自建场相反的光生电场,即光生电动势。

8.3　外光电效应器件

外光电效应器件一般都是真空或充气的光电器件,有光电管和光电倍增管。

8.3.1　光电管的工作原理

光电管有真空和充气光电管两类,两者的结构相似。光电管结构示意图如图8-3所示,由一个阴极和一个阳极构成,并密封在一只玻璃管内。阴极涂有光电发射材料,装在玻璃管内壁上;阳极通常用金属丝弯曲成矩形或圆形,置于玻璃管的中央。在阳极和阴极间施加电压,当有满足波长条件的光照射阴极时,就会有电子发射,在两极间及外电路中形成电流。

为了获得高灵敏度的光电管,在真空光电管中充入低压惰性气体,即充气光电管。充气光电管中的光电子向阳极加速运动过程中,撞击惰性气体,使其电离成正、负离子,正离子向阴极运动,负离子向阳极运动,运动过程中再度加速,并撞击其他惰性气体电离。因而在同样的光通量照射下,充气光电管的光电流比真空光电管大,灵敏度也更高。

8.3.2　光电倍增管的工作原理

当入射光很微弱时,普通光电管产生的光电流很小,只有零点几微安,不容易探测。光电倍增管由半透明的光电阴极、倍增管和阳极三部分组成。光电倍增管的工作原理示意图如图8-4所示。

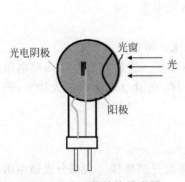

图8-3　光电管结构示意图

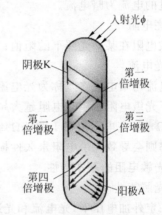

图8-4　光电倍增管的工作原理示意图

当入射光照射到半透明的光电阴极K上时,将激发出光电子。每经过一级倍增,产生的电子倍增。经过n级倍增极后,电子被放大n次。产生的电子最后被阳极A收集。收集到的电子数是阴极发射电子数的$10^5 \sim 10^8$倍。光电倍增管的灵敏度比普通光电管高几万倍到几百万倍。因此,微弱的光照即可产生较大的光电流。

8.4　内光电效应器件

8.4.1　光敏电阻

1. 光敏电阻的结构

光敏电阻又称光导管,其工作原理是光电导效应,为纯电阻器件。随光照增强,光敏电阻的阻值会减小;当光照消失,自由电子与空穴逐渐复合,电阻又恢复原值。

光敏电阻的结构、电路符号、接线图和实物图如图 8-5 所示。光敏电阻管芯是一块安装在绝缘衬底上带有两个欧姆接触电极的光电导体。光导体吸收光子而产生的光电效应,只限于光照的表面薄层,因此光电导体一般都做成薄层。为了获得高的灵敏度,光敏电阻的电极一般采用梳状图案。

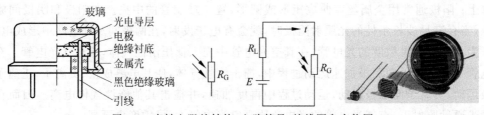

图 8-5　光敏电阻的结构、电路符号、接线图和实物图

2. 光敏电阻的主要参数

光敏电阻的主要参数有暗电阻、亮电阻、光电流。

1)暗电阻

光敏电阻在室温、全暗(无光照射)环境下,经过一定时间测量的电阻值;此时在给定电压下流过的电流为暗电流。

2)亮电阻

光敏电阻在某一光照下的阻值;此时流过的电流为亮电流。

3)光电流

亮电流与暗电流之差称为光电流,即光电流=亮电流-暗电流。

对于光敏电阻希望暗电阻越大越好,而亮电阻越小越好。通常光敏电阻的暗电阻值在兆欧(MΩ)级,亮电阻值在千欧(kΩ)级。与普通电阻一样,光敏电阻也有最大功率,若超过额定功率则会导致光敏电阻永久性损坏。

3. 光敏电阻的基本特性

1)光照特性

在一定外加电压下,光电流和光通量之间的关系,称为光照特性。大部分光敏电阻的光照特性曲线如图 8-6 所示,其光照特性是非线性的,因此不宜作定量检测元件,一般在自动控制系统中作光电开关。

2)光谱特性

对不同波长的入射光,光敏电阻的灵敏度不同。由图 8-7 光敏电阻的光谱特性可知,不同材料的光谱特性曲线不同,硫化镉、硒化镉的峰值在可见光区域,硫化铅有较宽的光谱范围且峰值在红外区域。因此在选用光敏电阻时,应结合光源考虑。

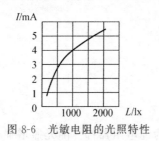

图 8-6　光敏电阻的光照特性

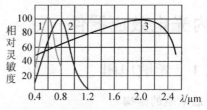

图 8-7　光敏电阻的光谱特性

1—硫化镉；2—硒化镉；3—硫化铅

3）伏安特性

在一定照度下，加载光敏电阻两端的电压与电流的关系称为光敏电阻的伏安特性。光敏电阻的伏安特性曲线如图 8-8 所示，图中曲线 1、2 分别表示照度为零和某特定值时的伏安特性。由曲线可知，一定的光照下，所加电压越大，光电流越大，且无饱和现象；受光敏电阻额定功率、最高工作电压和额定电流的限制，两端电压不能无限增大。一定的光照下，U-I 曲线是一条直线，说明光敏电阻值与光照有关。

4）稳定性

初制成的光敏电阻，由于体内机构工作不稳定、电阻体与其介质的作用还没有达到平衡，所以性能是不够稳定的。在人为地加温、光照及加负载情况下，经一两周的老化，性能可达稳定。光敏电阻的稳定性曲线如图 8-9 所示，图中曲线 1、2 分别表示两种型号的硫化镉光敏电阻的稳定性。光敏电阻在开始一段时间的老化过程中，阻值上升或下降，但最后达到一个稳定值后就不再变了。

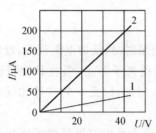

图 8-8　光敏电阻的伏安特性曲线

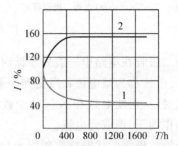

图 8-9　光敏电阻的稳定性曲线

5）频率特性

光敏电阻的光电流不能随着光强改变而立刻变化，即光敏电阻产生的光电流有一定的惰性，这种惰性通常用响应时间表示。大多数的光敏电阻响应时间都较长，因此光敏电阻不能用在快速响应的场合，这是其不足之一。图 8-10 为硫化铅和硫化镉的频率特性曲线。由图可知，不同材料光敏电阻的频率特性不一样；相比较，硫化铅的使用频率范围较大。

6）温度特性

光敏电阻的光学和电学性质受温度的影响较大；随着温度的升高，其暗电阻值和灵敏度随之改变。图 8-11 是硫化铅光敏电阻的光谱温度特性曲线。

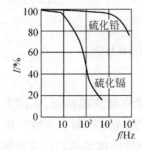

图 8-10　光敏电阻的稳定性曲线

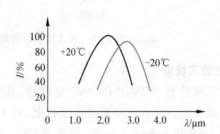

图 8-11　光敏电阻的光谱温度特性曲线

8.4.2　光敏二极管和光敏三极管

1. 光敏二极管

光敏二极管的符号和接线图如图 8-12 所示。其结构与一般二极管相似,装在透明玻璃外壳中,PN 结装在管的顶部,可以直接受到光照射。

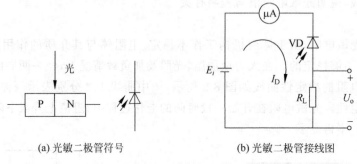

(a) 光敏二极管符号　　　　　　　(b) 光敏二极管接线图

图 8-12　光敏二极管

光敏二极管在电路中一般处于反向工作状态。无光照射时,反向电阻很大,反向电流很小,该反向电流称为暗电流;当受光照射时,PN 结附近受光子轰击,吸收其能量而产生电子—空穴对,从而使 P 区和 N 区的少数载流子浓度大大增加,因此它们在外加反向偏压和内电场的作用下,形成光电流。

硅光敏二极管的伏安特性如图 8-13(a)所示。横坐标为光敏二极管两端所加的反向偏压,当有光照时,反向电流随着光照强度的增大而增大;不同照度下的伏安特性曲线几乎平行,所以只要光电流没有达到饱和值,它的输出实际上不受偏压大小的影响。硅光敏二极管的光照特性如图 8-13(b)所示,光电流和照度之间近似呈线性关系,因此适合检测方面的应用。

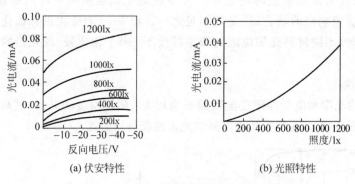

(a) 伏安特性　　　　　　　　(b) 光照特性

图 8-13　硅光敏二极管的伏安特性和光照特性

2. 光敏三极管

光敏三极管有 NPN 型和 PNP 型两种,其结构与一般三极管很相似,不同之处是其基极往往不接引线。一般三极管是电流控制,而光敏三极管是光照控制。光敏三极管也具有电流增益,当集电极加上正电压,基极开路时,集电极处于反向偏置状态;当光照射到集电结的基区时,会产生光生电子—空穴对,在内电场的作用下,光生电子被拉到集电极,基区留下空穴,使基极与发射极间的电压升高,这样便有大量的电子流向集电极,形成输出电流,且集电极电流为光电流的 β 倍。图 8-14 为 NPN 型光敏三极管的结构及符号。

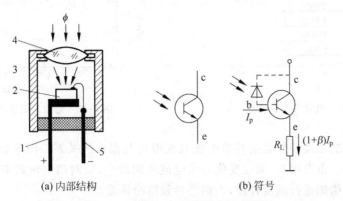

(a) 内部结构   (b) 符号

图 8-14 光敏三极管的结构及符号

1—集电极引脚;2—管芯;3—外壳;4—玻璃聚光镜;5—发射极引脚

  N 型硅材料为衬底制作的 NPN 型光敏三极管称为 3DU 型;P 型硅材料为衬底制作的 PNP 型光敏三极管称为 3CU 型。

  光敏三极管的光谱特性是指在一定照度下,输出的光电流(或用相对灵敏度表示)与入射光波长的关系。图 8-15 是硅和锗光敏三极管的光谱特性曲线。由图可知,硅管峰值波长 $0.9\mu m$ 左右,锗管峰值波长 $1.5\mu m$ 左右。由于锗管的暗电流大于硅管的暗电流,所以锗管的性能比硅管差。在探测可见光或赤热物体时,用硅材料的光敏管比较好;而在红外光探测时,用锗材料的比较适宜。

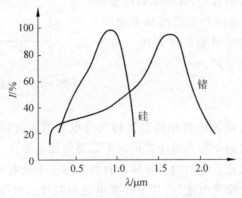

图 8-15 光敏三极管的光谱特性

  图 8-16 为硅光敏三极管在不同照度下的伏安特性曲线。光敏三极管在不同照度下的输出伏安特性,与普通三极管在不同基极电流时输出特性相似。因此,只要将入射光在发射极—基极之间的 PN 结附近产生的光电流看作基极电流,就可将光敏三极管看作一般的晶体管。光敏三极管能将光信号变成电信号,且输出的电信号较大。

  图 8-17 是光敏三极管的光照特性曲线,它给出了光敏三极管的输出电流与照度之间的关系。由图可知,其输出电流与照度近似为线性关系。当照度足够大(几千勒克斯时),会出现饱和现象。因此,光敏三极管既可作线性转换元件,也可作开关元件。

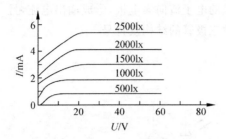

图 8-16　光敏三极管的伏安特性

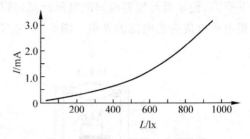

图 8-17　光敏三极管的光照特性

　　光敏三极管的温度特性是指其暗电流及光电流与温度的关系。图 8-18 为光敏三极管的温度特性曲线。由图可知,温度变化对光电流影响较小,而对暗电流影响较大,所以应用时在线路上采取措施进行温度补偿,否则将导致输出误差。

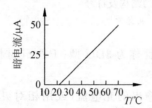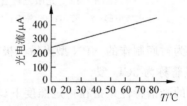

图 8-18　光敏三极管的温度特性

　　光敏三极管的频率响应是指光敏管输出的光电流随入射光频率变化的关系。图 8-19 为光敏三极管的频率特性曲线。由图可知,其频率响应受负载电阻的影响,减小负载电阻可以提高频率响应。一般来说,光敏三极管的频率响应比光敏二极管差。硅管的频率响应比锗管好。

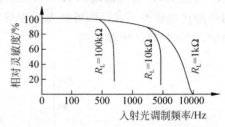

图 8-19　光敏三极管的频率特性曲线

8.4.3　光电池

　　光电池是基于光生伏特效应将光能直接转换为电能的光电器件。光电池在光线作用下,实质就是电源,因此电路中有光电池就可以不需要外加电源。

　　光电池的命名方式是把光电池的半导体材料的名称冠于光电池之前,如硅光电池、硒光电池、硫化镉光电池、砷化镓光电池等,其中硅光电池因其优点最受重视。硅光电池有两种类型:一种是以 P 型硅为衬底的 N 掺杂 PN 结,称为 2DR 系列;另一种是以 N 型硅衬底的P 掺杂 PN 结,称为 2CR 系列。硒光电池比硅光电池价廉,其光谱峰值位于人的视觉范围内,因而适于接收可见光。砷化镓光电池转换效率比硅光电池稍高,光谱响应特性与太阳光谱最吻合,且工作温度最高,更耐受宇宙射线的辐射。因此,它在宇宙飞船、卫星、太空探测器等电源方面的应用很有发展前途。

1. 光电池的结构和工作原理

　　硅光电池的结构和工作原理示意图如图 8-20 所示。它是在一块 N 型衬底上制造一薄P 型层作为光照敏感面。当入射光子的能量足够大时,P 型区每吸收一个光子就产生一对光生电子—空穴对。在 PN 结内电场(N 区带正电、P 区带负电)使扩散到 PN 结附近的电子—空穴对分离,电子通过漂移运动聚集在 N 型区,空穴聚集在 P 型区,这样 N 区和 P 区之间出现电位差。若将 PN 结两端用导线连起来,如图 8-20(b)所示,电路中就有电流流过,电流方向由 P 区流经外电路至 N 区。若将外电路断开,就可以测出光生电动势。光电池的符号、基本电路和等效电路如图 8-21 所示。

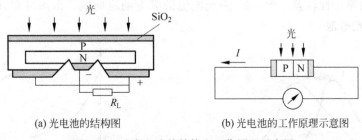

(a) 光电池的结构图　　　　　　(b) 光电池的工作原理示意图

图 8-20　硅光电池的结构和工作原理示意图

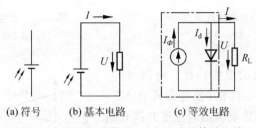

(a) 符号　　(b) 基本电路　　(c) 等效电路

图 8-21　光电池的符号、基本电路及等效电路

2. 基本特性

图 8-22(a)为硅光电池的光照特性曲线。由图可知,光电势即开路电压与照度呈非线性关系,在照度为 2klx 的照射下就趋于饱和了;光电池的短路电流与照度呈线性关系,且受照面积越大,短路电流也越大(可以把光电池看成由许多小光电池组成)。因此当光电池作为探测元件时,应以电流源的形式来使用。

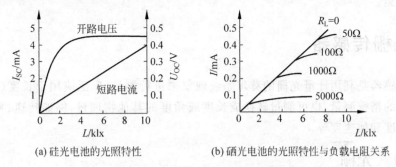

(a) 硅光电池的光照特性　　　　　(b) 硒光电池的光照特性与负载电阻关系

图 8-22　光电池的光照特性及负载对输出性能的影响

光电池的短路电流是指外界负载电阻相对于光电池内阻很小的条件下的输出电流。而光电池在不同照度时,其内阻也不同,所以应选取适当的外接负载以近似地满足短路条件。图 8-22(b)是硒光电池的光照特性与负载电阻的关系,硅光电池也有类似的关系。由图可知,负载电阻 R_L 越小,光电流与照度的线性关系越好,线性范围越广。因此光电池作探测

元件时,要选择合适大小的负载电阻,以确保测量的线性关系。

光电池的光谱特性取决于材料。图 8-23 为硒和硅光电池的光谱特性。由图 8-23 和电磁波谱图可知,硒光电池在可见光谱范围内有较高的灵敏度,适宜测可见光;硅光电池可在很宽的范围内应用。

光电池作为测量、计数、接收元件时常用调制光输入。由于光电池 PN 结面积较大,极间电容大,故频率特性较差。图 8-24 为光电池的频率响应曲线。由图可知,硅光电池的频率响应优于硒光电池。

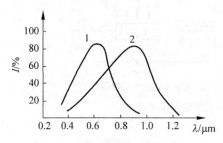

图 8-23　光电池的光谱特性曲线
1—硒光电池;2—硅光电池

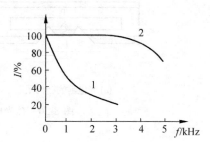

图 8-24　光电池的频率响应曲线
1—硒光电池;2—硅光电池

图 8-25 为硅光电池的温度特性。由图可知,开路电压随温度的升高而降低(温度每升高 $1℃$,电压下降 $2\sim3mV$)。短路电流随着温度升高开始增大,当温度高于 $70℃$ 时,温度升高电流下降。

光电池在强光光照下性能比较稳定,但应考虑光电池的工作温度和散热措施。如果硒光电池的结温超过 $50℃$,硅光电池的结温超过 $200℃$,就会破坏光电池的晶体结构,造成损坏。因此,光电池作为测量元件时,最好能保持温度恒定或采取温度补偿措施。

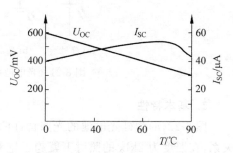

图 8-25　硅光电池的温度特性

8.5　光栅传感器

光栅传感器是利用计量光栅的莫尔条纹现象来进行测量,广泛应用于长度(位移)和角度(角位移)的精密测量,也可测量转换成长度或角度的其他物理量,例如转速、重量、力、扭矩、振动、速度和加速度等。

8.5.1　光栅

在一块长条形(圆形)光学玻璃(金属)上进行均匀刻划,得到一系列密集刻线,这种具有周期性刻线分布的光学元件称为光栅。根据用途不同可以分为长光栅和圆光栅,如图 8-26 所示。

图 8-26 中,a 为不透光的缝宽,b 为透光的缝宽,$W=a+b$ 为光栅栅距(也称光栅常数)。对于长光栅,通常取 $a=b$;在圆光栅中 γ 是栅距角(也称节距角),它是圆光栅上相邻

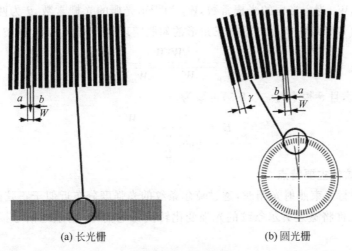

(a) 长光栅   (b) 圆光栅

图 8-26 光栅

两栅线之间的夹角。

长光栅用于长度或直线位移的测量,刻线相互平行;圆光栅用来测量角度或角位移,在圆盘上刻线。

8.5.2 莫尔条纹及光栅测量原理

1. 莫尔条纹

几个世纪以前,法国丝绸工人曾发现一种奇怪的现象:两块叠合在一起的薄绸子在光线的照射下会产生绚丽的花纹。他们把这种自然现象称为莫尔现象。在日常生活中,我们也能经常看到这种现象,例如在两层纱窗重叠时会出现莫尔现象。

如图 8-27 所示,若两块光栅(其中一块称为主光栅,另一块称为指示光栅)互相重叠,并使它们的栅线之间形成一个较小的夹角。当光栅对之间有一相对运动时,透过光栅对看另一边的光源,就会发现有一组垂直于光栅运动方向的明暗相间的条纹移动,图中 a-a 线为亮带,b-b 线为暗带。这些条纹称为莫尔条纹。

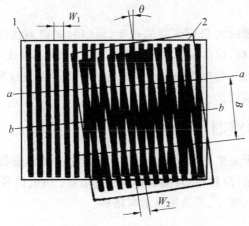

图 8-27 莫尔条纹的形成

1—主光栅;2—指示光栅

图 8-27 中，W_1 为主光栅的光栅常数，W_2 为指示光栅的光栅常数，θ 为两光栅栅线的夹角（rad），B 为莫尔条纹的宽度。根据三角形的勾股定理可以推得 B 与 W、θ 的关系式为

$$B = \frac{W_1 W_2}{\sqrt{W_1{}^2 + W_2{}^2 - 2W_1 W_2 \cos\theta}} \tag{8-3}$$

当 $W_1 = W_2$，且 θ 很小时，式（8-3）可写为

$$B = \frac{W}{2\sin\dfrac{\theta}{2}} \approx \frac{W}{\theta} \tag{8-4}$$

2. 莫尔条纹的主要特点

（1）当用平行光束照射光栅时，透过莫尔条纹的光强度分布近似于正弦函数。

若用光电元件将透过莫尔条纹的光强变化转换为电信号，则该电信号接近于正弦周期信号。

（2）运动对应关系。

莫尔条纹的移动量、移动方向与两光栅的相对位移量、位移方向有着严格的对应关系。图 8-27 中，主光栅移动一个栅距 W，莫尔条纹移动一个条纹间距 B。主光栅右移，则莫尔条纹向下移；主光栅左移，则莫尔条纹向上移。所以，在光栅测量中，可以根据莫尔条纹的移动量和移动方向，来判断主光栅（或指示光栅）的位移量和位移方向。

（3）位移放大作用。

由式（8-4）可知，莫尔条纹具有放大作用，放大倍数为 $1/\theta$。由于 θ 很小，所以莫尔条纹间距 B 非常大。

若光栅栅距 $W = 0.02\text{mm}$，两光栅的夹角 $\theta = 0.1° = 0.001\ 745\ 32\text{rad}$ 时，则 $B = 11.4592\text{mm}$。比较 B 和 W 的值可知，光栅放大了近 600 倍。

【例】 已知长光栅的栅距是 $20\mu\text{m}$，标尺光栅与指示光栅的夹角为 $0.2°$，试计算莫尔条纹宽度 B 的大小，以及当标尺光栅移动 $100\mu\text{m}$ 时，莫尔条纹移动的距离。

解： $0.2° = (0.2 \times 2\pi)/360 = 0.003\ 49(\text{rad})$

根据莫尔条纹宽度公式：$B = W/\theta = 20/0.003\ 49 = 5.730(\text{mm})$

当标尺光栅移动 $100\mu\text{m}$ 时，莫尔条纹移动的距离 $L = 100 \times 5.73/20 = 28.65(\text{mm})$

（4）误差平均效应。

因莫尔条纹是由光栅的大量刻线共同产生，所以对光栅刻线误差有一定的平均作用。例如，每毫米 100 线的光栅，10mm 宽度的莫尔条纹就有 1000 条线纹，这样栅距之间的相邻误差就被平均化了。因此几条刻线的栅距误差或断裂对莫尔条纹的位置和形状影响甚微，从而提高了光栅的测量精度。

8.5.3　光栅传感器

光栅传感器作为一个完整的测量装置包括光栅读数头和光栅数显表两部分。光栅读数头利用光栅原理把输入量（位移量）转换成相应的电信号；该电信号送入光栅数显表做进一步的处理，包含整形放大、细分、辨向和显示电路等。

1. 光栅读数头

光栅读数头由主光栅、指示光栅、光路系统和光电元件等组成，主光栅的有效长度即为

测量范围。光栅传感器有多种不同的光学系统,常见的有透射式和反射式。以透射式光栅传感器为例,其具体结构如图 8-28 所示。

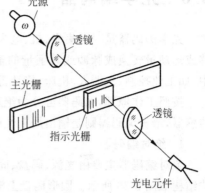

在光源的照射下,主光栅和指示光栅形成莫尔条纹。工作时,主光栅一般固定在被测物体上且随被测物体一起移动,指示光栅相对光电元件固定。被测物体每移动一个栅距,莫尔条纹移动一个莫尔条纹间距,光强变化一个周期,光电元件转换后的电信号表达式为

$$U = U_0 + U_m \sin\left(\frac{\pi}{2} + \frac{2\pi x}{W}\right) \qquad (8\text{-}5)$$

式中,U_0 为输出信号中的平均直流分量,对应莫尔条纹的平均光强;U_m 为输出信号中正弦交流分量的幅值。

图 8-28 透射式光栅传感器

光栅的移动距离为

$$x = NW + \delta \qquad (8\text{-}6)$$

式中,N 是莫尔条纹的周期数;W 为光栅栅距;δ 为小于 1 个光栅栅距的数。

2. 光栅数显表

输出的电压信号经过整形放大电路变为方波,经过微分电路转换为脉冲信号,再经过辨向细分电路和计数器确定脉冲数,最后以数字形式实时地显示位移量的大小。

图 8-28 中,若只有一个光电元件,则无论主光栅向左还是向右移动,莫尔条纹都做明暗交替的变化,光电元件总是输出同一规律变化的电信号,单独一路光电信号无法实现位移辨向。为了实现辨向,需要两个有一定相位差的光电信号。可以在相隔 1/4 莫尔条纹间距(即 $B/4$)的位置放置两个光电元件,这样两个光电元件的输出信号将出现 $\pi/2$ 的相位差。当指示光栅移动方向改变时,两者的相位差将产生 π 的变化。

由式(8-6)可知,如果单纯地将光栅节距做细来提高分辨率,工艺上难以达到,所以在实际系统上并不是单纯的计数,而是利用电子学的方式把莫尔条纹的一个变化周期进行细分,提高系统的分辨力。

所谓细分,就是在莫尔条纹信号变化的一个周期内,发出 n 个脉冲,则每个脉冲相当于原来栅距的 $1/n$,即可使测量精度提高到 n 倍。细分后计数脉冲频率提高了 n 倍,因此也称为 n 倍频。

光栅信号细分技术主要有光学细分、电子细分和微机软件细分方式。在电子细分技术中,常采用四倍频细分法,这种细分法也是许多其他细分法的基础。

在辨向原理中,在相隔 1/4 莫尔条纹间距(即 $B/4$)的位置放置两个光电元件,这样两个光电元件的输出信号将出现 $\pi/2$ 的相位差。若将这两个信号反相就可以得到 4 个依次相差 $\pi/2$ 的信号,因此当移动一个栅距时就可以得到 4 个计数脉冲,从而实现四倍频细分。也可以在一个莫尔条纹的间距内放置 4 个光电元件来实现四倍频细分。该方法的优点是对莫尔条纹信号的波形要求不严格,电路简单,可用于静态和动态测量系统;不足是光电元件安放困难且细分数不能太高。

8.6　光学编码器

光学编码器是一种集光、机、电为一体的数字化检测装置,它通过光电转换将轴的角位移或运动量转换成脉冲或数字量的输出信号。目前广泛应用于需要监控机械系统的应用中,如工业控制、机器人、机床、旋转雷达等。

按照工作原理,编码器可分为绝对式和增量式两种。绝对编码器是直接输出数字量的传感器,增量编码器则是输出周期性的电信号。

1. 绝对编码器

绝对编码器主要由光源、码盘、固定狭缝(检测光栅)、光电元件、转换电路等构成,其具体结构如图 8-29 所示。圆形码盘上沿径向有若干同心码道,每条码道由透光和不透光的扇形区相间组成,相邻码道的扇区数目是双倍关系(即 2、4、8、16、…),码盘上的码道数就是它的二进制数码的位数。当码盘处于不同位置时,通过读取光电元件受光照与否转换出相应的一组二进制编码(若 n 条码道,则二进制为 $2^0 \sim 2^n - 1$)。码盘的分辨率 $\alpha = 360° / 2^n$,因此,码道越多,分辨率越高。

常见的码盘编码方式有自然二进制、格雷码(循环码)等。以 3 位编码为例。二进制码盘及对应的角度表如图 8-30(a) 所示,码盘由里向外分别

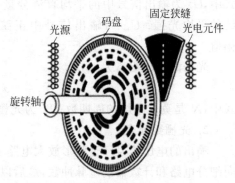

图 8-29　绝对编码器结构

是码道 1、码道 2、码道 3,其对应的角度分辨率为 $360° / 8 = 45°$。二进制码的优点是直观,可以直接读出角度坐标的绝对值,但码盘转到相邻区域时会出现多位码同时产生"0"或"1"的变化,可能产生同步误差。例如,当前码盘是 011(对应角度 135°~180°),若存在同步误差,则中途可能出现 111、110 等错误数码,然后才变到 100。

格雷码盘的特点是相邻两个数的代码只有一位码不同,也就是码盘转到相邻区。采用格雷码盘可以消除这种错码的现象,具体的码盘及对应的角度如图 8-30(b) 所示。例如,当前码盘是 011,下一个状态都不会出现错误数码。因此只要适当限制各码道的制作误差和安装误差,就不会产生粗大误差。与二进制码盘相同的是,格雷码的码道数也等于数码位数,其分辨率计算式一样。

由于格雷码没有固定的权值,因此需要把它转换成二进制码。可以通过列真值表、卡诺图化简等步骤得到二进制码 B_i 和格雷码 R_i 相互转换的规律:最高位不变,即 $R_n = B_n$;第 i 位 $R_i = B_{i+1} \oplus B_i$(格雷码转二进制则为 $B_i = B_{i+1} \oplus R_i$)。

2. 增量编码器

增量编码器的结构如图 8-31 所示。码盘上刻有节距相等的辐射状透光缝隙,相邻两个透光缝隙之间代表一个增量周期;检测光栅上刻有 A、B 两组与码盘相对应的透光缝隙,A、B 错开 1/4 节距,因此光电检测元件输出的信号在相位上相差 90°;根据两者的延迟关系就可以确定正反转。Z 相为单圈脉冲,即编码器每转一圈发出一个脉冲信号用于决定零位置或标识位置。

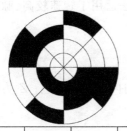

码道1	码道2	码道3	角度
0	0	0	0~45°
0	0	1	45°~90°
0	1	0	90°~135°
0	1	1	135°~180°
1	0	0	180°~225°
1	0	1	225°~270°
1	1	0	270°~315°
1	1	1	315°~360°

(a) 二进制码

码道1	码道2	码道3	角度
0	0	0	0~45°
0	0	1	45°~90°
0	1	1	90°~135°
0	1	0	135°~180°
1	1	0	180°~225°
1	1	1	225°~270°
1	0	1	270°~315°
1	0	0	315°~360°

(b) 格雷码

图 8-30 绝对编码器的码盘及对应角度

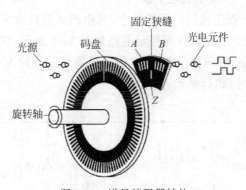

图 8-31 增量编码器结构

增量编码器将位移转换成周期性的电信号,经整形放大后转换为计数脉冲。通过记录初始位置和转过的脉冲数就可以计算转过的角度。拥有固定起始位置的装置可以采用增量编码器测量角度,如倒立摆,其起始位置为自然下垂。但像舵机或者机器人关节的角度测量有时并没有绝对位置,这种情况下用绝对编码器会是不错的选择。

采用增量式编码器测转速有测频率(M 法)和测周期(T 法)以及两种结合的 M/T 法(高速时 M 法,低速时 T 法)。

1) 测频率(M 法)

取一个采样周期 T_c 内旋转编码器发出的脉冲个数 M 来算出转速 n。用数学来描述就

是,位置的微分等于速度,由角度的微分得到转速。测频率法适用于转速较高、脉冲输出比较快的情况。转速公式为

$$n = \frac{60M_1}{ZT_c}$$

式中,n 为转速(r/min);T_c 为采样周期(s);M_1 为 T_c 时间内的脉冲个数;Z 为旋转编码器每转输出的脉冲个数。

2) 测周期(T 法)

测出编码器两个输出脉冲之间的时间间隔来计算出转速 n。适用于转速较低、脉冲输出较慢的情况。转速公式为

$$n = \frac{60f_0}{ZM_2}$$

式中,M_2 为编码器两个脉冲之间的时间脉冲个数;f_0 为时钟脉冲频率(Hz)。

采用增量式编码器测角加速度的公式为

$$a_w = \frac{n_k - n_{k-1}}{T_c}$$

式中,a_w 为角加速度;n_k 为本次测量的转速(r/min);n_{k-1} 为上一次测量的转速(r/min),T_c 为采样周期(s)。从数学描述可知,转速的微分为角加速度。

8.7　光电传感器的应用

1. 光敏电阻的应用——照相机电子快门

电子快门常用于电子程序快门的照相机中,其中测光器件常采用与人眼光谱响应接近的硫化镉(CdS)光敏电阻。照相机曝光控制电路如图 8-32 所示,它由光敏电阻 R_G、开关 K 和电容 C 构成的充电电路、时间检出电路(电压比较器)、三极管 VT 构成的驱动放大电路、电磁铁 M 带动的快门叶片(执行单元)等组成。

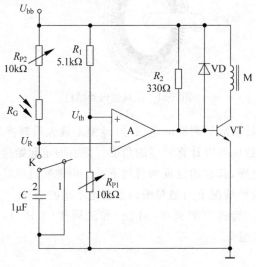

图 8-32　照相机电子快门

在初始状态,开关 K 处于如图 8-32 所示的位置,电压比较器的同相输入端的电位为 R_1 与 R_{P1} 分压所得的阈值电压 U_{th}(一般为 $1\sim1.5\text{V}$),而电压比较器的反相输入端的电位 U_R 近似为电源电位 U_{bb}。此时电压比较器反相输入端的电位高于同相输入端的电位,比较器输出低电平,三极管截止,电磁铁不吸合,开门叶片闭合。

当按动快门的按钮时,开关 K 与光敏电阻 R_G 及 R_{P2} 构成的测光与充电电路接通,这时,电容 C 两端的电压 U_C 为 0,由于电压比较器的反相输入端的电位低于同相输入端而使其输出为高电平,使三极管 VT 导通,电磁铁将带动快门的叶片打开快门,照相机开始曝光。快门打开的同时,电源 U_{bb} 通过电位器 R_{P2} 与光敏电阻 R_G 向电容 C 充电,且充电的速度取决于景物的照度,景物照度越高,光敏电阻 R 的阻值越低,充电速度越快。U_R 的变化规律可由电容 C 的充电规律得到:

$$U_R = U_{bb}[1 - \exp(-t/\tau)]$$

式中,时间常数 $\tau = (R_{P2} + R_G)C$。光敏电阻的阻值 R_G 与入射光的照度有关。

电容 C 充电,当两端的电压 $U_C \geqslant U_{th}$ 时,电压比较器的输出电压将由高电平变为低电平,三极管 VT 截止,而使电磁铁断电,快门叶片又重新关闭。

快门的开启时间

$$t = (R_{P2} + R) \cdot C \cdot \ln\frac{U_{bb}}{U_{th}}$$

2. 光电池的应用——光听音器

利用光电池和高增益的声音放大器来完成光听音器,具体电路如图 8-33 所示。VD_1 是硅太阳能电池,其输出的信号经过 C_1 连接到第一级放大器 U_1(LM741 芯片,为了提高效果可用低噪声的运算放大器替换)。U_1 输出经电容 C_2 连接到第二级放大器 U_2(LM386 声音放大器)的输入。R_2 是滑变电阻器,用来调节增益或者音量。U_2 的输出经电容 C_4 与一个扬声器连接(8Ω)。电路中的元件清单如表 8-1 所示。

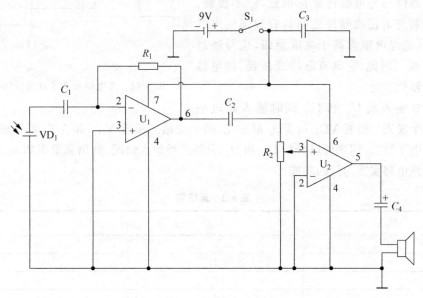

图 8-33 光听音器电路

表 8-1　光听音器元件清单

元器件名称	参　　数
R_1	1MΩ,0.25W 电阻
R_2	1kΩ 电位器
C_1,C_2,C_3	0.1μF,35V 圆盘形电容器
C_4	100μF,35V 电解电容
Q_1	FPT-100 光电晶体管或 TIL414 红外线光电晶体管
VD_1	硅光电池
U_1	LM741 运算放大器
U_2	LM386 声音放大器
S_1	单刀单掷开关
SPK	8Ω 扬声器
其他	电路板、导线、耳机插孔等

　　光听音器可以听电磁波的表演,如汽车灯唱歌;对准红外遥控器或者相机的闪光灯,能听见这些光源的声音;也可以用来听燃烧物体的声音等。

3. 光电耦合器

　　图 8-34 的方框为光电耦合器,由发光源和受光器两部分组成,是以光为媒介传输电信号的一种电—光—电转换器件。把发光源和受光器组装在同一密闭的壳体内,彼此间用透明绝缘体隔离。发光源的引脚为输入端,受光器的引脚为输出端。常见的发光源为发光二极管,受光器为光敏二极管、光敏三极管等。

　　发光器件与光电器件靠得很近,但不接触,发光器件和光电接收器件之间具有很强的电气绝缘特性,绝缘电阻常高于兆欧量级,信号通过光进行传输。因此,它具有脉冲变压器、继电器和开关电器的功能。

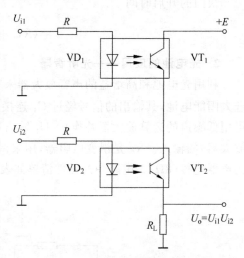

图 8-34　光电耦合器实现逻辑门功能

　　如果在输入端 U_{i1} 和 U_{i2} 同时输入高电平"1",则两个发光二极管 VD_1 和 VD_2 都发光,两个光敏三极管 VT_1 和 VT_2 都导通,输出端就呈现高电平"1"。同理可以分析 U_{i1} 和 U_{i2} 另外三种输入情况,列出真值表如表 8-2 所示。分析可得该电路实现与门的功能。

表 8-2　真值表

U_{i1}	U_{i2}	U_o
0	0	0
0	1	0
1	0	0
1	1	1

第9章

新型传感器的应用

本章介绍新型传感器的基本知识,包括光纤传感器、条形码、图像传感器、RFID、智能传感器等,从新原理、新效应、新材料及新工艺等角度对它们的概念、工作原理、性能参数和应用领域进行剖析,使读者从总体上初步了解新型传感器的性能、应用;接着介绍无线传感器网络的基本构成及展望,最后列举新型传感器的具体应用实例,使读者对其有一个直观认识。新型传感器和传统的传感器相比精度更高、响应更快、可靠性更强、集成度更高、智能性更好,能够更好地满足现代工业对信号检测的需求。

9.1 光纤传感器

9.1.1 光纤传感器概述

光纤作为远距离传输光波信号的媒质,最初的研究是用于光通信技术中。把待测量与光纤内的导光联系起来就形成光纤传感器,光纤传感器研究始于1977年,至今已日趋成熟。光纤传感器与传统的传感器相比具有许多优点:灵敏度高、电绝缘性能好、结构简单、体积小、重量轻、不受电磁干扰、光路可弯曲、便于实现遥测、耐腐蚀、耐高温等。可广泛用于位移、速度、加速度、压力、温度、液位、流量、水声、电流、磁场、放射性射线等物理量测量,发展极为迅速,在制造业、军事、航天、航空、航海等科学技术研究中有着广泛的应用。

9.1.2 光纤传感器的基础知识

1. 光纤结构

光导纤维是用比头发丝还细的石英玻璃丝制成的,每一根光导纤维由一个圆柱形纤芯、包层、保护外套组成。光导纤维的基本结构如图9-1、图9-2所示。

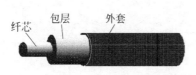

图 9-1 光纤结构图

图 9-2 光纤实物图

2. 光纤导波原理

光是一种电磁波,一般采用波动理论来分析导光的基本原理。然而光学理论指出:在尺寸远大于波长而折射率变化缓慢的空间,可以用"光线"即几何光学的方法来分析光波的传播现象。这对于光纤中的多模光纤是完全适用的。

3. 光纤特性

数值孔径(NA)是一个无量纲的数,反映纤芯接收光量的多少,是标志光纤接收性能的一个重要参数,NA 越大,则光纤接收光的能力也越强。光纤损耗包括光纤吸收损耗、散射损耗以及弯曲损耗等。定义损耗系数

$$\alpha = \frac{10}{L} \lg \frac{P_i}{P_o}$$

式中,L 为光纤长度;P_i 入射端光功率;P_o 出射端光功率。

9.1.3 光纤传感器的结构及工作原理

以电为基础的传统传感器是一种把被测非电量转变为可测电信号的装置。它的电源、敏感元件、信号接收和处理系统以及信息传输均用金属导线连接,如图 9-3(a)所示。

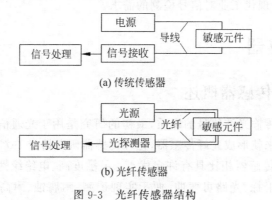

(a) 传统传感器

(b) 光纤传感器

图 9-3 光纤传感器结构

光纤传感器则是一种把被测非电量转变为可测的光信号的装置,由光源、敏感元件(光纤或非光纤的)、光探测器、信号处理系统以及光纤等组成,如图 9-3(b)所示。由光源发出的光通过光纤引到敏感元件,被测参数作用于敏感元件,在光的调制区内光源发出的光与外界被测参数相互作用,使光的某一性质(如光的强度、波长、频率、相位、偏振态等)受到被测参数的调制,调制后的光信号经接收光纤耦合到光探测器,将光信号转换为电信号,最后经信号处理得到所需要的被测量。整个过程中,光束经由光纤导入,通过调制器后再射出,其中光纤的作用首先是传输光束,其次是起到光调制器的作用。图 9-4 所示是实际应用中测

量压力、应力、温度的光纤传感器。

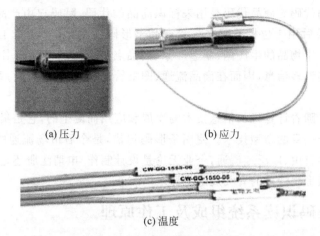

(a)压力　　　　　　(b)应力

(c)温度

图 9-4　光纤传感器产品实物图

9.1.4　光纤传感器优点

光纤传感器相对于普通传感器有着诸多优点：

（1）光纤传感器接收来自光源的信号，经过修正以后得到所测的参量，然后通过输出光纤传送至相距较远的光探测器。整个测量和传输过程都无须电源和信号线，因此也不会受到电磁的干扰。并且光纤传感器自身也不产生电磁干扰，因此光纤传感器之间也不会产生交调失真。

（2）由于光纤不会短路，本质是安全的，所以可以工作在含有易燃易爆气体的环境中，并且当出现火灾和浸水事故时，仍能继续工作。

（3）光纤传感器具有多路传输能力，可以与光纤传输系统很好地兼容，大量光纤传感器将数据通过多路传送构成一个光纤网络，并利用计算机对监测的数据信息进行集中控制和管理，使传感器监测系统大大简化。

9.2　条形码

条形码（barcode）是将宽度不等的多个黑条和空白，按照一定的编码规则排列，用以表达一组信息的图形标识符。常见的条形码是由反射率相差很大的黑条（简称条）和白条（简称空）排成的平行线图案。条码信息靠条和空的不同宽度和位置来传递，信息量的大小是由条码的宽度和印刷的精度来决定的，条码越宽，包容的条和空越多，信息量越大；条码印刷的精度越高，单位长度内可以容纳的条和空越多，传递的信息量也就越大。其对应字符由一组阿拉伯数字组成，供人们直接识读或通过键盘向计算机输入数据使用。这一组条空和相应的字符所表示的信息是相同的。

通用商品条形码一般由前缀部分、制造厂商代码、商品代码和校验码组成。商品条形码中的前缀码是用来标识国家或地区的代码，赋码权在国际物品编码协会，如 00～09 代表美国、加拿大，45、49 代表日本，69 代表中国内地，471 代表中国台湾地区，489 代表中国香港特别行政区。制造厂商代码的赋权在各个国家或地区的物品编码组织,中国由国家物品编码中心赋予制造厂商代码。商品代码是用来标识商品的代码,赋码权由产品生产企业自己行使。商品条形码最后用 1 位校验码来校验商品条形码中左起第 1～12 位数字代码的正确性。条形码可以标出物品的生产国、制造厂家、商品名称、生产日期、图书分类号、邮件起止地点、类别、日期等许多信息,因而在商品流通、图书管理、邮政管理、银行系统等许多领域都得到广泛的应用。

条形码技术是随着计算机与信息技术的发展和应用而诞生的,它是集编码、印刷、识别、数据采集和处理于一身的新型技术。使用条形码扫描,是今后市场流通的大趋势。为了使商品能够在全世界自由、广泛地流通,企业无论是设计制作、申请注册还是使用商品条形码,都必须遵循商品条形码管理的有关规定。

9.2.1　条码识读系统组成及工作原理

1. 系统架构

条码识读系统由扫描系统、信号整形、译码三部分组成,系统组成结构如图 9-5 所示。

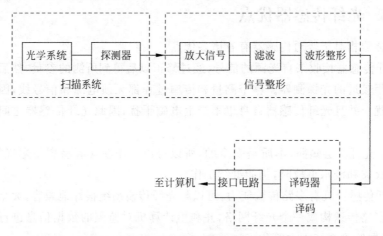

图 9-5　条码识别系统组成结构原理框图

扫描系统由光学系统及探测器(即光电转换器件)组成,它完成对条码符号的光学扫描,并通过光电探测器,将条码条空图案的光信号转换成电信号。

信号整形部分由信号放大、滤波、波形整形组成,它的功能在于将条码的光电扫描信号处理成标准电位的矩形波信号,其高低电平的宽度和条码符号的条空尺寸相对应,这样就可以按高低电平持续的时间计数。

译码部分一般由嵌入式微处理器组成,它的功能就是对条码的矩形波信号进行译码,其结果通过接口电路输出到条码应用系统中的数据终端。

条码识别系统又称为条码阅读器、条形码扫描器、条形码扫描枪及条形码阅读器,它是用于读取条码所包含信息的阅读设备,可分为一维、二维条码扫描器。目前条码扫描器通过有线的方式和计算机连接,主要有 PS/2 键盘接口、RS232 串口、USB 接口三种接口,通过无线方式和计算机连接主要是蓝牙和 2.4G 的方式,一般无线的距离基本都在 30～100m,广泛应用于超市、物流快递、图书馆等扫描商品、单据的条码。

2. 识别原理

要将按照一定规则编译出来的条形码转换成有意义的信息，需要经历扫描和译码两个过程。物体的颜色是由其反射光的类型决定的，白色物体能反射各种波长的可见光，黑色物体则吸收各种波长的可见光，所以当条形码扫描器光源发出的光经过光学系统照射在条形码上面，被反射回来的光照射到条码扫描器内部的光电转换器上，光电转换器根据强弱不同的反射光信号，转换成相应的模拟电信号。白条、黑条的宽度不同，相应的电信号持续时间长短也不同。由光电转换器输出的与条形码的条和空相应的电信号一般仅 10mV 左右，不能直接使用，因而先要将光电转换器输出的电信号送放大器放大。

放大后的电信号仍然是一个模拟电信号，为了避免由条形码中的疵点和污点导致错误信号，在放大电路后需加一滤波、整形电路，然后把模拟信号转换成数字电信号，以便计算机系统能准确判读。经放大、滤波、整形形成的方波信号，最后经译码器解释为计算机可以直接接受的数字信号、字符信息。它通过识别起始、终止字符来判别出条形码符号的码制及扫描方向；通过测量脉冲数字电信号 0、1 的数目来判别出条和空的数目。通过测量 0、1 信号持续的时间来判别条和空的宽度，这样便得到了被辨读的条形码符号的条和空的数目及相应的宽度和所用码制，根据码制所对应的编码规则（例如：EAN-8 码），便可将条形符号换成相应的数字、字符信息，通过接口电路送给计算机系统进行数据处理与管理，这样便完成了条形码辨读的全过程。各阶段工作波形如图 9-6 所示。

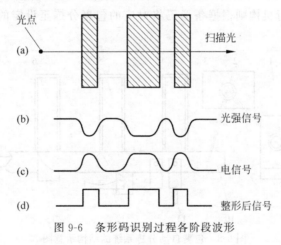

图 9-6 条形码识别过程各阶段波形

3. 条形码结构

不论是采取何种规则印制的条形码，都由静区、起始字符、数据字符与终止字符组成。有些条形码在数据字符与终止字符之间还有校验字符。

静区也叫空白区，分为左空白区和右空白区，左空白区是让扫描设备做好扫描准备，右空白区是保证扫描设备正确识别条码的结束标记。

为了防止左右空白区（静区）在印刷排版时被无意中占用，可在空白区加印一个符号：左侧没有数字时印"＜"号，右侧没有数字时加印"＞"号，这个符号就叫静区标记，其主要作用就是防止静区宽度不足。只要静区宽度能保证，有没有这个符号都不影响条码的识别。借助相应的硬件技术，加上管理软件就可以对产品进行追溯、防窜货检查、快速准确的数据信息录入等。按一定编码规则印刷的几种常见的条形码如图 9-7 所示。

图 9-7　几种条形码

9.2.2　条形码应用实例

　　包裹分拣是把很多包裹按照目的地分配到所设置的场地的作业,可分为人工分拣、机械分拣和自动分拣,人工分拣存在工作任务繁重、误差大等问题,越来越多的分拣任务采用了自动分拣系统,目前它已经成为发达国家物流配送中心或流通中心所必需的设施之一。本例就介绍由气动技术和 PLC 技术控制的自动分拣系统,它不仅可以降低人工拣取、搬运的劳动强度,还可以提高劳动生产率,降低作业成本,同时具有较高的可靠性和安全性。

　　包裹自动分拣系统的结构示意图如图 9-8 所示。搬运机械手承担包裹的搬运工作;条形码扫描器主要获取包裹上面的条形码代码,并将每个条形码与包裹的目的地一一对应起来;传送带和分拣执行机构则根据条形码将对应的包裹分拣至设定的目的地,即图 9-8 中料槽 4、5、6。

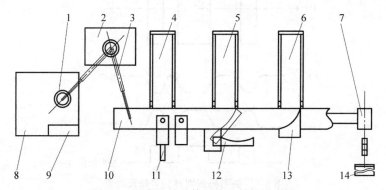

图 9-8　包裹自动分拣系统的结构示意图

1—包裹位置检测传感器;2—步进电机;3—气动机械手;4,5,6—料槽;7—三相异步电机;8—工作台;9—条形码扫描器;10—传送带;11—推料汽缸;12—导料汽缸;13—传送带阻挡块;14—变频器

　　快递包裹均用条形码标识,采用条形码扫描器识别。采用的激光式扫描器,可以识别 UPC-A、UPC-E、ENA-13、ENA-8、ISBN/ISSN、九三码、128 码、11 码等通用一维条码,内置 PS/2 键盘,可以使用 RS232 串口和 USB2.0 接口,扫描时可以手动扫描,也可自动连续扫描。包裹的目的地假定有 3 个:目的地 1、目的地 2 和目的地 3,分别对应料槽 4、料槽 5 和料槽 6。当安装在料槽 4 位置的传感器检测到属于目的地 1 的包裹时,使用推料汽缸分拣;当料槽 5 位置的传感器检测到属于目的地 2 的包裹时,使用导料汽缸分拣;当目的地 3 对应的包裹到达料槽 6 的位置时,在传送带阻挡块的阻挡下分拣至料槽 6。推料汽缸的极限位置由伸出限位/缩回限位传感器控制,导料汽缸的极限位置由转出限位/原位传感器控制。

根据输入/输出的特点及数量,此系统采用西门子 S7-200 系列 PLC 作为控制器。表 9-1 为包裹自动分拣控制系统的 I/O 口分配表。假定包裹将发往 3 个目的地,分别对应分拣单元中的料槽 4、5、6。为了实现根据条形码进行包裹目的地分拣,必须先对扫描得到的条形码代码进行一系列的处理。快递包裹条形码一般为 12、13 位,且具有唯一性。这里的处理方法是:根据目的地设置 3 个表格,将同一目的地的条形码代码列在同一表格中,依次存于 PLC 寄存器中,每个目的地设定一个中间继电器,如 M0.1、M0.2、M0.3 作为对应目的地的标记符,哪个中间继电器接通,就代表相应料槽的执行机构在检测包裹到达时需要动作。例如,如果 M0.1 接通,则表示该包裹将发往目的地 1,则包裹传送到料槽 4 位置时推料汽缸动作。

表 9-1　包裹自动分拣系统 I/O 口分配表

输入	功能说明	输出	功能说明
I0.0	启动按钮	Q0.0	步进电机驱动器 PUL+
I0.1	停止按钮	Q0.1	步进电机驱动器 DIR+
I0.2	复位按钮	Q0.2	步进电机驱动器 ENA+
I0.3	包裹检测光电传感器	Q0.3	手臂伸出
I0.4	机械手臂伸出限位传感器	Q0.4	手爪下降
I0.5	机械手臂缩回限位传感器	Q0.5	手爪夹紧
I0.6	机械手爪下降限位传感器	Q0.6	手爪松开
I0.7	机械手爪上升限位传感器	Q0.7	推料汽缸推出
I1.0	机械手爪夹紧限位传感器	Q1.0	导料汽缸旋出
I1.1	推料汽缸伸出限位传感器	Q1.1	警示红灯
I1.2	推料汽缸缩回限位传感器	Q1.2	警示绿灯
I1.3	导料汽缸原位传感器	Q1.3	警示黄灯
I1.4	导料汽缸旋出到位传感器		

确定哪个中间继电器接通,在得到当前包裹的条形码代码后,需在 3 个条形码代码表中查询。在哪个表格中找到一致的代码,就接通该目的地对应的中间继电器。条形码代码的制表和查询需要用到 S7-200 PLC 中的字符串处理指令:字符串复制指令 STR_CPY、字符串连接指令 STR_CAT 和字符串查找指令 STRFIND。先使用 STR_CPY 指令存放某一个条形码至表格中,再使用 STR_CAT 指令依次将同一目的地的其他条形码存放在其后。系统工作时,在 3 个表格中查找当前扫描到的条形码,哪个中间继电器接通,则驱动对应料槽的执行结构。

下面是第一个表格部分条形码代码的制表和查表程序,另外两个表格的做法以此类推。

```
LD SM0.0
SCPY " data1",VB0          // data1 为第 1 个条形码
SCAT " data2",VB10         // data2 为第 2 个条形码
...
SCAT " datan",VB100        // datan 为第 n 个条形码
MOVB 1,AC0                 // 查表结果寄存器
```

SFND VB0,"data＊",AC0//当前扫描的条形码为 data＊,查表 AW<>AC0,0//查表结果不为 0,表示在该表格中找到一致的条形码＝M0.1//接通当前的中间继电器系统采用的是 S7-200 系列小型 PLC,软件编程时,条形码数量受到 PLC 寄存器存储容量的限制,如

选用合适型号的 PLC,配备较多数量的目的地料槽和相应的分拣机构,完全可以满足快递物流行业的需求。

9.3　CCD 图像传感器

9.3.1　CCD 图像传感器概述

图像传感器是利用光电器件的光电转换功能,用来摄取平面光学图像并使其转换为电子图像信号的器件。将感光面上的光像转换为与光像成相应比例关系的电信号,电脉冲信号的高低反映光敏元受光照的强弱,输出脉冲的顺序反映一个光敏元的位置,从而完成图像传感。与光敏二极管、光敏三极管等"点"光源的光敏元件相比,图像传感器是将其受光面上的光像分成许多小单元,将其转换成可用的电信号的一种功能器件。图像传感器分为光导摄像管和固态图像传感器。与光导摄像管相比,固态图像传感器具有体积小、重量轻、集成度高、分辨率高、功耗低、寿命长、价格低等特点,因此在各个行业得到了广泛应用。

固态图像传感器是一种高度集成的光电传感器,在一个器件上可以完成光电信号转换以及信息存储、传输和处理。固态图像传感器的核心是电荷转移器件,常用的电荷转移器件是 CCD 电荷耦合器件。

9.3.2　CCD 图像传感器结构

CCD 图像传感器按结构分为线列阵器件和面列阵器件两大类,基本组成部分是光敏元件阵列和电荷转移器。

线列阵 CCD 图像传感器结构如图 9-9 所示。线列阵 CCD 是将光敏元件排列成直线的器件,由 MOS 的光敏元件阵列、转移栅、CCD 读出移位寄存器三部分组成。光敏单元、转移栅、CCD 移位寄存器是分三个区排列的,光敏单元与 CCD 移位寄存器一一对应,光敏单元通过转移栅与移位寄存器相连。图 9-9(a)所示为单排结构,用于低位数 CCD 传感器。图 9-9(b)所示为双排结构,分为 CCD 移位寄存器 1 和 CCD 移位寄存器 2。奇数位置上的光敏单元收到的光生电荷送到移位寄存器 1 串行输出;偶数位置上的光敏单元收到的光生电荷送到移

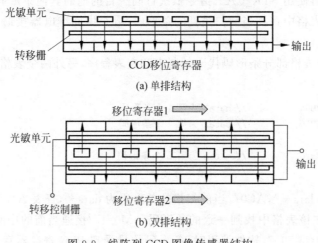

(a) 单排结构

(b) 双排结构

图 9-9　线阵列 CCD 图像传感器结构

位寄存器 2 串行输出,最后上、下输出的光生电荷合二为一,恢复光生电荷的原来顺序。显然,双排结构的图像分辨率是单排结构分辨率的 2 倍。

面列阵 CCD 图像传感器按 X、Y 两个方向,实现了二维图像。把光敏单元按二维矩阵排列,组成一个光敏元面阵。面列阵 CCD 按传输方式分为场传输面列阵 CCD 和行传输面列阵 CCD 两种。场传输面列阵 CCD 结构如图 9-10 所示,由光敏元件面阵、存储器面阵、读出寄存器三部分组成。

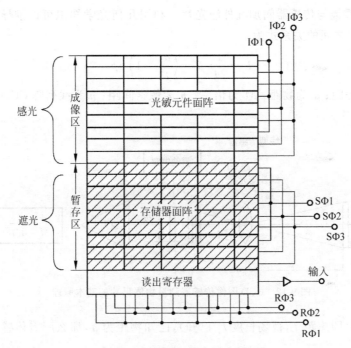

图 9-10　场传输面阵列 CCD 结构

行传输面列阵 CCD 结构如图 9-11 所示,由光敏元件、存储器、转移栅、读出移位寄存器四部分组成。一行光敏元件、一行不透光的存储器元件交替排列,一一对应,二者之间由转移栅控制,最下面是一个水平读出移位寄存器。当光敏元件进行曝光(或称光积分)后,产生

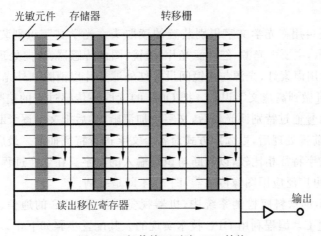

图 9-11　行传输面列阵 CCD 结构

光生电荷,在转移栅的控制下,光生电荷并行转移到存储器中暂存,然后光敏元件进入下一次光积分周期,同时存储器里的光生电荷信息移到读出移位寄存器中,在时钟作用下,从读出移位寄存器中顺序输出每列中各位的光信息。

9.3.3　CCD 图像传感器应用

用线列阵 CCD 图像传感器测量物体尺寸的基本原理如图 9-12 所示。当所用光源含红外光时,可以在透镜与传感器间加红外滤光片。利用几何光学知识可以推导出被测对象长度 L 与系统参数之间的关系式为

$$L = \frac{1}{M} n p = \left(\frac{a}{f} - 1 \right) n p \tag{9-1}$$

式中,f 为透镜焦距;a 为物距;M 为倍率;p 为像素间距;n 为线列阵 CCD 图像传感器的像素数。

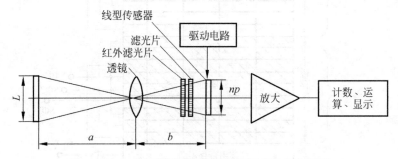

图 9-12　CCD 图像传感器测量物体尺寸的基本原理

若选定透镜(即焦距 f,视场长度 l_1 已知),已知物距为 a,那么所需传感器的长度可由下式求出:

$$l_2 = \frac{f}{a - f} \times l_1 \tag{9-2}$$

从式(9-2)可以看出,测量精度取决于线列阵 CCD 传感器的像素数与透镜视场的比值。为提高测量精度应当选用像素多的传感器,并且尽量缩小视场,以便能够测到被测对象的长度范围大。

图像传感器还可用作光学文字识别装置的读取头。光学文字识别装置(OCR)的结构原理如图 9-13 所示,主要由光源、红外滤光片、透镜、图像传感器、后向处理电路等组成。其中,OCR 的光源可用卤素灯,光源与透镜间设置红外滤光片以消除红外光影响,每次扫描时间为 $300\mu s$,因此可做到高速文字识别。把 OCR 的读取头传感过来的信号放大后,经 A/D 变换后的二进制信号通过特别滤光片后,文字更加清晰,然后把文字逐个断切出来。以上处理称为前置处理,前置处理后,以固定方式对各个文字进行特征抽取。最后将抽取所得特征与预先置入的诸文字特征相比较,以判断与识别输入的文字。在生产过程中对产品外观、质量、标签等的检测也广泛应用图像传感器,图 9-14 即是一例。

在图 9-14 所示的饮料瓶检测系统中,机器视觉单元和 PLC 的通信、上位机和下位机 PLC 的通信是通过 C♯ 编程利用 OPC 技术实现的。其配置步骤如下:

(1) 配置 PC 站的硬件机架。

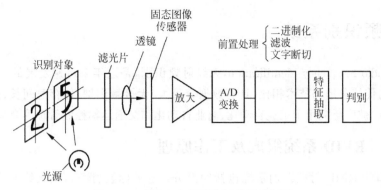

图 9-13　光学文字识别装置的原理框图

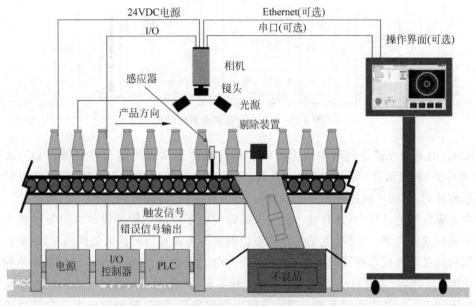

图 9-14　利用图像传感器检测产品质量过程示意图

（2）配置控制台（Control Console）的使用与设置。配置控制台是组态设置和诊断的核心工具，用于 PC 硬件组件和 PC 应用程序的组态和诊断。

（3）在 STEP7 中组态 PC Station。

（4）组态下载。下载完成后，可以打开 Station Configuration Editor 窗口检查组件状态。如果为正确状态显示画面，则下载成功。OPC Server 插槽 Conn 一栏一定要有连接图标，此项说明连接激活。

（5）数据通信的测试——OPC Scout，OPC Scout 工具随 SimaticNet 软件一起提供，当完成 PC Station 组态下载后，可用此工具进行 OPC Server 和 PLC 的数据通信测试。如果 OPC 项的质量是好的，那么通信连接能够被建立，能够读/写 OPC 项的值。完成 OPC 通信的连接后，使用 C♯语言编写 OPC 客户端。

完成以上步骤即实现了上位机对下位机的通信。

9.4 射频识别系统

RFID(Radio Frequency Identification,无线射频识别)是近年来迅速发展的一种快速自动识别技术。与传统条形码技术相比,具有数据容量大、无接触识别、保存时间长、耐污、适应恶劣环境等特点,被广泛应用于工业自动化、商业自动化和交通运输控制管理等众多领域。

9.4.1 RFID 系统组成及工作原理

一个典型的 RFID 射频识别系统包括四部分:电子标签、读写器、天线和主机(PLC 或 PC),系统结构如图 9-15 所示。

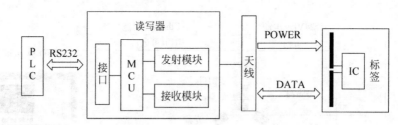

图 9-15 RFID 射频识别系统结构

RFID 的基本原理是利用空间电磁波的耦合或传播实现可编程控制器(PLC)或微机(PC)与标签(对象信息)间的非接触式传递,以达到自动识别被标识对象、获取标识对象相关信息的目的,从而实现过程控制或者数据显示、存储及管理。

在实际应用的过程中,具有唯一的电子编码的电子标签一般是设计为附着在被识别的物体的表面或者内部,当带有电子标签的需识别物体在读写器可读取范围内时,电子标签内部的识别信息便被读写器读取出来,从而实现自动识别物品、分类以及自动收集物品标志信息等功能;反之,当需要将一组信息写入电子标签时,可使用读写器的写入功能将信息通过天线传送到电子标签内存储起来。当标签随识别对象移动时,标识就成为一个移动的数据载体。以 RFID 在计算机组装线上的应用为例,标识中可以记录机箱的类型(立式还是卧式)、所需配件及型号(主板、硬盘、CD-ROM 等)、需要完成的工序等。天线的作用是通过无线电磁波在标签和读写器之间传递信号,从标签中读数据或写数据到标签中,完成对标签数据的读写操作。读写器是读取标签信息或向标签写入信息的设备,用于控制天线与 PLC 或 PC 间的数据通信,分为移动式和固定式,有的控制器还带有数字量输入/输出,可以直接用于控制。最基本的 RFID 系统的工作原理如图 9-16 所示。

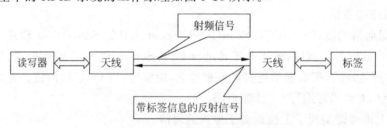

图 9-16 RFID 系统的工作原理

　　RFID 技术有着传统条形码无法比拟的优势：识别距离远、速度快、精度高、耐用性强，能够简化工作流程，有效改善工作效率，它的出现必将为供应链领域带来一场巨大的变革。

9.4.2　RFID 典型应用实例

　　在大型生产线上，为了实现流水线自动化，PLC 与 RFID 技术的结合应用不断增加。PLC 作为一种高可靠性的控制装置，与 RFID 进行数据通信，不但可以实现对每一个生产过程的控制与管理，而且可以提高自动化生产流水线的生产效率。RFID 技术在物料与产品跟踪上的作用，将对汽车供应链产生积极的影响，通过部署 RFID 系统，可实现供应链过程的可视化管理和制造过程的分布式控制。本应用系统选用欧姆龙 C200HE—CPU42 型 PLC，使用通信协议宏与欧姆龙的 V600 系列 RFID 控制器进行通信。

　　欧姆龙 PLC 与 V600 系列 RFID 之间有 1∶1 和 1∶n 两种链接模式。图 9-17 为 PLC 与 RFID 的 1∶n 模式，主机 C200HE—CPU42 作为上位机，使用 C200HW—COM06—EV1 型通信板，通信板上带有 RS232C 与 RS422/485 串行通信口各一个，都支持通信协议宏功能。2 台 V600 系列 RFID（由 V600—CA5D02 ID 控制器、V600—H07 天线及 V600—D23P66N 无源标签三部分组成）作为下位机，V600—CA5D02 ID 控制器的机体上也分别带有一个 RS232C 与 RS422/485 串行通信口，都支持与计算机、PLC 等主机设备之间的通信。1 台 PLC（上位机）只能连接 32 台 RFID（下位机），系统中 PLC 与 RFID 之间通过 RS422 总线连接。通信过程中，上位机首先发出指令并启动通信，下位机收到指令并执行，然后将执行结果返回到上位机，下位机之间不能进行通信。欧姆龙 PLC 的 RS232 串口与 V600 系列 RFID 读写器的 COM1 接线对应关系如表 9-2 所示。

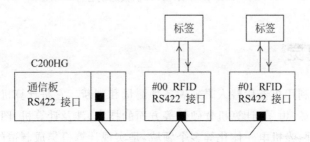

图 9-17　PLC 与 RFID 的 1∶n 链接模式结构

表 9-2　欧姆龙 PLC 的 RS232 串口与 V600 系列 RFID 读写器的 COM1 接线对应关系

PLC RS232	V600
TXD2	J RXD
RXD3	N TXD
GND5	K GND

　　通过 PLC 控制 RFID 读写器读写标签数据的实现流程如图 9-18 所示。

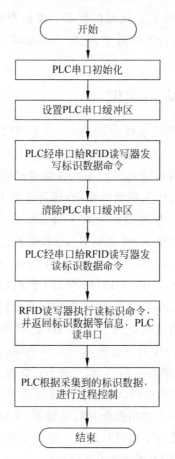

图 9-18　PLC 读写 RFID 标识数据的程序结构框图

9.5　机器视觉

机器视觉就是利用机器代替人眼来做各种测量和判断。它是计算机学科的一个重要分支,综合了光学、机械、电子、计算机软硬件等方面的技术,涉及计算机、图像处理、模式识别、人工智能、信号处理、光机电一体化等多个领域,是实现计算机集成制造的基础技术。

9.5.1　机器视觉系统的组成及工作原理

机器视觉顾名思义就是使机器具有像人一样的视觉功能,从而实现各种检测、判断、识别、测量等功能。机器视觉系统是指图像采集硬件(相机、镜头、光源等)将被检测目标转换成图像信号,并传送给专用的图像处理系统,根据像素分布和亮度、颜色等信息,转变成数字化信号;图像系统对这些信号进行各种运算来抽取目标的特征,如面积、数量、位置、长度,再根据预设的允许度和其他条件输出结果,包括尺寸、角度、个数、合格(或不合格)、有(或无)等,实现自动识别功能,进而根据判别的结果来控制现场。一个典型的机器视觉系统包括光源、镜头、相机(CCD 相机和 CMOS 相机)、图像处理器(或图像捕获卡)、图像处理软件、显示器、通信的输入/输出单元等。

在机器视觉系统中,获得一张高质量的可处理的图像至关重要。系统之所以成功,首先要保证图像质量好,特征明显。要保证好的图像,必须要选择一个合适的光源。好的光源需要能够使用户需要寻找的特征非常明显,除了使摄像头能够拍摄到部件外,好的光源应该能够产生最大的对比度、亮度足够且对部件的位置变化不敏感。具体的光源选取方法还在于试验的实践经验。由于没有通用的机器视觉照明设备,所以针对每个特定的应用实例,要选择相应的照明装置,以达到最佳效果。

机器视觉系统具有高效率、高柔性、高度自动化等特点。在大批量工业生产过程中,如果用人工视觉检查产品质量,往往效率低且精度不高,用机器视觉检测可以大幅度提高检测效率和生产的自动化程度;同时,在一些不适合人工作业的危险工作环境或人工视觉难以满足要求的场合中,也常用机器视觉来替代人工视觉,如核电站监控、晶元缺陷检测;而且,机器视觉易于实现信息集成,是实现计算机集成制造的基础技术之一。正是由于机器视觉系统可以快速获取大量信息,而且易于自动处理及信息集成,因此,在现代自动化生产过程中,人们将机器视觉系统广泛地用于装配定位、产品质量检测、产品识别、产品尺寸测量等方面。

9.5.2 机器视觉系统典型应用案例

在某汽车发动机生产厂的装配车间中,为了确保产品质量,决定采用西门子通用视觉系统 VS722 这种较为经济的解决方案来实现发动机缸体号码打刻质量的自动检测和发动机装配完成后的外观检查。SIMATIC VS 722 视觉系统主要用于生产过程中的质量检测和质量控制。它通过编程完成图像采集、图像处理、负载驱动以及联网通信(通过 PROFIBUS 或工业以太网)等功能,非常适宜在一个测试循环中完成许多的测试任务。新型 VS722 生产线专门用于处理更为复杂的任务,比如图像捕捉、图像加工、最终结果的生成以及通信都是结合在一个紧凑的过程中的,是在一个检测周期进行几种检测任务的理想方案。

1. 缸体打刻号码检查工位

缸体打刻号码检查工位位于缸体标签打刻工位的后面,主要功能是通过 VS722 拍照检查缸体标签打刻的质量和号码正确与否。图 9-19 显示的是发动机缸体及打刻号码。缸体共有两大系列:FR(打刻面在左边)和 FF(打刻面在右边)系列,共有 97 种不同的型号,在本工位需要系统自动读取被检测缸体的型号,以便进行比较。

图 9-19 发动机缸体及打刻号码

2. 总成后的发动机外观检查工位

发动机外观检查工位位于外装线的线尾端,在发动机装配完成之后,利用 5 个 VS722 传感器分别从顶部和左右两侧拍照检查,在左右两侧各装 2 个传感器,工件进入工位之后通过定位抬起首先进行信号识别,然后开始拍照,旋转 90°再次拍照。这样保证将发动机的前后左右 4 个方向都能检查到。发动机外观检测工位图如图 9-20 所示。

总共有 97 种型号的发动机,每种发动机的检查项目大致有:放水塞是否漏装,发动机吊钩是否漏装,机油尺是否漏装,通气软管是否漏装,出水接头是否误装,隔热罩螺栓是否漏装,机油冷却软管是否漏装,氧传感器是否误装(线束黑色或灰色)等。

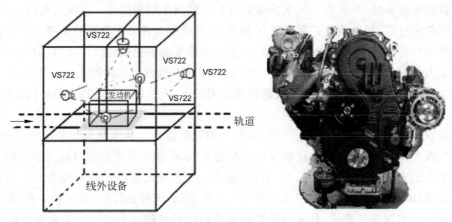

图 9-20　发动机外观检查工位图

3. 系统工作原理

1) VS722 与 PLC 之间的数据通信

视觉传感器 VS722 与 PLC 之间的数据传递可以通过三种方式,VS722 提供的通信方式非常灵活方便,在实际应用中要根据数据通信量、实时反馈速度要求、项目成本等实际情况来选用合适的通信方式。本应用中 VS722 和 PLC 之间的通信是通过 PROFIBUS 或以太网实现 VS722 与 PLC 之间简单通信,这种通信方式使用标准通信功能块 FC72,通过 VS LINK 用 PROFIBUS 总线方式能实现 28KB 的通信,通过以太网可以实现 60KB 的通信。

2) 缸体打刻号码的识别

如图 9-21 所示,缸体打刻检查控制系统由主控 PLC、VS722、ELS、TP170B 以及 RFID 读写识别系统构成。VS722 与 PLC 的信息传递通过以太网实现。

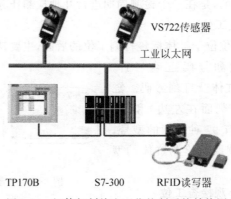

图 9-21　缸体打刻检查工位控制系统结构图

进入工位的缸体携带 M/P 存储卡,卡中存有缸体号码信息,PLC 通过串口利用 RFID 读写器从存储卡中读取号码信息,并在触摸屏 TP170B 上显示出来。PLC 通过读取的号码信息判断是需要启动左边或者右边的传感器进行拍照,图 9-22 显示了拍照的实物图像,VS722 完成拍照后马上进行字符识别。

为实现号码的识别,需要在 SPECTATION 软件中进行编程,创建一个 PRODUCT 下载至 VS722 中,在 PRODUCT 里定义了 16 个 OCR 软传感器。

图 9-22　VS722 实时反馈的图像

3）发动机零部件错装漏装的实现

发动机外观检查工位由主控 PLC(CPU313-PtP)、VS722、ELS 以及用户指定的 OMRON 的 RFID 读写系统构成，如图 9-23 所示。VS722 与 PLC 的信息传递通过以太网实现。监控计算机的上位软件采用 WinCC。

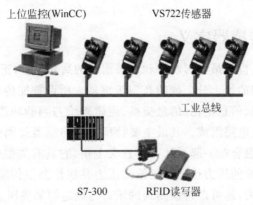

图 9-23　发动机外观检查工位控制系统结构图

发动机工件进入工位，定位抬起上升到位后开始拍照，每个传感器对比检查不同的部件，如果发现有工件与标准图像不同将发出报警，同时 WinCC 画面上将不合格项对应的图片自动弹出。由于已将 VS722 拍摄的图像显示画面集成在 WinCC 软件中，如果出现不合格项将自动捕捉实时画面，由操作人员根据画面或实物进行最终检查确认。

对于发动机零部件错装漏装的检查，SPECTATION 提供了下列软传感器：特征值 (Feature Count)、边沿计数(Edge Count)、目标发现(Object Find)、模板匹配(Template Match)、计算工具(Math Tools)。针对不同的检查部位，根据不同的图像特征选择合适的软传感器进行检测。图 9-24 显示的是用特征值计数传感器检测氧传感器线束颜色的像素示意图。

在该项目的实施过程中，如果要让机器视觉系统发挥最佳效果，有三个基本要素缺一不可：选择合适的光源，设计理想的机械结构，对视觉传感器正确合理的编程。采用了西门子机器视觉系统 VS722 后取消了相关的人工岗位，大大提高了工作效率，并保证了产品的质量，取得了良好的经济和社会效益。

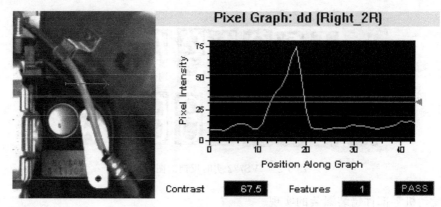

图 9-24　检测线束颜色的像素示意图

9.6　智能传感器

9.6.1　智能传感器定义

智能传感器作为 21 世纪最具影响力和发展前景的高新技术,正引起国内外电子信息界的高度重视,是一种发展前景十分广阔的新型传感器。所谓智能传感器指带有微处理器的兼有信息检测、信息处理、信息记忆、信息交换、逻辑思维与判断功能的传感器,主要由基本传感器、微处理器和相关电路组成。其最主要特征是将传感器检测信息的功能与微处理器的信息处理功能有机地融合在一起。从一定意义上讲,它具有类似于人工智能的作用。例如,对于压力传感器,传统的压力传感器只检测压力并将检测值传输给执行机构,而智能压力传感器不仅能检测压力,还可以将检测到的压力与设定的某些压力值相比较,从而做出相应的反应以促使执行机构执行相应的任务,智能程度大大提高。

9.6.2　智能传感器特点

智能传感器的主要特点有:

(1) 具有自校零、自标定、自校正功能;

(2) 具有自动补偿功能;

(3) 能够自动采集数据,并对数据进行预处理;

(4) 能够自动进行检验、自选量程、自寻故障;

(5) 具有数据存储、记忆与信息处理功能;

(6) 具有双向通信、标准化数字输出或者符号输出功能;

(7) 具有判断、决策处理功能。

智能传感器可以在汽车、船舶、制造系统中用于流量、压力、加速度、振动冲击和温度湿度的测量。相比传统传感器,通过计算机软件技术,智能传感器可实现信息采集的高精度、高稳定性及可靠性、高分辨率以及较好的适应性和非常高的性价比,并且通过系统和网络处理器可以使传感器之间、传感器与执行器之间、传感器与系统之间进行良好的数据交换和共享,从而实现多传感器的信息融合。

9.6.3　智能传感器典型应用

在汽车轮胎压力监测这种分布式系统中,应用智能传感器示意图如图 9-25 所示。基于 PLC 构建的汽车运行信息智能传感器测试系统,如图 9-26 所示。它具有驾驶员驾驶资质确认单元、驾驶员超速驾驶检测单元、驾驶员疲劳驾驶检测单元、车辆承重检测单元等单元。

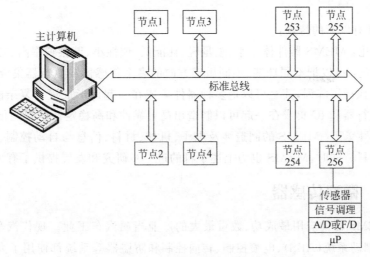

图 9-25　分布式系统中的智能传感器示意图

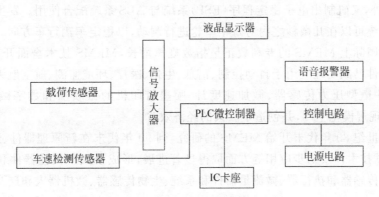

图 9-26　智能传感器测试系统结构图

9.7　微机电系统与微型传感器

9.7.1　微机电系统

微机电系统(Micro-Electro-Mechanical Systems,MEMS),专指外形轮廓尺寸在毫米级以下,构成它的机械零件和半导体元器件尺寸在微米至纳米级,可对声、光、热、磁、压力、运动等自然信息进行感知、识别、控制和处理的微型机电装置。它融合了硅微加工、光刻铸造成型(LIGA)和精密机械加工等多种微加工技术制作的微传感器(Microsensors)、微执行器(Microactuators)和微系统(Microsystems)。通过将微型的电机、电路、传感器、执行器等装置和器件集成在半导体芯片上形成的微型机电系统,不仅能搜集、处理和发送信息或指令,还能按照所获取的信息自主地或根据外部指令采取行动。它是在微电子技术基础上发展起来的,但又区别于微电子技术(IC)。在 IC 中,有一个基本单元,即晶体管。利用这个基本单元的组合并通过合适的连接,就可以形成功能齐全的 IC 产品;在 MEMS 中,不存在通用的 MEMS 单元,而且 MEMS 器件不仅工作在电能范畴,还工作在机械能范畴或其他能量范畴,如磁、热等。

MEMS 具有以下的特点:

(1) 微型化:MEMS 器件体积小、重量轻、耗能低、惯性小、谐振频率高、响应时间短。

(2) 集成化:可以把不同功能、不同敏感方向的多个传感器或执行器集成于一体,形成微传感器或微执行器阵列,甚至可以把多种器件集成在一起以形成更为复杂的微系统。微传感器或微执行器和 IC 集成在一起可以制造出高可靠性和高稳定性的智能化 MEMS。

(3) 多学科交叉:MEMS 的制造涉及电子、机械、材料、信息与自动控制、物理、化学和生物等多种学科。同时,MEMS 也为上述学科的进一步研究和发展提供了有力的工具。

9.7.2　微型传感器

目前,MEMS 器件应用最成功、数量最大的产业当属汽车工业。现代汽车采用的安全气囊、防抱死制动系统(ABS)、电喷控制、转向控制和防盗器等系统都使用了大量的 MEMS 器件。为了防止汽车紧急刹车时发生方向失控和翻车事故,目前各汽车制造公司除了装备 ABS 系统之外,又研制出电子稳定程序(ESP)系统与 ABS 系统配合使用。发生紧急刹车情况时,这一系统可以在几微秒之内对每个车轮进行制动,以稳定车辆行车方向。

近年来,国际上 MEMS 的专利数正呈指数规律增长,MEMS 技术全面开花,各式各样的 MEMS 器件已成功地应用于自动控制、信息、生化、医疗、环境监测、航空航天和国防军事等领域。其中微型压力传感器、微加速度计、喷墨打印机的微喷嘴和数字微镜显示器件(DMD)已实现规模化生产,并创造了巨大的经济效益。

我国 20 世纪 80 年代末开始 MEMS 的研究,到 90 年代末在新原理器件、通用微器件、新工艺和测试技术以及初步应用等方面取得显著进展,形成了微型惯性器件和微型惯性测量组合、微型传感器和执行器、微流量器件和系统、生物传感器、微机器人和硅及非硅加工工艺几个研究方向。

9.7.3　微型压力传感器

对于压力传感器,常借助弹性元件将被测力转换成机械变形,再输入给传感器元件得到输出电信号。硅微型压力传感器中的弹性元件都是膜片,硅膜片具有小尺寸、高弹性模量和低密度的特点,从而具有高的固有频率。弹性膜片一般都覆盖在一个空腔结构上,腔体中的参考压力作用在膜片内表面上,被测压力施加在膜片外表面上。在压差作用下,膜片发生变形。根据工作原理,硅微型压力传感器可分为压阻式、电容式、谐振式等。

1. 压阻式微型压力传感器

压阻式压力传感器的工作原理是基于压阻效应,其结构如图 9-27 所示。用扩散法将压敏电阻制作到弹性膜片里,也可以沉积在膜片表面上。这些电阻通常接成电桥电路以便获得最大输出信号及进行温度补偿等。此类压力传感器的优点是制造工艺简单、线性度高、可直接输出电压信号。存在的主要问题是对温度敏感,灵敏度较低,不适合超低压差的精确测量。

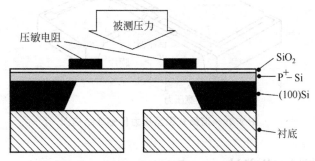

图 9-27　压阻式微型压力传感器结构图

2. 电容式微型压力传感器

电容式微型压力传感器通常是将活动电极固连在膜片表面上,膜片受压变形导致极板间距变化,形成电容变化值。这类传感器曾被用于紧急输血时的血压计,或用作眼内压力监测器,以检测青光眼等眼球内压反常升高的疾病等。

图 9-28 所示为通过体加工工艺得到的电容式微型压力传感器。由各向异性刻蚀单晶硅制作出敏感膜片,通过膜片周围的固定部分与两玻璃片键合在一起。为减小应力,硅材料与键合玻璃片的热膨胀系数要近似匹配。弹性膜片固连的活动电极和玻璃片上的固定极板构成电容器,同时膜片周围的固定部分与玻璃片之间还形成不受压力变形影响的参考电容。测量电路制作在同一硅片上,从而形成机电单片集成的微型传感器。该传感器芯片的平面尺寸约为 8mm×6mm。

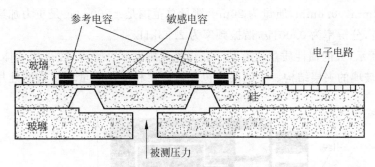

图 9-28　电容式微型压力传感器结构图

3. 谐振式微型压力传感器

图 9-29 所示为一种商业化的谐振式压力传感器。由两平行梁构成的 H 形谐振器集成在压力敏感膜片上,其中一根梁通激励电流,在磁场中受洛伦兹力影响而发生振动。另一根梁也处于磁场中,可以利用感应电压对振动进行检测,从而确定膜片的应力状态,进一步得到被测压力值。该谐振器工作在局部真空状态,减少了空气阻尼影响,可以获得高的 Q 值。

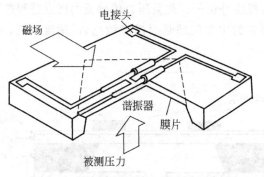

图 9-29　谐振式微型压力传感器结构图

9.7.4　微型加速度计

微型加速度计和微机械陀螺都属于惯性传感器,均已大量产品化。在汽车上,微型加速度传感器用来启动包括气囊在内的安全系统或用于自动刹车等,以提高汽车的安全稳定性和切断电路。此外,微型加速度计还用于一些可发挥其低成本和小尺寸特点的场合,例如生物医学领域的活动监控、便携式摄像机的图像稳定性控制等。

微型加速度计通常由弹性元件(如弹性梁)将惯性质量块悬接在参考支架上。加速度引起参考支架与惯性质量块间发生相对位移,通过压敏电阻或可变电容器进行应变或位移测量,从而得到加速度值。

1. 压阻式微型加速度计

最早的微型加速度计是美国斯坦福大学在 20 世纪 70 年代制造的压阻式微型加速度计,被用于生物医学移植和测量心壁加速度等。该传感器的中间硅片厚 $200\mu m$,芯片总体积为 $2mm \times 3mm \times 0.6mm$,质量为 $20mg$,测量总范围是 $\pm 200g$(g 是重力加速度),最大过载量是 $\pm 600g$,分辨率为 $0.001g$,谐振频率为 $2.33kHz$。

图 9-30 所示,大的惯性质量块有利于获得高灵敏度和低噪声,故采用了体加工技术,并形成玻璃-硅-玻璃的夹层结构。中间层为包含悬臂梁和惯性质量块结构的硅片。两个经各

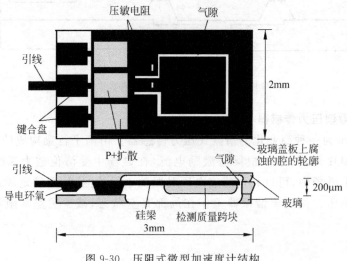

图 9-30　压阻式微型加速度计结构

向同性腐蚀的玻璃片键合在硅片外面,构成使硅敏感结构有活动余量的封闭腔,并可限制冲击和适当减振。中间硅片由双面腐蚀制作而成,惯性质量块通过悬臂梁支撑并连接在外围结构(参考支架)上,扩散形成的压敏电阻集成在悬臂梁上。

2. 电容式微型加速度计

图 9-31 所示为平板电容式微型加速度计结构原理。悬臂梁支撑下的惯性质量块上固连可动电极,两玻璃盖板的内表面上都制作固定极板,三者组合形成可检测活动极板相对位置运动的差动电容。中间硅摆片尺寸为 3.2mm×5mm,由双面体硅蚀刻加工而成。

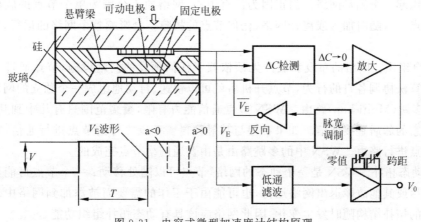

图 9-31　电容式微型加速度计结构原理

9.8　无线传感器网络

无线传感网(WSN)在国际上被认为是继互联网之后的第二大网络,它是当前信息领域中研究的热点之一,可用于特殊环境实现信号的采集、处理和发送。无线传感器网络是一种全新的信息获取和处理技术,实现了数据的采集、处理和传输三种功能。它与通信技术和计算机技术共同构成信息技术的三大支柱,在现实生活中得到了越来越广泛的应用。

9.8.1　无线传感器网络概述

1. 定义

WSN 是 Wireless Sensor Network 的简称,即无线传感器网络。无线传感器网络就是由部署在监测区域内大量的廉价微型传感器节点以自组织和多跳的方式构成的,通过无线通信方式形成的一个多跳的自组织的网络系统,其目的是协作地感知、采集和处理网络覆盖区域中被感知对象的信息,并发送给观察者。传感器、感知对象和观察者构成了无线传感器网络的三个要素。传感器节点的这些特性和无线连接方式使得无线传感器网络的应用前景非常广阔,能够广泛应用于环境监测和预报、健康护理、智能家居、建筑物状态监控、复杂机械监控、城市交通、空间探索、大型车间和仓库管理,以及机场、大型工业园区的安全监测等领域。

2. 特点

(1) 硬件资源有限。WSN 节点采用嵌入式处理器和存储器,计算能力和存储能力十分有限。所以,需要解决如何在有限计算能力的条件下进行协作分布式信息处理的难题。

(2) 电源容量有限。为了测量真实世界的具体值,各个节点会密集地分布于待测区域内,人工补充能量的方法已经不再适用。每个节点都要储备可供长期使用的能量,或者自己从外汲取能量(太阳能)。当自身携带的电池的能量耗尽,往往被废弃,甚至造成网络的中断。所以,任何 WSN 技术和协议的研究都要以节能为前提。

(3) 无中心。在无线传感器网络中,所有节点的地位都是平等的,没有预先指定的中心,是一个对等式网络。各节点通过分布式算法来相互协调,在无人值守的情况下,节点就能自动组织起一个测量网络。而正因为没有中心,网络便不会因为单个节点的脱离而受到损害。节点可以随时加入或离开网络,任何节点的故障不会影响整个网络的运行,具有很强的抗毁性。

(4) 自组织。网络的布设和展开无须依赖于任何预设的网络设施,节点通过分层协议和分布式算法协调各自的行为,节点开机后就可以快速、自动地组成一个独立的网络。

(5) 多跳(Multi-hop)路由。WSN 节点通信能力有限,覆盖范围只有几十到几百米,节点只能与它的邻居直接通信。如果希望与其射频覆盖范围之外的节点进行通信,则需要通过中间节点进行路由。WSN 中的多跳路由是由普通网络节点完成的。

(6) 动态拓扑。WSN 是一个动态的网络,节点可以随处移动;一个节点可能会因为电池能量耗尽或其他故障退出网络运行,也可能由于工作的需要而被添加到网络中。这些都会使网络的拓扑结构随时发生变化,因此网络应该具有动态拓扑组织功能。

(7) 节点数量众多,分布密集。WSN 节点数量大、分布范围广,难于维护甚至不可维护。所以,需要解决如何提高传感器网络的软、硬件健壮性和容错性。

(8) 传输能力的有限性。无线传感器网络通过无线电波进行数据传输,虽然省去了布线的烦恼,但是相对于有线网络,低带宽则成为它的天生缺陷。同时,信号之间还存在相互干扰,信号自身也在不断地衰减。不过因为单个节点传输的数据量并不算大,这个缺点还是能忍受的。

(9) 安全性的问题。由于无线信道、有限的能量,分布式控制都使得无线传感器网络更容易受到攻击。被动窃听、主动入侵、拒绝服务则是这些攻击的常见方式。因此,安全性在网络的设计中至关重要。

9.8.2 无线传感器网络结构

1. 体系结构

传感器网络系统通常包括传感器节点、汇聚节点和管理节点。大量传感器节点随机部署在监测区域内部或附近,能够通过自组织方式构成网络。传感器节点监测的数据沿着其他传感器节点逐级地进行传输,在传输过程中监测数据可能被多个节点处理,经过多跳后路由到汇聚节点,最后通过互联网或卫星到达管理节点。用户通过管理节点对传感器网络进行配置和管理,发布监测任务以及收集监测数据。传感器网络系统结构如图 9-32 所示。

2. 节点结构

无线网络传感器一般集成一个低功耗的微控制器(MCU)以及若干存储器、无线电/光通信装置、传感器等组件,通过传感器、动臂机构以及通信装置和它们所处的外界物理环境进行交互。

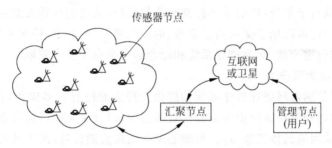

图 9-32　WSN 典型结构示意图

　　一般来说,单个传感器的功能是非常有限的,但是当它们被大量地分布到物理环境中,并组织成一个传感器网络,再配置以性能良好的系统软件平台,就可以完成强大的实时跟踪、环境监测、状态监测等功能。传感器网络通常包括传感器节点、汇聚节点和管理节点。传感器节点任意地分布在某一监测区域内,节点以自组织的形式构成网络,通过多跳中继方式将监测数据传送到汇聚节点,最后通过 Internet 或其他网络通信方式将监测信息传送到管理节点。同样,用户可以通过管理节点进行命令的发布,告知传感器节点收集监测信息。传感器节点是一个具有信息收集和处理能力的微系统,集成了传感器模块、信息处理模块、无线通信模块和能量供应模块。传感器模块负责监测区域内信息的采集和转换,信息处理模块负责管理整个传感器节点、存储和处理自身采集的数据或者其他节点发送来的数据,无线通信模块负责与其他传感器节点进行通信,能量供应模块负责对整个传感器网络的运行进行能量的供应。由于绝大部分的能量消耗集中在无线通信模块上,约占整个传感器节点能量消耗的 80%。因此,目前提出的传感器节点通信路由协议主要是围绕着减少能量消耗、延长网络生命周期而进行设计的。

　　在无线传感器网络中,路由协议不仅关心单个节点的能量消耗,更关心整个网能量的均衡消耗,这样才能延长整个网络的生存期。同时,无线传感器网络是以数据为中心的,这在路由协议中表现得最为突出,每个节点没有必要采用全网统一的编址,选择路径可以不用根据节点的编址,更多地是根据感兴趣的数据建立数据源到汇聚节点之间的转发路径。

9.8.3　无线传感器网络应用案例

1. 在智能交通中保障安全畅通

　　智能交通系统(ITS)是在传统交通体系的基础上发展起来的新型交通系统,它将信息、通信、控制和计算机技术以及其他现代通信技术综合应用于交通领域,并将“人—车—路—环境”有机地结合在一起。在现有的交通设施中增加一种无线传感器网络技术,将能够从根本上缓解困扰现代交通的安全、通畅、节能和环保等问题,同时还可以提高交通工作效率。因此,将无线传感器网络技术应用于智能交通系统已经成为近年来的研究热点。

　　智能交通系统主要包括交通信息的采集、交通信息的传输、交通控制和诱导等几个方面。无线传感器网络可以为智能交通系统的信息采集和传输提供一种有效手段,用来监测路面与路口各个方向的车流量、车速等信息。它主要由信息采集输入、策略控制、输出执行、各子系统间的数据传输与通信等子系统组成。信息采集子系统主要通过传感器采集车辆和路面信息,然后由策略控制子系统根据设定的目标,并运用计算方法计算出最佳方案,同时输出控制信号给执行子系统,以引导和控制车辆的通行,从而达到预设的目标。无线传感器网络在智能交通中还可以用于交通信息发布、电子收费、车速测定、停车管理、综合信息服务平台、智能公交与轨道交通、交通诱导系统和综合信息平台等技术领域。

2. 在医疗系统大有作为

近年来,无线传感器网络在医疗系统和健康护理方面已有很多应用,例如,监测人体的各种生理数据,跟踪和监控医院中医生和患者的行动,以及医院的药物管理等。如果在住院病人身上安装特殊用途的传感器节点,例如心率和血压监测设备,医生就可以随时了解被监护病人的病情,在发现异常情况时能够迅速抢救。

罗切斯特大学的一项研究表明,这些计算机甚至可以用于医疗研究。科学家使用无线传感器创建了一个"智能医疗之家",即一个5间房的公寓住宅,在这里利用人类研究项目来测试概念和原型产品。"智能医疗之家"使用微尘来测量居住者的重要体征(血压、脉搏和呼吸)、睡觉姿势以及每天24小时的活动状况。所搜集的数据将被用于开展以后的医疗研究。通过在鞋、家具和家用电器等设备中嵌入网络传感器,可以帮助老年人、重病患者以及残疾人的家庭生活。利用传感器网络可高效传递必要的信息从而方便接受护理,而且可以减轻护理人员的负担,提高护理质量。利用传感器网络长时间收集人的生理数据,可以加快研制新药品的过程,而安装在被监测对象身上的微型传感器也不会给人的正常生活带来太多的不便。此外,在药物管理等诸多方面,它也有新颖而独特的应用。

3. 促进信息家电设备更加智能

无线传感器网络的逐渐普及,促进了信息家电、网络技术的快速发展,家庭网络的主要设备已由单一机向多种家电设备扩展,基于无线传感器网络的智能家居网络控制节点为家庭内、外部网络的连接及内部网络之间智能家电和设备的连接提供了一个基础平台。

在家电中嵌入传感器节点,通过无线网络与互联网连接在一起,将为人们提供更加舒适、方便和更人性化的智能家居环境。利用远程监控系统可实现对家电的远程遥控,也可以通过图像传感设备随时监控家庭安全情况。利用传感器网络可以建立智能幼儿园,监测儿童的早期教育环境,以及跟踪儿童的活动轨迹。

无线传感器网络利用现有的互联网、移动通信网和电话网将室内环境参数、家电设备运行状态等信息告知住户,使住户能够及时了解家居内部情况,并对家电设备进行远程监控,实现家庭内部和外界的信息传递。无线传感器网络使住户不但可以在任何可以上网的地方,通过浏览器监控家中的水表、电表、煤气表、电热水器、空调、电饭煲等及安防系统、煤气泄漏报警系统、外人侵入预警系统等,而且可通过浏览器设置命令,对家电设备远程控制。

无线传感器网络由多个功能相同或不同的无线传感器节点组成,对一种设备进行监控,从而形成一个无线传感器网络,通过网关接入互联网系统,采用一种基于星型结构的混合星型无线传感器网络结构系统模型。传感器节点在网络中负责数据采集和数据中转节点的数据采集,模块采集户内的环境数据,如温度、湿度等,由通信路由协议直接或间接地将数据传输给远方的网关节点。

目前,国内外主要研究无线传感器网络节点的低功耗硬件平台设计和拓扑控制、网络协议、定位技术等。以检测光线强度的传感器为例,实现了一个无线传感器网络,根据传感器所检测的光线强弱来关闭或开启指示灯。在无线传感器网络中,普通节点将它采集的光强度数据发送给网络协调器,网络协调器将含有控制变量的数据帧发送给带有指示灯节点的同时,还可以通过串口将光强度数据传送给计算机。通过安装在计算机上的后台软件,可以看出光强度信号的变化。通过遮盖光强度传感器可以改变采集到的光强度数据,当光强度比较低时曲线下降,反之曲线上升。这种传感器网络综合了嵌入式技术、传感器技术、短程无线通信技术,有着广泛的应用。该系统不需要对现场结构进行改动,不需要原先任何固定网络的支持,能够快速布置、方便调整,并且具有很好的可维护性和拓展性。

4. 生态环境监测和预报更加及时和准确

我国是农业大国,农作物的优质高产对国家的经济发展意义重大。在环境监测和预报方面,无线传感器网络可用于监视农作物灌溉情况、土壤空气情况、家畜和家禽的环境和迁移状况、无线土壤生态学、大面积的地表监测等,可用于行星探测、气象和地理研究、洪水监测等。基于无线传感器网络,可以通过数种传感器来监测降雨量、河水水位和土壤水分,并依此预测山洪暴发、描述生态多样性,从而进行动物栖息地生态监测。还可以通过跟踪鸟类、小型动物和昆虫进行种群复杂度的研究等。

一个典型的系统通常由环境监测节点、基站、通信系统、互联网以及监控软硬件系统构成。如图 9-33 所示。根据需要,人们可以在待测区域安放不同功能的传感器并组成网络,长期大面积地监测微小的气候变化,包括温度、湿度、风力、大气、降雨量、光照强度、CO_2 浓度,收集有关土地的湿度、氮浓缩量和土壤 pH 值等,来获得农作物生长的最佳条件,为温室精准调控提供科学依据,从而进行科学预测,帮助农民抗灾、减灾,科学种植,获得较高的农作物产量。

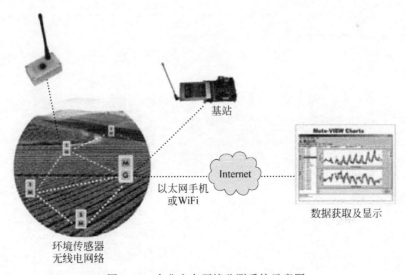

图 9-33 农业生态环境监测系统示意图

随着人们对环境的日益关注,环境科学所涉及的范围越来越广泛。通过传统方式采集原始数据是一件困难的工作。无线传感器网络为野外随机性的研究数据获取提供了方便,特别是如下几方面:将几百万个传感器散布于森林中,能够为森林火灾地点的判定提供最快的信息;传感器网络能提供遭受化学污染的位置及测定化学污染源,不需要人工冒险进入受污染区;判定降雨情况,为防洪抗旱提供准确信息;实时监测空气污染、水污染以及土壤污染;监测海洋、大气和土壤的成分。图 9-34 所示为温室环境监测示意图。

图 9-34　智能温室环境监测系统示意图

　　新型传感器是一种很有发展前途的传感器,克服了传统传感器精度差、可靠性不高、智能度不高、集成度低、功耗大等问题,可以满足现代工业、军事、医疗等各方面的需求。本章详细地介绍了光纤传感器、条形码、CCD图像传感器、RFID、智能传感器和微型传感器等新型传感器的结构、类型、工作原理、性能参数及典型应用案例。然而由于制造机理、价格因素、制造工艺等一系列条件的影响,新型传感器的开发还处于比较低级的水平,应用也不是很广泛,因此尚需要做很多的工作。但是可以肯定对新型传感器的需求会越来越大,要求越来越高,新型传感器会越来越多地造福人类社会。

第10章

传感器的综合应用

本章阐述传感器在综合应用中的选型原则,包括性能指标、工作环境和工作方式等,从不同角度说明在设计和选用传感器时需要综合考虑的因素,使读者初步了解传感器的选型思路和原则;接着介绍传感器在应用中遇到的常见问题,包括电磁兼容、阻抗匹配、长线传输以及传感器的标定与校准等知识,帮助读者对常见问题及其解决方法建立初步的概念;最后以传感器在机器人领域的应用为例,介绍了机器人的发展与传感器之间的密切关系、机器人传感器的分类,重点介绍传感器在焊接工业机器人中的应用案例,简要说明机器人传感器在工业自动化、服务行业和特殊环境等领域的最新研究成果与应用情况。

10.1 传感器的选型原则

现代传感器的材料、结构和原理种类繁多、琳琅满目,如何根据具体的检测任务、检测对象和检测环境合理地选用传感器,是设计传感器系统首先要解决的问题。选定传感器之后,与之配套的测量方案、电路就可以确定了。测量效果的优劣,很大程度上取决于传感器的选用是否合理。

10.1.1 测量对象及工作环境

在选用传感器类型时,首先应考虑其测量对象与工作环境,包括被测对象的特点,测量位置对传感器体积的要求,测量方式需要接触式还是非接触式,数据的传输应采用有线还是无线,以及传感器工作环境的特殊性等。

例如,在医学传感器的选型时,必须要考虑人体的解剖结构与生理信号的特征,如果需要植入体内,则传感器应具备体积小、能通过无线传输数据、安全可靠等特点,而且需要满足传感器材料的生物相容性,即植入体内材料与生物体相互作用问题,或两者间相适应的问

图 10-1   无线射频植入芯片

题。图 10-1 所示的皮下无线射频植入传感器芯片,可用于无触点支付系统和身份识别。而用于深海探测和油气开采的压力温度传感器,则需要考虑传感器的密封性以防止液体介质泄漏,传感器内部结构和特性需适应不同水深压力的影响,且具有安装方便、免维护、使用寿命长、耐海水与海洋生物腐蚀等特殊性能。

10.1.2   灵敏度

传感器的灵敏度越高,意味着传感器越易感知微弱信号或信号的微弱变化,而对应的输出信号也就越大,有利于检测信号的后续传输与处理。然而,传感器的灵敏度越高,越容易混入外界噪声,从而影响测量精度。如图 10-2 所示,分别用 $S(f)$ 和 $N(f)$ 表示有用信号和噪声信号,当传感器的灵敏度很高时,混入的噪声信号叠加在有用信号上,会改变传感器的输出信号。

因此,在传感器的设计和类型选用时,必须综合考虑灵敏度与噪声这对“欢喜冤家”的影响:

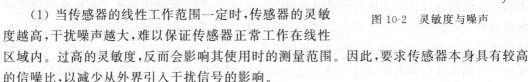

图 10-2   灵敏度与噪声

(1) 当传感器的线性工作范围一定时,传感器的灵敏度越高,干扰噪声越大,难以保证传感器正常工作在线性区域内。过高的灵敏度,反而会影响其使用时的测量范围。因此,要求传感器本身具有较高的信噪比,以减少从外界引入干扰信号的影响。

(2) 传感器的灵敏度具有方向性。如果被测量是一个向量,需要考虑传感器在其他方向上的相对灵敏度大小。当被测量是单向量,就要求传感器单向灵敏度越高越好,而其他方向的灵敏度越小越好;当被测量是二维或三维向量时,则还应要求传感器的交叉灵敏度越小越好。

10.1.3   频率响应特性

传感器的频率响应特性是指在所测频率范围内保持信号不失真的测量条件。传感器对变化信号响应越快,其可测的信号频率范围就越宽。然而在实际应用中,传感器的响应总会不可避免地存在一定的延迟,希望它的延迟时间越短越好。

一般的物性型传感器(如利用光电效应、压电效应等)的响应时间短、工作频率宽;而结构型传感器(如电感、电容和电磁等),由于受到系统本身的结构特性影响和机械系统惯性质量的限制,其固有频率低、工作频率范围窄。当传感器的固有谐振频率接近信号频率时,信号输出就将严重失真。因此,在测试中,传感器的动态频率响应对测试结果有直接的影响。在传感器的选型过程中,应充分考虑被测物理量的变化特征(如稳态、瞬态和随机特性等),以免产生过大的误差。如图 10-3 所示,磁电传感器利用导体和磁场发生相对运动而在导体两端输出感应电势,属于机电能量变换型传感器。因此,在设计该传感器时,需要选择合适的阻尼以获得较好的频率响应特性。

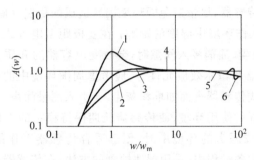

图 10-3 磁电速度传感器的频率响应特性曲线

1—欠阻尼；2—过阻尼；3—最佳阻尼；4—中频灵敏度；5—高频下降；6—二次谐振

10.1.4　线性范围

传感器的线性范围是指输出与输入成正比例关系的工作范围。从理论上讲,在传感器的线性工作范围内,传感器的灵敏度应保持恒定。线性范围越宽,则工作量程越大。为了保证测量的精确度,需使传感器工作在线性区域内。例如,机械式传感器中的测力弹性元件,其弹性材料的弹性变形极限是决定测力量程的基本因素,当被测力的大小超过元件的弹性范围时,将产生非线性误差,从而影响被测值的准确性。

然而,在许多实际应用中,要保证传感器工作在绝对线性区域内也是不现实的。通常的处理方法是在误差允许范围内,仅让其工作在近似线性区域,这样可在不影响测量需求的条件下,极大地简化传感器的物理设计。例如,在设计变极间间隙的电容式传感器和变空气隙长度的电感式传感器时,将其工作区域均选在初始间隙附近,以确保其工作在近似线性区域,尽量减少非线性误差。因此,这类传感器的量程比较小,仅适合检测微小位移量的变化。如图 10-4 所示,图(a)中仅有偶次非线性项,没有对称性,线性范围较窄;而图(b)中仅有奇次非线性项,曲线具有对称性,线性范围较宽,易补偿。

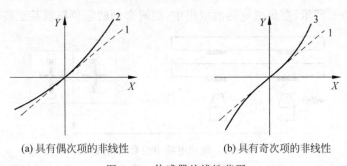

(a) 具有偶次项的非线性　　　　　　(b) 具有奇次项的非线性

图 10-4　传感器的线性范围

1—理想线性 $Y=a_1X$；2—偶次项 $Y=a_1X+a_2X^2+a_3X^4$；3—偶次项 $Y=a_1X+a_2X^3+a_3X^5$

10.1.5　稳定性

传感器的稳定性是指经过长期使用以后,其输出特性保持不变的能力。为了保证传感器能够长期稳定地工作,避免经常性的维护、校准与更换,在选择和使用传感器时,应注意以下两个问题:

(1) 根据环境选择传感器,尽量避免因环境因素造成的稳定性隐患。例如,选择电阻应变式传感器时,应考虑工作环境中湿度的影响;在变极距型电容式传感器和光电传感器工作过程中,当环境中的灰尘、油剂浸入间隙时,会改变电容器的介质系数和光电器件的感光性质;而对磁电式传感器和霍尔效应元件等,应考虑周围环境中的电磁场干扰所引起的测量误差;滑动线圈电阻式传感器表面如堆积灰尘,会引入测量噪声。

(2) 创造或保持良好的使用环境,使传感器长期保持稳定的工作状态。特别是当传感器需要工作于比较特殊或恶劣的环境中时,创造适合传感器工作的微环境尤为必要。如图 10-5 所示,在传感器制备过程中,采用湿法蚀刻的方法,在传感器的硅基底上为传感器敏感器件创造一个真空悬浮的微环境,以避免环境的干扰与内部噪声对其造成不良影响。

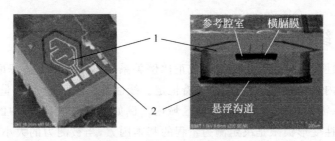

图 10-5　传感器的微环境
1—传感器敏感器件;2—真空悬浮微环境

10.1.6　精确性

传感器的测试精确性是表示传感器的输出与被测量之间的对应程度。传感器处于整个测试系统的输入端,传感器能否真实地反映被测量,将关系到整个测试系统的测量精度。一般情况下,传感器的精度越高越好。例如,对超精密数控机床的运动部件的监测,包括加工件的定位精度、主轴的回转运动误差、振动以及热变形等,往往要求测量精度在 0.1～0.001mm 范围内。如图 10-6 所示,在集成电路的应用中,层间套刻的定位精度甚至高达 0.1nm。

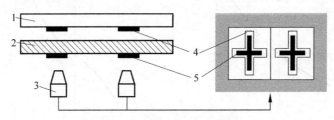

图 10-6　集成电路中的套刻精度
1—掩模板;2—硅片;3—图像传感器;4—对准标记之一;5—对准标记之二

然而,传感器的精度越高,其价格就越昂贵。因此,在实际应用中,传感器的选型需要同时兼顾测量目的和经济性,也就是说,传感器的精度只需满足测试系统的精度要求即可,不必选得过高。对于定性分析的实验研究,一般要求传感器的重复性较好,而对测试的绝对测量精度的要求并不是很高;如果是针对精确的定量分析,那么就必须获得精确的测量值,则需要选用精度等级更高的传感器以满足其测量要求。

10.1.7　测量方式

传感器在实际应用中的工作方式,也是选型时需要考虑的重要因素。传感器的工作方式包括接触与非接触测量、破坏与非破坏测量、在线与离线测量等。例如,在对机械系统的运动部件的参数监测中,往往需要采用非接触测量的方式,包括回转轴的误差、振动和扭矩等,采用电容式、涡流式或光电式等非接触式传感器比较方便。此外,在产品的无损检测和局部探伤的应用中,涡流、超声波、核辐射以及声发射检测方式被广泛采用,提升了效率,减少了损耗,应用前景广阔,经济效益可观。如图 10-7 所示,采用涡流式传感器对金属工件内部的裂纹进行无损检测。

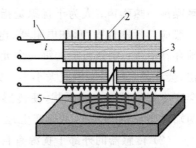

图 10-7　涡流无损检测

1—交变电流;2—交变磁通 H_p;3—激励线圈;4—检测线圈;5—涡流磁场 H_s

针对现场检测实际应用需求,补充说明几点:

(1) 对于同一被测量,能适用的传感器类型可能有许多种,可根据具体需求、性价比或体积等因素进行选择。

(2) 上述列出了一些需重点考虑的事项,然而,根据不同的使用场合和检测目的,考虑的侧重点不同,并非每一条都要完全满足。

(3) 如果市场上暂时没有满足现有需求的传感器,需要研究开发新的传感器。新型传感器的研发过程一般也需要遵循以上的选型原则来进行,以开发出能够满足应用需求的传感器来。

10.2　传感器应用中的常见问题

在传感器的应用过程中,会遇到各种各样的问题。例如,在设计传感器时,需要考虑传感器的电磁兼容、阻抗匹配、长线传输与信号衰减等,以及怎样确定传感器所测得数据的准确性和可靠性,怎样保证传感器一直保持准确可靠的工作状态等问题。通过本节的学习,希望对传感器应用中的常见问题及其解决方法有一个感性的了解,为传感器的合理设计、正确选型和使用奠定基础。

10.2.1　电磁兼容

在传感器应用系统中,由于大量的电子器件与设备处于同一个狭小空间内工作,相互间的电磁干扰所产生的影响就显得十分突出,电磁干扰问题已成为电子设备或系统中的一个重大问题。按 GB/T4365—1995 对电磁兼容性定义:设备或系统在其电磁环境中能正常工作且不对该环境中任何事物构成不能承受的电磁骚扰(EMI)的能力。即设备(系统或分系统)在共同的电磁环境中能顺利实现各自功能,不会因受到处于同一电磁环境中其他设备的电磁干扰而导致不允许的降级;也不会使同一电磁环境中的其他设备(系统或分系统),因受其电磁干扰发射而导致不允许的降级。因此,在传感器系统的设计中,需要从两方面考虑电磁兼容性的影响:①要求传感器对外界的电磁干扰有一定的耐受能力;②要求传感器在正常工作过程中,对周围环境产生的电磁干扰不能超过一定限度。

1. 电磁干扰的来源

传感器的电磁干扰源可以分为内部干扰源和外部干扰源。

（1）传感器的内部干扰源中，主要包括固有干扰源和人为干扰源。固有干扰源是指接触噪声与热噪声；人为干扰源是指内部开关转换或互调等动作造成的干扰。内部电磁干扰一般应包括器件噪声，如电阻器、电容器和 MOS 电路等的接触噪声和热噪声，均不同程度地存在干扰；电路板上的每一个元器件、每一根引线中都有一定大小的电流，具有一定的电位，会在各自的周围形成大小不一的电磁场，当电路上的布线与元器件的分布不合理时，就会产生寄生耦合电磁干扰，使传感器的信号变差；当地线设置不合理、负载不平衡时，中线两端就会存在电位差，从而产生地线干扰。

（2）传感器的外部干扰源有自然干扰源和人为干扰源。自然干扰源包括太阳噪声和雷电等。人为干扰源有友邻干扰，如收/发天线；敌方干扰，如电磁脉冲；民用干扰，如电视台等。

2. 电磁兼容的标准

即使传感器系统能正常工作，达到了预期的设计功能，也仍然需要依照既定的标准，对传感器的电磁兼容性能进行检验。只有符合相关标准的产品，才可以在市场上销售和使用。如表 10-1 所示，军用传感器的标准 GJB151A—93 规定了传感器工作时的两个方面要求：在发射阈值范围内，不对外界设备产生不良的电磁干扰；不对外界电磁干扰过度敏感。前者为干扰发射要求，后者为敏感度要求。按照能量传播的途径来分析，电磁兼容标准测试的内容包括传导发射、辐射发射、传导敏感度和辐射敏感度。

表 10-1　传感器的电磁兼容标准

序号	类别	主要标准代号	对应标准内容	合格判据
1	传导发射	CE101	30Hz～10kHz 电源线传导发射	试验设备无放电反应
		CE102	10kHz～10MHz 电源线传导发射（含回线）	
		CE106	10kHz～40GHz 接收机与发射机的天线端口传导发射	
2	辐射发射	RE101	30Hz～100kHz 磁场辐射发射	
		RE102	10kHz～18GHz 电场辐射发射	
3	传导敏感度	CS101	30Hz(直流供电)或电源二次谐波(交流供电)～50kHz 电源线(不含回线)敏感度	传感器输出变化一般不大于 0.05V
		CS114	10kHz～30MHz 互联电缆(含电源电缆)敏感度	
		CS116	10Hz～100MHz 衰减正弦波，互联电缆(含电源线)敏感度	
4	辐射敏感度	RS101	30Hz～100kHz 磁场辐射敏感度	
		RS103	10kHz～40GHz 电场辐射敏感度	

3. 电磁兼容性设计

在传感器的设计中，需要针对具体工作环境里电磁干扰源的分布，尤其是在高灵敏测试与微型化应用中，应充分抑制电磁干扰的影响。如图 10-8 所示，传感器设计了内外双重屏蔽；4 处搭接点、面；内部设置了高频接地；专用滤波器与电缆为两点接地；信号滤波主要采用低频滤波，电源滤波则采用高低频滤波共用；PCB 板设计中尽量减小闭合回路面积；连接线缆采用屏蔽电缆；在 PCB 板与内外屏蔽之间均设置了高频电容器以增加高频通路。

从压力传感器的设计实例中，可以总结出常见的电磁兼容技术包括：

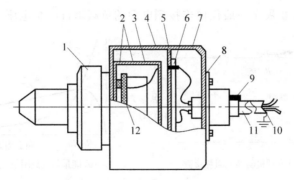

图 10-8 压力传感器的总体结构

1—接头；2—搭接点；3—内屏蔽；4—外壳；5—搭接面之一；6—专用滤波器；7—外屏蔽；

8—搭接面之二；9—焊接屏蔽；10—屏蔽线；11—电缆线；12—调理电路板

（1）采用电磁屏蔽抑制。双重或多重屏蔽，能多次切断电磁干扰源，起到使干扰逐渐衰减的目的；设置搭接点面和采用屏蔽电缆，使屏蔽体接近理想屏蔽结构，有效地减少电磁干扰的泄漏。

（2）选用合适的元器件。首先应采用降额原则选用元器件，即在电子元器件选用时，实际工作时的性能参数应低于器件的额定值，以留足一定裕量，确保器件工作在可靠的状态；其次应根据需要选用高性能元器件，减小器件本身的热噪声，从而降低传感器的内部干扰。

（3）合理设计 PCB 板。PCB 设计中，尽量减小闭合回路面积，以有效减小电路板造成的电磁辐射；因传感器与周围设备的距离一般较小，多属于近场区辐射，减少闭合回路所包围的面积，可有效减少寄生耦合干扰与辐射发射；此外，在满足电流供电要求的前提下，增加导线的阻抗也可以降低干扰。

（4）使用滤波技术。采用有效的滤波技术，既可抑制干扰源的发射，也能减小干扰源的频谱分量对敏感设备、电路或元件的影响。

10.2.2 阻抗匹配

在不同条件下，电路中的电阻、电感和电容会对电流的流动产生阻碍作用，将这种特性称为阻抗。在直流电路中，对电流产生阻碍作用的电子元件叫电阻；而在交流电线路中，除了电阻会阻碍电流以外，电容及电感也会阻碍电流的流动，称为电抗，电容及电感的电抗分别称为电容抗及电感抗，简称容抗及感抗。当交流电的频率较高时，容抗较小感抗较大；频率越低，容抗越大，感抗越小。由于容抗与感抗都是矢量，因此电路的阻抗不是简单的大小相加，而是电阻与电抗在向量上的和。

阻抗匹配是指信号源或者传输线与负载之间的一种合理的搭配方式。为了便于理解阻抗匹配的概念，用一个发动机带动一个电阻负载的简单例子予以说明。如图 10-9（a）所示，用发动机驱动负载，期望发动机的能量最大限度地转化为负载能量输出，即发电量。由于发动机存在内阻，如果内阻过大，大部分能量会被内阻转化为热量而被白白地消耗掉。若将内阻减到最小，用不同的负载电阻来寻求优化的阻抗配置，最大限度地减少内部能量损耗。如图 10-9（b）所示，当且仅当负载电阻与发电机的内阻相同或相匹配时，发电量才能达到峰值。也就是说，如果要达到发动机的最大功率输出，必须进行匹配。这种发电机负载输出与电阻的匹配关系可以扩展至一般任何连接到电源的负载阻抗源与电压。

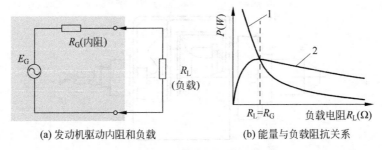

(a) 发动机驱动内阻和负载   (b) 能量与负载阻抗关系

图 10-9   能量输出与负载匹配

1—发动机内的能量损失；2—传递给负载的能量

    在传感器的电路中,同样需要进行阻抗匹配。如果有不匹配的节点存在,传感器信号将会发生发射损耗现象。后一级所得到的信号能量会减弱,从而将影响信号的有效传输,当失配严重时可使前级毁坏、后级无法正常工作。因此,在传感器应用系统中,需要注意阻抗匹配:①传感器的输出阻抗应与输入级的输入阻抗相匹配,使放大器的输出信噪比达到最大值;②传感器电路的输出阻抗应与它所驱动的显示执行机构或微机接口的阻抗相匹配。

    以超声波测距传感器为例,该传感器是由压电换能器和收/发电路组成,换能器与发射电路构成超声波发生器;换能器与接收电路构成超声波接收器。通常采用由脉冲变压器构成的推挽变换器直接放大超声频脉冲信号,用以激励压电换能器向外发送超声波。由于超声频高压脉冲信号含有多种频率成分,导致压电换能器对外发射的超声波能量不集中,因此,在相同的功耗条件下,由目标反射回来的回波信号强度比单频超声波反射回来的能量弱。

    为了解决这一问题,必须在分析和测试压电换能器的阻抗特性基础上,使换能器的阻抗与推挽变换器的阻抗相匹配,不仅可以实现超声波发生器的输出功率最大,而且可以获得更强的回波信号,从而可增大超声波测距传感器的测量可靠性和工作范围。如图 10-10(a)所示,在压电振子的等效电路基础上,进行了阻抗匹配设计。并联电容 C_1 是为了保证在阻抗匹配前的电路品质因素大小适中(通常为 5～7);并联电感 L_P 是为了匹配换能器与推挽变换器之间的阻抗。如图 10-10(b)、(c)所示,测试结果表明,未经阻抗匹配时,超声波接收器最多只能接收到 6 次回波信号,而对换能器进行阻抗匹配后,能稳定地接收 7 次回波信号,证实了对换能器的阻抗匹配有利于提高信号的强度和可靠性。

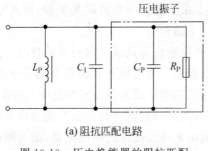

(a) 阻抗匹配电路

图 10-10   压电换能器的阻抗匹配

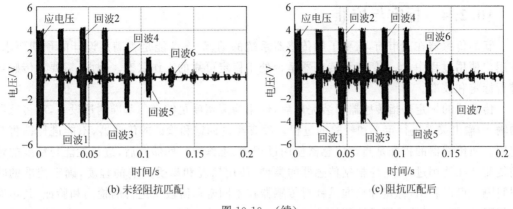

(b) 未经阻抗匹配　　　　　　　　(c) 阻抗匹配后

图 10-10　(续)

10.2.3　长线传输

随着微电子技术与传感器技术的融合,传感器系统朝着微型化、集成化的方向发展;在传感器应用中,信号的频率也在不断增高,因此,信号的长线传输(Long-Line Transmission, LLT)问题越来越突出。长线和短线是一个相对的概念,它取决于传输线的电长度而不是其几何长度。电长度定义为传输线的几何长度与其上传输信号的工作波长的比值。当传输线的几何长度比其上所传输信号的工作波长还长或可相比拟时,该传输线称为长线;反之则是短线。在射频电路中,传输线的几何长度有时仅有几厘米,但因其长度已经大于或接近于工作波长,仍称为长线传输;相反,输送市电的电力线,即使几何长度为几千米,但与市电的波长(6000km)相比,还是小很多,所以还只能将其看作短线传输。

在传感器系统中,信号在长线传输过程中容易受到反射干扰、电场干扰和电磁干扰等,从而导致波反射现象与信号延迟等问题。因此,在传感器电路中,需要对信号进行处理以抑制或避免长线传输中的干扰和损耗,如图 10-11 所示。

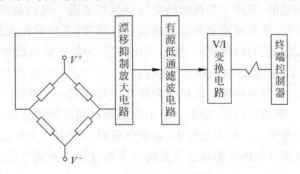

图 10-11　传感器长线传输的处理

在某些应用现场,传感器工作于温度和压力等外界参数剧烈频繁变化的环境中(如冶炼车间)。因此,在信号传输前采用漂移抑制放大电路,对传感器进行必要的温度补偿、温漂抑制和信号放大等;设计滤波电路,对传感器工作现场存在的各种高次谐波进行滤波处理,以达到消除噪声的目的;当采用电压信号进行长线传输时,往往会因为线路中的阻抗变化而导致信号的畸变,因此需要经过 V/I 转换电路进行处理,将电压信号转换为电流信号传输。

10.2.4　标定与校准

新的传感器在上市前,需要了解传感器系统的动、静态性能是否满足设计的预期要求。在用户使用过程中,也希望确认传感器是否处于稳定可靠的工作状态。因此,需要对传感器进行标定和校准。

传感器的标定是指传感器组装完成后,使用检测精度足够高的基准测量设备,对传感器的输入-输出关系进行定义和检验的过程。没有经过标定和验证的传感器,不能进行销售与使用。而传感器的校准是指在传感器使用过程中、维修或长期储存后,进行性能与精度的定期复测。在使用过程中,应根据传感器的类型、使用情况和易受影响的程度,确定校准的时间间隔。可以看出,标定和校准是针对传感器在不同寿命阶段所进行的检测和验证,其本质是相同的,都是对传感器系统测量精准性的表征或纠偏。标定和校准的参数,主要包括传感器的静态特性(如线性度、迟滞、重复性、灵敏度和温漂等)与动态特性(如幅频特性、相频特性、上升时间、稳定时间和超调量等)。

如图 10-12 所示,传感器的标定方法是由标准设备产生的已知被测非电量(即标准量)输入给待标定的传感器,测出传感器的输出量,对所获得的传感器的输入和输出量进行处理和比较,绘出一系列表征两者对应关系的标定曲线,进而得到传感器性能指标的实测结果。

图 10-12　标定系统组成

在标定过程中,需要创造一个标准的静态环境,一般设定为:温度 $20\pm5℃$,湿度 $\leqslant85\%$ RH,气压 760 ± 60 mmHg。此外,还需要选定合适的标准量具,使其符合精度传递原则(Accuracy Transmission Principle,ATP),即标定时必须要有一个长期稳定而且比被标定的传感器精度更高的基准,而这个基准的精度则需要用更高一级的基准来标定。在进行传感器的静态特性标定时,首先需要全量程等间隔分点标定,正反行程往复循环逐点标定(输入标准量,测试传感器相应的输出量);然后列出传感器输入-输出数据表格或绘制特性曲线;最后经过数据处理,获取相应的静态特性指标。而动态响应参数的标定常常是建立在静态标定基础之上的,一般需要绘制出频率响应曲线和阶跃响应曲线。经过标定的同型传感器,应具有互换性。所谓互换性,是指当一个传感器被同型的传感器替换后,能保证其误差仍然不超过规定的范围。在使用过程中,常常会遇到系统中某个传感器因老化或损坏而失效,在这种情况下,最简单快捷的办法是更换一个经过标定的同型传感器,这对实际应用非常重要。

以压力传感器的标定为例,它的测量范围是 $0\sim2$ MPa,设计的输出电压和精度分别为 $1\sim5$ V 和 1.5 级,灵敏系数为 $K=2$ V/MPa。在标定时,选用精度为 1.0 级的基准器对该传感器进行标定,测得数据如表 10-2 所示。其中最大升降变差为 0.07 V,所以传感器的精度满足

$$a(\%)\geqslant\left|\frac{\Delta}{A_m}\times100\%\right|=\left|\frac{2.98-3.05}{5-1}\times100\%\right|=1.75\%,\quad a=2.5 \quad(10\text{-}1)$$

该传感器的实际精度处于 1.5～2.5 级之间,因此,该压力传感器的实际测量精度被标定为 2.5 级。

表 10-2　压力传感器的标定数据

输入电压/V	0.00	0.20	0.40	0.60	0.80	1.00	1.20	1.40	1.60	1.80	2.00
输出电压/V 升	1.02	1.40	1.79	2.19	2.56	2.98	3.41	3.78	4.17	4.57	4.98
输出电压/V 降	1.01	1.42	1.81	2.23	2.58	3.05	3.43	3.82	4.20	4.59	5.01
平均/V	1.02	1.41	1.80	2.21	2.57	3.02	3.42	3.80	4.19	4.58	4.99
升降变差/V	0.01	0.02	0.02	0.04	0.02	0.07	0.02	0.04	0.03	0.02	0.03
绝对误差 Δ/V	0.02	0.01	0.00	0.01	−0.03	0.02	0.02	0.00	−0.01	−0.02	−0.01

传感器的校准与标定的本质基本相同。当传感器经过维修、长期放置或使用一定时间后,会存在时漂、温漂和元件老化,这将导致传感器的灵敏度和零位发生一定变化,因此,需要对传感器的参数进行重新标定,即在传感器上加载一个标准的被测非电量,然后调整传感器的硬件条件或软件参数,使得传感器的输出与被测量准确对应。对于传感器静态特性的校准,一般取两个特殊被测量:零位校准和满量程校准。

例如,对一只温度传感器,其测量范围是 0～100℃。在校准时,零位校准是将其放置于0℃的环境(冰水共存的水里),检测并校准其输出为 0 位;其满量程校准则是将其放置于标准气压下的沸水中,检测并调整其输出为 100℃。而传感器动态性能的校准较为复杂,不仅需要设定和创造标准的工况条件,还需要根据传感器的原理与信号特点,提供动态的标准激励信号。如图 10-13 所示,使用校准风洞进行气流温度传感器的动态特性校准。其中,设计的弹射机构是一种弹簧机械部件,能够瞬时将包裹在传感器敏感头部的包罩装置弹开,使传感器瞬时暴露在校准风洞主流气体中,从而产生理想的温度阶跃信号。采用这样的校准辅助装置,可以模拟传感器工作时的实际工况,这对气流温度传感器的动态特性校准至关重要。

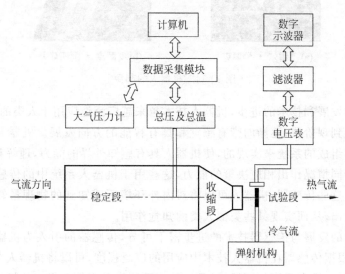

图 10-13　气流传感器动态特性校准的系统结构

10.3　传感器在机器人中的应用案例

机器人是能够自动执行某种工作的机器装置。它既可以接受人类的指挥,也可以运行预先编排的程序,还能根据以人工智能技术为基础所制定的原则纲领进行动作。它的任务是协助或取代人类的部分工作,例如工农业生产、特殊环境或重体力劳动等。机器人技术是一门综合性技术,它涉及多个交叉的学科,例如传感器、新材料、仿生技术、控制工程、计算机、人工智能和微电子等,是现代先进制造和服务技术的典型代表。

10.3.1　机器人发展与传感器

机器人(robot)这个词源于捷克斯洛伐克作家卡雷尔·恰佩克[Karel Capek,图 10-14(a)]在 1920 年所写的一部科幻小说《罗萨姆的机器人万能公司》。根据 robota(捷克文,原意为"劳役、苦工")和 robotnik(波兰文,原意为"工人"),创造出 robot 这个词。1942 年,美国科幻巨匠艾萨克·阿西莫夫[Isaac Asimov,图 10-14(b)]提出了著名的"机器人三定律":①机器人不得伤害人,也不得见人受伤害而袖手旁观;②机器人应服从于人的一切命令,但不得违反第一定律;③机器人应保护自身的安全,但不得违反第一、第二定律。尽管这只是科幻小说里的创造,却成为学术界后来所默认的研发原则。

(a)卡雷尔·恰佩克　　　　　　(b)艾萨克·阿西莫夫

图 10-14　机器人的起源

随着社会的发展和技术的进步,机器人技术越来越广泛地应用于人类的生产和生活中。机器人技术发展到现阶段,逐渐向带有感觉和具有智能的方向发展。机器人感觉系统是由各种传感器及其组成的系统来实现的,使机器人具有感知外界的能力,理解和适应外界环境变化以及根据不同情况作出相应决策的能力,这些用于机器人系统中的传感器通称为机器人传感器。通过这些传感器,机器人可以将对内外环境所感知到的物理量转换为易被计算机处理的电量输出,从而实现某些类似人类的知觉作用。

机器人技术的发展与传感器技术的进步密不可分,传感器的引入为机器人带来更好的智能性。因此,根据传感器在机器人技术中应用的广泛程度,可以将机器人分为三代:第一代为操纵型机器人,没有采用传感器,只是一种能重复地进行简单操作的机械装置。配合电子存储功能,能记忆一些重复的机械动作,没有适应外界环境的能力,如机械手臂等。第二代机器人安装了一些传感器,具有初步的智能,能够适应简单的环境,进行较复杂的自动化操作,如汽车自动生产线上的焊接机器人等。第三代为智能机器人,具有自我学习、自我补偿、自我诊断和修复的功能,具备较为复杂的神经网络。近30年以来,机器人技术有了突飞猛进的发展,其中工业机器人已经达到产业化的水平,智能机器人技术也有了长足的发展。

10.3.2　机器人传感器的分类

传感器是机器人技术中不可或缺的部分,在机器人的发展过程中起着举足轻重的作用。按照机器人所传感物理量的位置,可以将机器人传感器分为外部传感器和内部传感器两大类。

外部传感器用于机器人对周围环境和目标物的特征信息的获取,使机器人和环境间发生交互作用,从而使机器人对环境有自校正和自适应的能力。表10-3列出了机器人经常使用的几类外部传感器,包括视觉、触觉、接近觉、听觉、嗅觉和味觉等。

表 10-3　机器人传感器

传感器类型	检测对象	传感器装置	应用
视觉	空间形状 距离 物体位置 表面形态 光亮度 物体的颜色	面阵CCD、SSPD、TV摄像机 激光、超声测距 PSD、线阵CCD 面阵CCD 光电管、光敏电阻 色敏传感器、彩色TV摄像机	物体识别、判断 移动控制 位置决定、控制 检查缺陷、异常检测 判断对象有无 物料识别、颜色选择
触觉	接触 握力 压力大小 压力分布 力矩 滑动	微型开关、光电传感器 应变片、负载单元 导电橡胶、感压高分子元件 应变片、半导体感压元件 压阻元件、转矩传感器 光学旋转检测仪、光纤	控制速度、位置、姿态确定 张力控制、指压控制 姿态、形状判别 装配力控制 控制手腕、伺服控制双向力 修正握力、测量质量或表面特征
接近觉	接近程度 接近距离 倾斜度	光敏元件、激光 光敏元件 超声换能器、电感式传感器	作业程序控制 路径搜索、控制、避障 平衡、位置控制
听觉	声音 超声波	麦克风 超声波传感器	语音识别、人机对话 导航、移动控制
嗅觉	气体成分 气体浓度	气体传感器、射线传感器	化学成分分析
味觉	味道	离子敏传感器、pH计	化学成分分析

机器人内部传感器是以机器人本身的坐标轴来确定其位置,安装在机器人内部,用来感知运动学及动力学参数,感知机器人自己的工作状态。通过对自我的认识和感知,结合环境和对象的状况,调整和控制机器人自身的行动。内部传感器通常由位置、加速度、速度及压力等传感器组成。

未来机器人传感器的研究,除了不断改善传感器的精度、可靠性和降低成本外,随着机器人技术向微型化、智能化方向发展,以及其应用领域从工业结构环境拓展至人类难以进入的非结构环境(如深海、外太空和核辐射堆等),使机器人传感器的研究与微电子机械系统、云计算、物联网和虚拟现实等技术发生更加密切的联系。同时,对海量传感信息的高速处理、传感器网络和动静态测试等技术将成为机器人传感器研发的关键技术。

10.3.3　焊接工业机器人的应用案例

本小节首先介绍工业机器人的基本组成、机器人传感器的基本特点，接着以焊接机器人为例，详细地介绍传感器在机器人中的应用，包括用于焊缝跟踪系统的传感器选型、传感器系统设计、信号提取和机器人硬件系统设计等。通过学习和了解该节内容，能够较全面了解机器人传感器应用中的选型、原理和系统设计等知识。

1. 工业机器人与传感技术

早在 1948 年，诺伯特·维纳（Norbert Wiener）出版了《控制论》，首次阐述了机器中的通信和控制机能与人类神经、感觉机能的共同特征，率先提出了以机器人和计算机为核心的自动化工厂的概念。如图 10-15 所示，6 年后，美国人乔治·德沃尔（George Devol）与约瑟夫·英格伯格（Joseph Engelberger）联手制造出世界上第一台可编程的工业机器人，其机械手能按照不同的程序从事不同的工作，具有一定的通用性和灵活性，是机器人服务于工业自动化的开端。随着社会的发展，机器人传感器被广泛使用，机器人变得越来越智能化，在工业自动化领域的作用也越来越重要。

(a) 乔治与约瑟夫　　　　　　(b) 第一台工业机器人

图 10-15　工业机器人的起源

工业机器人的基本组成如图 10-16 所示，主要包括机械部分、传感器部分、控制部分，共分为六个子系统：机械结构系统、传感系统、驱动系统、控制系统、人机交互系统、机器人-环境交互系统。

（1）机械结构系统，包括机身、手臂和末端操作器。每一组成部分具有一定的自由度，构成一个多自由度的机械系统。若机身同时设计了行走机构便构成行走机器人；若机身不具备行走及腰转机构，则构成单机器人臂。机器人手臂一般由上臂、下臂和手腕组成。末端操作器直接安装在腕部。

（2）传感系统，由内部传感器模块和外部传感器模块组成，获取内部和外部环境状态

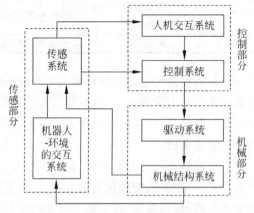

图 10-16　工业机器人的基本组成

中有意义的信息。智能传感器的使用提高了机器人的机动性、适应性和智能化的水平,它能有效地感知各种内外部的信息。

(3)驱动系统,指让机器人能运动起来而给各个关节即每个运动自由度安置的传动装置。驱动系统可采用液压、气动或电动等传动方式,也可以将它们结合起来组成一个综合应用系统。驱动方式可以分为直接和间接驱动,直接驱动指机器人运动机构直接和动力连接,而间接驱动则指通过同步带、链条和轮系等中间机械传动机构与机器人的运动机构连接。

(4)控制系统,根据机器人的作业指令程序以及从传感器反馈回来的信号,支配机器人的执行机构去完成规定的运动和任务。假如工业机器人不具备信息反馈能力,则为开环控制系统;具备信息反馈能力,则为闭环控制系统。根据控制原理可分为程序控制系统、适应性控制系统和人工智能控制系统。根据控制运动的形式可分为点位控制和轨迹控制。

(5)人机交互系统,是使操作人员参与机器人控制与机器人进行联系的装置,是人与机器人进行对话与互动的媒介。如计算机的标准终端、指令控制台、信息显示板、危险报警器等。

(6)机器人-环境交互系统,是实现工业机器人与外部环境中的设备相互联系和协调的系统。工业机器人与外部设备集成为一个功能单元,如加工制造单元、焊接单元、喷漆单元和装配单元等。当然,也可以是多台机器人、多台机床或设备、多个零件存储装置等集成为一个执行复杂任务的功能单元。

运用于工业机器人中的各种传感器所完成任务的不同,其类型和规格也各不相同,但工业机器人传感器又必须满足一些共同的要求,包括:

(1)精度高、重复性好。机器人能否准确无误地工作,往往取决于传感器的测量精度。

(2)稳定性好、可靠性高,保证机器人长期稳定可靠地工作,避免因故障所带来的事故或效率降低。

(3)抗干扰能力强。一般工业机器人常应用于比较恶劣的工作环境,比如高温、高压或高污染环境中,需要承受较强的电磁干扰或机械振动等。

(4)质量小、体积小、安装方便可靠。例如,机器人手臂等运动部件上的传感器,质量要小,以减小运动部件的惯性,避免影响其运动灵巧性;对运动空间有限的机器人,传感器的体积和安装方向也是必须要综合考虑的因素。

(5)价格应比较便宜。用智能机器人取代大量的人类劳动力,效率和成本是重要的因素之一。在满足功能要求的同时,降低传感器的成本,是提高机器人在工业自动化领域竞争力的有效途径。

2. 焊接机器人的应用案例

传统的焊接工艺操作主要依靠人工经验和手工作业,产品质量与生产效率难以得到有效保证,而且劳动强度极大、工作环境非常恶劣。现代焊接技术自诞生的半个多世纪以来,不断吸收传感、控制和信息等新技术发展的成果,经历了从手工焊到自动焊的过渡,焊接自动化、机器人化与智能化已成为焊接技术发展的必然趋势。在机器人自动焊接过程中,以主流的电弧焊工艺为例,通过电弧加热到适当温度,母材和填充材料(一般是金属及其复合材料)就会熔化,形成的液态融合后凝固连接成一定形状与性能构建的制造过程。在以下的案例中,详细地介绍焊接机器人的焊缝跟踪系统的应用。如图10-17所示,焊缝跟踪系统主要由三部分组成:传感系统、控制器系统和机器人执行机构。在案例中主要介绍传感器的选型、传感器系统的设计、信息提取和机器人硬件系统设计等方面的知识。

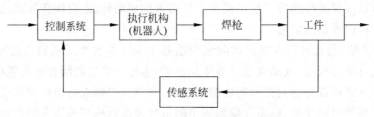

图 10-17　机器人的焊缝跟踪系统

1) 传感器选型

传感器是机器人焊缝跟踪系统中非常重要的组成部分,其主要作用是监测焊接过程,提供焊缝的动态形状与位置等特征信息,控制系统基于这些特征信息对其进行处理,自动调整机器人末端关节上的焊枪位置,从而实现焊缝的自动跟踪。因此,传感器系统是实现焊接过程模块化、自动化和智能化的最重要部分。如何根据焊接的具体需求选择合适的传感器是首当其冲需要解决的问题。

焊接传感器所处的应用环境极其恶劣,要受到弧光、高温、烟尘、飞溅、振动和电磁场的干扰,其中大部分干扰是无法去除的,只能通过选择合适的传感器予以解决。焊接传感器按照其使用目的可以分为监测操作环境和监控焊接过程两大类。在传感器原理方面主要分为声学、力学、电弧和光学等。

各类焊接传感器的比较见表 10-4。由于声学传感器受工件表面影响较大、信号处理较复杂,不适合焊缝跟踪;而力学和电弧传感器是接触式,容易受到焊接过程中的飞溅物等干扰因素的影响;与其他传感方法相比,光学传感器具有不与焊接回路接触、信号的检测不影响正常焊接过程等优势。但红外传感器与光谱传感器更多地用于焊接静态特征的检测,却并不适合焊接过程的动态监测。另一种光学传感器——视觉传感器能够非常好地满足焊缝

表 10-4　焊接传感器的比较

种类	具体类型	检 测 对 象	优 点	缺 点
声学	电弧声音传感 超声波传感	针对熔滴过渡检测、等离子穿孔焊、焊接过程的熔透状态熔透、焊缝缺陷检测	原理较成熟	受工件表面影响大,信号处理设备复杂,探头与工件之间运动状态耦合难
力学	压敏电阻	焊接目标的三维跟踪和识别	结构简单,可实现三维跟踪	接触式,容易受到焊接过程的干扰和污染
电弧	电弧传感器	测量电弧的电流、弧压,实现焊缝跟踪和熔透控制	不用加电弧保护和去噪装置,结构简单	接触式,容易受焊接过程中其他污染的影响
光学	红外传感 光谱传感 视觉传感	熔池温度分布,常用于熔池的动态模拟验证 电弧等离子体可见光、红外和紫外发射光谱的强度 丰富的过程信息:焊头形式、熔池边界、电弧形态、焊丝位置以及凝固后的焊道形貌	非接触,传感器发展成熟,具有成本、可靠性的优势 非接触,传感器发展成熟,可用于焊接质量检测 非接触,获取信息丰富,与人眼系统接近,便于实现机器人智能化	测量信息有限,不适合焊缝跟踪 测量信息有限,不适合焊缝跟踪 容易受到弧光的干扰,需要针对性硬件设计

跟踪与熔透检测的要求,因为它所提供的信息量丰富,与人眼所获得的即时信息很接近,便于实现机器人的智能化。因此,选择视觉传感器作为焊缝跟踪的"眼睛"。

在弧焊机器人中,根据图像获取时所使用的照明光源的不同,还可将视觉传感器分为主动视觉传感器(Active Vision Sensor,AVS)和被动视觉传感器(Passive Vision Sensor,PVS)两种。主动视觉是指使用具有特定结构的光源与摄像机组成的视觉传感系统;而被动视觉指直接利用焊接产生的弧光或普通光源和摄像机组成的传感系统。如表10-5所示,主动视觉传感器具有图像处理简单、焊接信息获取容易等优势,但在跟踪高度变化比较大的工件时,容易出现数据失效的问题,如阴影效应和超前错误等,而且传感器结构复杂,价格昂贵;而被动视觉传感器具有结构简单和价格便宜等优势,没有因热变形所引起的超前检测误差,而且能获得接头和熔池的大量信息,有利于焊接过程的自适应控制。虽然在图像获取上较难,但可以使用双目相机通过三维重建技术实现焊接信息的提取。综上所述,在焊接机器人的具体应用中,可选用双目被动视觉传感器作为焊缝跟踪与熔池监控的传感器解决方案。

表 10-5　主、被动视觉传感器的比较

类　　别		主动视觉传感器		被动视觉传感器
图像处理难易	优点	简单	优点	复杂
获取焊接信息		容易		较难
高度偏差提取		采用三角测量法,容易		三维重建,困难
目前应用情况		焊缝跟踪-商品化 熔透检测-实验室		焊缝跟踪-较少 熔透检测-实验室
价格	缺点	昂贵	缺点	便宜
是否需要外加光源		需要		不需要
传感器结构		复杂		简单
获取熔池信息		不能		可以
最小焊缝检测能力		不能检测小间隙焊缝		能检测小间隙焊缝
是否会产生阴影效应		会		不会
是否产生超前检测错误		会		不会

2) 传感器系统的设计

双目被动视觉传感器主要由两套CCD摄像机和镜头、两套减光片和滤光片、两组反光镜、结构框架和焊枪连接器等组成。图10-18(a)中,整套视觉传感器系统可以分为观测焊缝模块、观测熔池模块、送丝模块和传感器模块。两台CCD摄像机分别位于熔池的前后两侧呈180°排列,前侧CCD用于采集焊缝图像,提取焊缝中心和焊缝间隙,为焊缝跟踪与焊接过程的建模与控制提供有效的焊缝特征信息;后侧CCD用于采集熔池的图像信息,提取熔池几何特征信号,如熔池正面熔宽和熔长等信息,为焊接过程的建模和控制提供有效的几何特征信息。减光片和滤光片主要为了采用弧光照明的同时减小弧光对获取图像的不良影响。如图10-18(b)所示,CCD视觉传感器光路采用两级反射的方式,避免了焊接中的飞溅对CCD镜头和减光-滤光系统的损坏,扩大了视野,可以有效地观察得到焊缝与熔池并减小传感器体积。

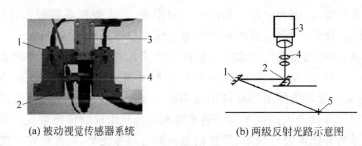

(a) 被动视觉传感器系统   (b) 两级反射光路示意图

图 10-18　双目被动视觉传感器系统

1—焊缝监测模块；2—送料调节模块；3—传感器固定模块；4—熔池监测模块
1—反射光路之一；2—反射光路之二；3—CCD 摄像机；4—滤光镜；5—焊接点

3) 信息提取

在图 10-19 所示的焊接过程中，工业控制计算机通过图像传感器实时采集焊缝和熔池图像并计算出焊缝位置、间隙、错边和熔池几何特征等信息，通过算法计算得出焊缝跟踪纠偏电压、峰值电流和送丝速度控制电压，最终分别输出给机器人控制柜和焊接电源，实现实时的焊缝跟踪和熔透控制。

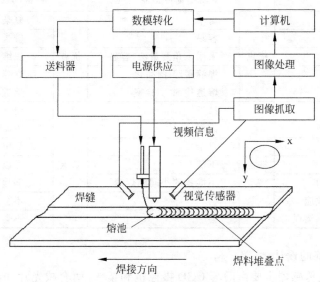

图 10-19　焊缝跟踪和熔透控制示意图

4) 焊接机器人系统结构

图 10-20 中，焊接机器人系统主要包括四个部分：

(1) 视觉传感器系统，包括 CCD 摄像机、图像采集卡、减光滤光片与传感器外围框架等。

(2) 焊机及其外围设备，包括焊接电源、送丝机、送丝控制箱、焊枪、水箱和保护气瓶等辅助设备。

(3) 机器人及其外围设备，包括机器人、机器人控制柜和电源变压器等。

(4) 中央控制计算机与接口电路等。

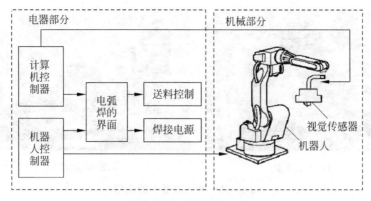

(a) 焊接机器人系统结构示意图

(b) 焊接机器人系统结构实物图

图 10-20　焊接机器人系统结构

10.3.4　其他机器人应用的简例

1. 工业自动化机器人

1) 自动喷漆

传统的喷漆采用人工作业,不但成本高、效率低,质量还难以保证,而且喷漆过程非常危险。由于油漆中含有许多芳香族化合物,如苯、甲苯和苯乙烯等有机溶剂,如果这些颗粒或气体挥发出来,被人体吸入,将会严重损害人体健康。如图 10-21 所示,自动喷漆机器人可以把人们从危害性极大的工作环境中解放出来。喷漆机器人通过传感器检测喷漆工艺过程中的各种参数,机器人的控制装置能在作业过程进行相应调节。其中最重要的是利用压力传感器对喷漆时喷口处的压力进行实时监测。因为喷口气体的压力大小将直接影响喷漆的质量,若压力过小,会导致原料的浪费,而且容易因过喷导致漆料横流而破坏喷漆表面;若压力过大,会因喷漆飞溅而产生浪费且表面显示较强的颗粒感,影响喷漆效果。通过压力传感器对喷嘴处的气体压力进行实时监测和智能调控,不仅节省了原料,而且提高了生产效率和喷涂质量。因此自动喷漆机器人已被广泛用于汽车、仪表、电器和瓷器等工业自动化生产过程。

2) 自动装配

在汽车的装配中,零件多、工序复杂,有些零部件非常笨重,如果采用人工方式进行装

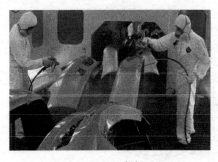 

(a) 人工喷漆　　　　　　　　　(b) 喷漆机器人

图 10-21　喷漆机器人的应用

配,则需要大量的熟练技术工人;而在智能移动设备(如手机等)的装配中,零件小、要求精度高,装配工作烦琐,工人在装配时需要长期保持极高的专注度,容易导致疲劳和误操作等问题。

　　如图 10-22(a)所示,安装了传感器的智能机器人已经大规模地应用于装配生产线,它极大地保障了产品的质量、提高了生产效率并带来了可观的经济效益。多数装配机器人目前还不具备感知能力,只能拾取具体位置上、固定排列方向的零件,进行简单的组合。在自动生产线上,被装配的工件初始位置始终处于运动状态,属于环境不确定的情况。因此,智能装配机器人需要采用视觉、触觉和力觉的多传感器融合控制系统来完成装配工作,如图 10-22(b)所

(a)汽车装配机器人

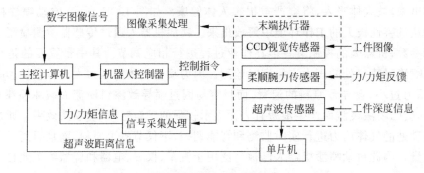

(b)多传感器信息融合装配系统

图 10-22　机器人传感器在汽车装配中的应用

示。装配机器人主要利用CCD图像传感器完成对物体外形的认识,包括边缘提取、周线跟踪、特征点提取、曲线分割及分段匹配、图形描述与识别等;超声波传感器通过检测发射和接收的声波信号,经过处理后得到工件的深度或工件的外形信息;计算机将视觉信息和深度信息融合推断后,进行图像匹配、识别,并控制机械手以合适的位姿准确地抓取物体;腕力传感器主要测试执行器与工件之间的力或力矩的大小和方向,从而确定装配机械手臂的握力和运动方向。

随着劳动力数量的持续减少与科学技术的飞速发展,机器人传感器在工业自动化中的应用将变得更加广泛和深入。甚至有人不无担忧地认为,机器人的大量兴起可能会造成严重的失业危机。诚然,未来的智能机器人将取代部分蓝领和白领的工作,改变整个社会的职业结构。但如同每一次工业革命一样,技术的进步将促进社会更大的发展,创造更多新的就业岗位,需要人们通过不断地学习进行转型。机器人技术发展的目的是将人们从烦琐的、重复性的体力劳动中解放出来,有更多的时间和精力去学习更多更有意义的知识。

2. 服务机器人行业

国际机器人联盟将应用于服务行业内的机器人定义为:服务机器人(Service Robot,SR)是一种半自主或全自主工作的机器人,它能完成有益于人类健康的服务工作,但不包括从事生产的设备。服务机器人的应用范围很广,包括家庭服务、老人陪伴监护、酒店和餐馆服务、救援、运输以及安保等。相比于工业机器人,服务机器人是机器人家族中的一个年轻成员。近年来,全球服务机器人市场保持较快的增长速度。根据国际机器人联盟的最新统计,全球服务机器人市场总值正在以20%~30%的速度增长,2015年的销售额预计将达到85亿美元,到2020年有望突破200亿美元。服务机器人有望成为机器人领域最具潜力的增长点之一。

1)家政服务

在家庭生活中,房间的清扫、玻璃清洁、浇花和喂养宠物等烦琐的日常家务几乎占据人的很大部分时间和精力。智能家务机器人的开发和商品化,可以很好地代替人们完成这些烦琐的任务。如图10-23所示,智能清扫机器人具有紧凑的结构,适合覆盖包括家具下面的整个房间的清扫。传感器帮助机器人更加智能地工作,例如红外传感器通过发出并接收红外信号,来判断前方的落差大小,可以有效地避免从高处跌落(如楼梯等);声呐传感器可以

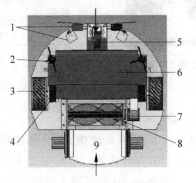

图10-23 智能清扫机器人及其结构

1—传感器;2—起尘刷;3—驱动轮;4—驱动电机;5—万向轮;6—挡尘盖;7—清扫电机;8—清扫刷;9—集尘室

准确地感测并避开障碍物,同时还有利于保证紧贴墙壁或家具的角落得到清扫;可以根据房间大小设定合理的清扫方案和路线;根据不同的地面材质和干净程度,启动不同的清扫模式;当电池快用完时,可以自主导航去固定充电点进行自动充电。

2) 健康护理

随着社会老龄化的加剧,年轻人和社会保障部门都面临着非常大的养老压力。据统计,现阶段我国 60 岁以上的老龄人口约 2.13 亿,预计到 2025 年,这一数字将突破 3 亿。老人不仅需要起居饮食方面的照顾和身体健康的监测,还需要关心、陪伴和交流。快速发展的服务机器人技术和产业,可以有效地缓解老龄与残障人群的社会服务压力,实现先进科技成果的共享。

在电影《超人陆战队》中,塑造了一个叫"大白"的健康机器人形象,深受人们的喜爱。如图 10-24 所示,2015 年 6 月,最像大白的机器人"辣椒"(Pepper)正式发售,它是一款智能的人形陪伴机器人。技术的发展把只能从影片里看到的遥不可及的机器人变成现实生活中触手可及的服务"人员"。该机器人利用安装在头、胸和手脚上的多款传感器,能精确地觉察和分辨人类微笑、皱眉与惊讶等丰富的面部表情,通过语音识别系统,可辨识人的语音语调以及包含在话语中表达感情的字眼。通过计算机处理器对表情、语音和特定词进行量化处理,以判断对象的情绪和感受。而且,它可以通过变化自己的面部表情、肢体动作、语音语调与人类进行交流互动,甚至能够跳舞和开玩笑。同时,它也可以监测老人的日常身体状态,具备按时吃药提示等功能,可成为与老人倾诉交流的朋友、照顾护理的帮手和娱乐玩耍的伙伴。专家指出,如果将该机器人与云数据有机地结合起来,可以极大地增强服务机器人的自我学习能力,使之具有更加强大的智能特性,能为人们提供更多更好的服务。

部位	传感器	作用
头部	麦克风	接收和发出声音
	RGB相机	高质量的图像获取
	3D传感器	距离和场景获取
	触控传感器	接触和压力感知
胸部	陀螺仪传感器	姿态和空间定位和控制
手部	触控传感器	接触和压力感知和控制
腿部	声呐传感器	距离与障碍探测
	激光传感器	距离感知与速度测量
	保险杠传感器	碰撞与压力检测
	陀螺仪传感器	姿态和空间定位和导航

(a) 机器人"辣椒"　　　　　　　(b) 配备的传感器

图 10-24　传感器在陪护机器人中的应用

3) 接待行业

实现无人服务的机器人旅馆,无疑是传感器和机器人技术在应用领域集大成的体现。2015 年 7 月,一个名为海茵娜(Henn-na,奇特变化之意)的机器人酒店在日本长崎正式开张。该酒店负责服务的 10 个机器人组成一个团队,能够提供包括前台引导、大堂经理、行李搬运、室内智能控制、送餐、清洁和旅游咨询等服务。

图 10-25 中,前台的美女机器人能展示和识别包括眨眼和微笑等丰富的面部表情,提供

中、日、韩与英等多国语言服务,为客人办理入住,贴心地介绍酒店的相关情况;大堂经理能提供各种信息咨询,热心地解决客人遇到的相关问题;自动行李车是通过人脸识别技术,为客人搬运和管理行李,引导客人顺利到达客房;房间内床头的小玩偶,可以从事控制灯光明暗、为客人设定个性闹铃、提供当前天气和室温咨询等工作。这些酒店服务机器人运用各种传感器和计算机控制系统,实现了一系列的智能服务,提供了良好的用户体验。尽管这些机器人的智能程度还需要进一步提高,其管理和维护成本也较高,但它无疑是机器人传感器发展水平的最好展示。而且,随着传感器和机器人技术的不断发展,它还将变得更加智能快速、服务更优质和全面,具有极其光明的应用前景和广阔的发展空间。

(a) 前台服务

(b) 大堂经理

(c) 自动行李车

(d) 房间电器控制玩偶

图 10-25 机器人传感器在机器人旅馆中的应用

3. 特殊环境机器人

在人类认识与探索世界的过程中,存在许多人类无法到达或危险的特殊环境,例如太空星际探索、灾害救援和核辐射处置等。随着机器人与传感器技术的不断进步,特种机器人已应用于这些特殊的极限作业环境中,发挥了重要作用。

1) 太空探测

从广义上讲,一切航天器都可以认为是空间机器人,如宇宙飞船、航天飞机、人造卫星、行星探测车和空间站等。航天界对空间机器人的定义是指用于开发太空资源、空间建设和维护、协助空间生产和科学实验、星际探索等方面的带有一定智能的各种机械手、探测小车等应用设备。由于太空环境具有高真空、微重力、强辐射和高温差等特点,因此在机器人和传感器的设计和制造中必须要充分考虑太空环境的特殊性,以满足其应用要求。例如,在真空环境中,声波传播速度受到限制,因此超声波传感探测不再适合在太空环境中应用。

在图 10-26 中,"机遇号"火星探测小车于 2004 年 1 月 25 日到达火星,至今已服役十余年。它已经顺利完成了火星岩石的地质分析和地表测绘任务,研究了陨石和维多利亚撞击坑,还发现了火星上曾有水存在的确凿证据等。在"机遇号"上,传感器单元在火星探测过程中发挥了举足轻重的作用。它安装了包括全景相机在内的多款传感器,成功实现了自动导航、自主避障、自我定位和保持平衡、检测和研究岩石成分等功能。传感器技术应用于太空机器人进行太空探索,使人类与未知的宇宙展开了更广泛、深入的对话与交流,为人类探索、了解、开发和利用太空资源做出了杰出的贡献。

(a) "机遇号"火星探测小车

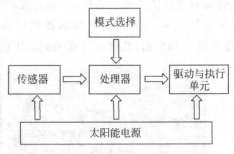
(b) 小车的控制单元结构

图 10-26 传感器技术在星际探测机器人中的应用

2) 水下探测

海洋占地球表面积的 71%,是一个巨大的矿产库和能源库,蕴藏着极其丰富的生物资源与矿产资源,储存着约 2800 亿 t 石油,近 140 万亿 m^3 的天然气。同时,海洋或水体中的环境非常复杂和恶劣,在探索、开采和航行过程中,容易产生危险,而且事故救援的难度也比较大。因此,洋底的探测和太空探测类似,同样具有极强的吸引力、挑战性。水下机器人(Underwater Robot,UWR)是一种可在水下移动、具有视觉和感知系统、通过遥控或自主操作方式、使用机械手或其他工具代替或辅助人去完成水下作业任务的装置。由于海洋中环境的特殊性,在设计水下机器人时需要考虑密封耐压性、能源供给、防腐蚀、水下导航和运动模式等问题。如图 10-27(a)所示,1960 年美国研制的第一个水下机器人 ROV-CURV 被用于军事,成功在西班牙外海找到一颗失落在海底的氢弹,引起了世界的瞩目。随着传感和机器人技术的快速发展,水下机器人的应用领域越来越广泛,包括水下工程、海洋石油、打捞救生和海洋科学考察等各方面。如图 10-27(b)、(c)所示,为了使水下机器人具有更好的智能性,各种传感器被用于水下机器人,使机器人在高度危险的环境、被污染的环境以及在零可见度的水域代替人工在水下长时间作业。

(a) 第一台水下机器人

(b) 现在的水下机器人

图 10-27 传感器技术在水下机器人中的应用

类型	传感器	作用
监视系统	水下摄像机	水下图像收集
	云台与照明	图像收集辅助
	成像声呐	零可见下的水下成像
	磁学定位	目标定位
	声学定位	目标定位
监控系统	深度传感器	检测下潜深度
	高度传感器	检测相对高度
	方向罗盘	检测行进方向
	温度传感器	实时温度检测
	压力传感器	实时压力检测
	电压电流计	电源稳定输出

(c) 水下机器人传感器

图 10-27　（续）

3) 核辐射环境

在特定条件下,物质中的轻原子核的融合和重原子核的分裂都能释放出巨大的能量,分别称为核聚变能和核裂变能,简称核能。核能在军事上可用于制造核弹,在民用上可以用于发电。由于核设备结构非常复杂,本身与其运行环境都具有放射性,同时还可能兼具水下、高温和高压等特点,人工无法直接在核环境中完成相关的操作。利用核机器人进行设备检修、燃料转运、放射性废物处置和事故应急处理等工作成为必然的发展趋势。核机器人发展至今天,已经由早期较简单的遥操作机械动力手,发展成为融合了先进的传感技术、视觉处理技术、驱动技术和远程控制技术的自动化、智能化机器人。由于核辐射环境中,会释放大量的高能射线和中子,容易导致核机器人的传感器、电子器件、信号传输系统瞬间失灵,加速绝缘材料、润滑剂、黏合剂和密封部件的老化。而且在光脉冲干扰和强电离辐射干扰条件下,摄像头中的光电传感器极容易损坏。因此,在核机器人的开发过程中,需要对材料和传感器类型选择、结构设计、辐射防护加固和控制算法等各方面进行全面考虑和深入研究。

如图 10-28 所示,核机器人 Packbot 在 2011 年因地震和海啸引发的福岛核电站事故中,深入废弃的核反应堆进行探测,在高温和超强辐射条件下收集了温度、湿度、压力、放射性强度、声响和振动等大量重要数据,确保核电站员工与该危险区域保持安全距离。

(a) Packbot核安全机器人　　(b) 西南科技大学核应急处理机器人

图 10-28　核机器人

　　我国西南科技大学研制的核应急处理机器人,在 2009 年分别成功处理了河南杞县和广东番禺的两起重大钴-60 卡源事故。随着核电在全球范围内的快速发展,装备了诸多传感器的智能核机器人将在核设施运行维护、核应急和核退役等领域发挥更加重要的作用。

　　高可靠性、低成本的方向发展,应用领域继续向无人驾驶以及非结构性环境拓展。传感器技术的进步,是机器人智能化的关键,特别是新型传感器的应用、多传感器的信息融合和临场感技术将成为新一代机器人实现更高智能行为的重要支撑技术。

附　　录

附录 A　热电偶分度表

K 型热电偶分度表　　　　参考端温度：0℃　　　　整 10℃ mV 值

热电势　分度　测量端温度	0	10	20	30	40	50	60	70	80	90
0	0.000	0.397	0.798	1.203	1.611	2.022	2.436	2.850	3.266	3.681
100	4.095	4.508	4.919	5.327	5.733	6.137	6.539	6.939	7.338	7.737
200	8.137	8.537	8.938	9.341	9.745	10.151	10.560	10.969	11.381	11.793
300	12.207	12.623	13.039	13.456	13.874	14.292	14.712	15.132	15.552	15.974
400	16.395	16.818	17.241	17.664	18.088	18.513	18.938	19.363	19.788	20.214
500	20.640	21.066	21.493	21.919	22.346	22.772	23.198	23.624	24.050	24.476
600	24.902	25.327	25.751	26.176	26.599	27.022	27.445	27.867	28.288	28.709
700	29.128	29.547	29.965	30.383	30.799	31.214	31.629	32.042	32.455	32.866
800	33.277	33.686	34.095	34.502	34.909	35.314	35.718	36.121	36.524	36.925
900	37.325	37.724	38.122	38.519	38.915	39.310	39.703	40.096	40.488	40.879
1000	41.269	41.657	42.045	42.432	42.817	43.202	43.585	43.968	44.349	44.729
1100	45.108	45.486	45.863	46.238	46.612	46.985	47.356	47.726	48.095	48.462
1200	48.828	49.192	49.555	49.916	50.276	50.633	50.990	51.344	51.697	52.049
1300	52.398	53.093	53.093	53.439	53.782	54.125	54.466	54.807		

附录 B　热电阻分度表

（一）铂热电阻分度表

Pt$_{100}$ 型热电阻分度表　　　　Pt$_{100}$ $R(0℃)=100.00\Omega$　　　　整 10℃ 电阻值 Ω

电阻值/Ω　分度/℃　测量端温度	0	10	20	30	40	50	60	70	80	90
0	100	103.9	107.79	111.67	115.54	119.4	123.24	127.08	130.9	134.71
100	138.51	142.29	146.07	149.83	153.58	157.33	161.05	164.77	168.48	172.17
200	175.86	179.53	183.19	186.84	190.47	194.1	197.71	201.31	204.9	204.48
300	212.05	215.61	219.15	222.68	226.21	229.72	233.21	236.7	240.18	243.64
400	247.09	250.53	253.96	257.38	260.78	264.18	267.56	270.93	274.29	277.64

续表

电阻值/Ω　　分度/℃ 测量端温度	0	10	20	30	40	50	60	70	80	90
500	280.98	284.3	287.62	290.92	294.21	297.49	300.75	304.01	307.25	310.49
600	313.71	316.92	320.12	323.3	326.48	329.64	332.79	335.93	339.06	342.18
700	345.28	348.38	351.46	354.53	357.59	360.64	363.67	366.7	369.71	372.71
800	375.7	378.68	381.65	384.6	387.55	390.48				

(二) 铜热电阻分度表

温度/℃	Cu_{50} 电阻值/Ω	Cu_{100} 电阻值/Ω	温度/℃	Cu_{50} 电阻值/Ω	Cu_{100} 电阻值/Ω
−50	39.24	78.49	60	62.84	125.68
−40	41.40	82.80	70	64.98	129.96
−30	43.55	87.10	80	67.12	134.24
−20	45.70	91.40	90	69.26	138.52
−10	47.85	95.70	100	71.40	142.80
0	50.00	100.00	110	73.54	147.08
10	52.14	104.28	120	75.68	151.36
20	54.28	108.56	130	77.83	155.66
30	56.42	112.84	140	79.98	159.96
40	58.56	117.12	150	82.13	164.27
50	60.70	121.40			

附录 C 部分中英文技术术语对照表

中　文	英　文	中　文	英　文
被动视觉传感器	Passive Vision Sensor,PVS	量程	range
比色高温计	Colorimetric pyrometer	灵敏度	sensibility
标定	standardization	流量计	Flowmeter
差动变压器	Differential Transformer	满量程输出	Full Scale Output,FSO
长线传输	Long-Line Transmission,LLT	敏感元件	Sensitive Element
重复性	repeatability	热电偶	Thermocouple
超声波位置传感器	Ultrasonic Position Sensor	热电阻	Resistance Temperature Detector
超声流量传感器	Ultrasonic Flow Sensor	热风速计	Thermal Anemometer
迟滞	lag	热敏电阻	Thermistor
尺烛光	Footcandle,fc	容积式流量传感器	Positive Displacement Flow Sensor
传递函数	transfer function	射频电容	RF Capacitance
传感器	sensor	摄氏温标	Celsius Temperature Scale
磁性位置传感器	Magnetic Position Sensor	生物相容性	Biocompatibility
磁致伸缩	Magnetostrictive	石英晶体	Quartz Crystal

续表

中　文	英　文	中　文	英　文
大规模集成电路	Large Scale Integrated circuit,LSI	识别	Identification
电磁兼容	Electro-Magnetic Compatibility,EMC	视场	Field
电磁骚扰	Electro-Magnetic Interference,EMI	输入失调电压	Input Offset Voltage,VOS
电磁式流量传感器	Electromagnetic Flow Sensor	伺服加速度传感器	Servo Acceleration Sensor
电荷耦合元件	Charge Coupled Device,CCD	条形码	Bar Code
电容加速度传感器	Capacitive Acceleration Sensor	微波雷达	Microwave Radar
服务机器人	Service Robot,SR	微环境	Microenvironment
辐射温度计	Radiation Thermometer	微机电系统 MEMS	Micro Electro Mechanical Systems
固态图像传感器	Solid Image Sensor	位置传感器	Position Sensor
光电高温计	Photoelectric pyrometer	温度	Temperature
光探测器	Optical Detector	温度漂移	temperature drift
光纤	Optical Fiber	涡衔流量传感器	Vortex-Shedding Sensor
光学高温计	Optical Pyrometer	涡轮流量传感器	Turbine-Based Flow Sensor
光栅传感器	Optical Grating Transducer	无线传感器网络	Wireless Sensor Network,WSN
国际温标	International Temperature Scale	无线射频识别	Radio Frequency Identification Devices,RFID
红外测温仪	Infrared pyrometer	限位开关	Limit Switch
互换性	Interchangeability	线性度	Degree of Linearity
华氏温标	Fahrenheit Temperature Scale	像素	Pixel
机器人	Robot	校准	Calibration
机器视觉	Machine Vision	压电传感器	Piezoelectric Sensors
加速度	Acceleration	压电加速度传感器	Piezoelectric Accelerometer
加速度传感器	Acceleration Transducer	压电效应	Piezoelectricity
角位移传感器	Angular Displacement Sensor	压力	Pressure
接近传感器	Proximity Transducer	液位传感器	Level Sensor
节点	Node	应变片	Strain Gage
精度	precision	阅读器	Browser
精度传递原则	Accuracy Transmission Principle,ATP	运动传感器	Motion Sensor
静区	Dead Zone	噪声	Noise
矩形波	Rectangular Wave	质量流量计	Mass Flowmeter
开尔文温标	Kelvin Temperature Scale	逐次逼近型	Successive Approximation Register,SAR
可编程逻辑控制器	Programmable Logic Controller,PLC	主动视觉传感器	Active Vision Sensor,AVS
力	Force	阻抗匹配	Impedance Matching,IM

附录 D　部分传感器检定国家标准

<table>
<tr><td colspan="2" align="center">（一）力测量传感器仪表常用标准</td></tr>
<tr><td>GB/T 28855—2012</td><td>硅基压力传感器</td></tr>
<tr><td>GB/T 28854—2012</td><td>硅电容式压力传感器</td></tr>
<tr><td>GB/T 20522—2006</td><td>半导体器件 压力传感器</td></tr>
<tr><td>GB/T 18806—2002</td><td>电阻应变式压力传感器总规范</td></tr>
<tr><td>GB/T 15478—1995</td><td>压力传感器性能试验方法</td></tr>
<tr><td>JJG 860—2015</td><td>压力传感器(静态)检定规程</td></tr>
<tr><td>JJF 1509—2015</td><td>电阻应变式压力传感器型式评价大纲</td></tr>
<tr><td>JB/T 11206—2011</td><td>硅压阻式微型、薄型压力传感器</td></tr>
<tr><td>JJG 391—2009</td><td>力传感器检定规程</td></tr>
<tr><td>QC/T 822—2009</td><td>汽车用发动机润滑油压力传感器</td></tr>
<tr><td>JB/T 7482—2008</td><td>压电式压力传感器</td></tr>
<tr><td>JB/T 6170—2006</td><td>压力传感器</td></tr>
<tr><td>JB/T 5537—2006</td><td>半导体压力传感器</td></tr>
<tr><td>JJG 624—2005</td><td>动态压力传感器检定规程</td></tr>
<tr><td>JB/T 6172—2005</td><td>压力传感器系列型谱</td></tr>
<tr><td>JB/T 7483—2005</td><td>半导体电阻应变式力传感器</td></tr>
<tr><td>JJG(民航)0078—2004</td><td>F80218-42 型力传感器轮转向控制测试仪检定规程</td></tr>
<tr><td>SJ 54409/1—2003</td><td>CY-YZ-002 型抗电磁干扰动态压力传感器详细规范</td></tr>
<tr><td>JB/T 9451—1999</td><td>大气压力传感器试验导则</td></tr>
<tr><td>SJ 20721—1998</td><td>压力传感器总规范</td></tr>
<tr><td>JJG(机械)106—1992</td><td>应变式压力传感器检定规程</td></tr>
<tr><td>JB/T 5493—1991</td><td>电阻应变式压力传感器</td></tr>
<tr><td>JJG 632—1989</td><td>动态力传感器检定规程</td></tr>
<tr><td>JJF(航空)005—1983</td><td>压力传感器(静态)检定方法</td></tr>
<tr><td>JJF(航空)009—1983</td><td>线值压力传感器主要静态性能指标计算方法</td></tr>
<tr><td>ISO/TS 17242—2014</td><td>皮带力传感器准静态校准程序</td></tr>
<tr><td>VDI/VDE/DKD 2638—2008</td><td>力传感器参数、术语和定义</td></tr>
<tr><td>DIN 16086—2006</td><td>压力电气测量仪器——压力传感器、压力互感器、压力计、概念</td></tr>
<tr><td>DIN 75553—1992</td><td>压力传感器</td></tr>
<tr><td>JIS T3323—2013</td><td>压力传感器</td></tr>
<tr><td>NF R12-651—1984(R2009)</td><td>液压制动设备的压力传感器</td></tr>
<tr><td colspan="2" align="center">（二）流量测量仪表常用标准</td></tr>
<tr><td>JJG 736—2012</td><td>气体层流流量传感器检定规程</td></tr>
<tr><td>JJF 1314—2011</td><td>气体层流流量传感器型式评价大纲</td></tr>
<tr><td>JB/T 9246—1999</td><td>涡轮流量传感器</td></tr>
<tr><td>JB/T 9249—1999</td><td>涡街流量传感器</td></tr>
<tr><td>JB/T 6807—1993</td><td>插入式涡街流量传感器</td></tr>
<tr><td>JB/T 5325—1991</td><td>均速管流量传感器</td></tr>
<tr><td>DB42/T 991—2014</td><td>汽车空气质量流量传感器技术条件</td></tr>
</table>

续表

（二）流量测量仪表常用标准

GB/T 31130—2014	科里奥利质量流量计
GB 30439.5—2013	工业自动化产品安全要求——第5部分　流量计的安全要求
GB/T 18604—2014	用气体超声流量计测量天然气流量
GB/T 30500—2014	气体超声流量计使用中检验——声速检验法
GB/T 9109.2—2014	石油和液体石油产品动态计量——第2部分　流量计安装技术要求
GB/T 29818—2013	基于HART协议的质量流量计通用技术条件
GB/T 29815—2013	基于HART协议的电磁流量计通用技术条件
GB/T 28848—2012	智能气体流量计
GB/T 25922—2010	封闭管道中流体流量的测量
GB/T 22133—2008	流体流量测量——流量计性能表述方法
GB/T 21446—2008	用标准孔板流量计测量天然气流量
GB/T 21391—2008	用气体涡轮流量计测量天然气流量
GB/T 20728—2006	封闭管道中流体流量的测量——科里奥利流量计的选型、安装和使用指南
GB/T 20729—2006	封闭管道中导电液体流量的测量——法兰安装电磁流量计、总长度
GB/T 18940—2003	封闭管道中气体流量的测量——涡轮流量计
GB/T 18659—2002	封闭管道中导电液体流量的测量——电磁流量计的性能评定方法
GB/T 18660—2002	封闭管道中导电液体流量的测量——电磁流量计的使用方法
JJF 1510—2015	靶式流量计型式评价大纲
CJ/T 364—2011	管道式电磁流量计在线校准要求
JJG 1038—2008	科里奥利质量流量计检定规程
JJG 1037—2008	涡轮流量计检定规程
JJG 2063—2007	液体流量计器具检定系统表检定规程
JJG 1033—2007	电磁流量计检定规程
HJ/T 15—2007	环境保护产品技术要求——超声波明渠污水流量计
HJ/T 366—2007	环境保护产品技术要求——超声波管道流量计
HJ/T 367—2007	环境保护产品技术要求——电磁管道流量计
JJG 1029—2007	涡街流量计检定规程
JJG 1030—2007	超声流量计检定规程
JJF 1004—2004	流量计量名词术语及定义
JB/T 9248—1999	电磁流量计
CJ/T 3063—1997	给排水用超声流量计（传播速度差法）
MT/T 525—1995	LCZ-80型微电脑超声波流量计
MT/T 526—1995	LCD系列多普勒超声波流量计
JJG 897—1995	质量流量计
JJG 640—1994	差压式流量计检定规程

（三）液位测量仪表常用标准

GB/T 24960—2010	冷冻轻烃流体、液化气储罐内液位的测量——电容液位计
GB/T 21117—2007	磁致伸缩液位计
CB/T 3665—2013	CB/T 3665—2013
JB/T 7340—2007	液位检测器
JJG 971—2002	液位计检定规程
HG/T 21584—1995	磁性液位计

（三）液位测量仪表常用标准

HYS 2—1989	明渠污水流量计、液位计暂行技术要求
BS 3680-7—1971	明渠液体流量测量——液位测量设备规范
DIN EN 12178—2004	电力变压器和电抗器组件——第5部分 液位表、压力计、液流计、压力释放装置和脱水呼吸器
NF EN 50216-5—2002	功率变压器和电抗器配件——第5部分 液位计、压力装置和流量指示器
GOST 28725—1990	液位及散碎物位面测量仪表——一般技术要求和试验方法
GOST 26021—1983	汽车用电动燃料液位指示器——技术要求和试验方法

（四）温度测量仪表常用标准

GB/T 30825—2014	热处理温度测量
GB/T 30103.1—2013	冷库热工性能试验方法——第1部分 温度和湿度检测
GB/T 28473.2—2012	工业过程测量和控制系统用温度变送器——第2部分 性能评定方法
GB/T 28473.1—2012	工业过程测量和控制系统用温度变送器——第1部分 通用技术条件
GB/T 28215—2011	温度计用玻璃
GB/T 25475—2010	工业自动化仪表：术语—温度仪表
GB/T 19146—2010	红外人体表面温度快速筛检仪
GB/T 24959—2010	冷冻轻烃流体：液化气储罐内温度的测量：电阻温度计和热电偶
GB/T 5170.2—2008	电工电子产品环境试验设备检验方法：温度试验设备
GB/T 19900—2005	金属铠装温度计元件的尺寸
GB/T 19901—2005	温度计检测元件的金属套管：实用尺寸
GB/T 6148—2005	精密电阻合金电阻温度系数测试方法
GB/T 7153—2002	直热式阶跃型正温度系数热敏电阻器——第1部分 总规范
GB/T 7154.2—2003	直热式阶跃型正温度系数热敏电阻器——第2部分 加热元件
GB/T 4067—1999	金属材料电阻温度特征参数的测定
GB/T 5977—1999	电阻温度计用铂丝
GB/T 1425—1996	贵金属及其合金熔化温度范围的测定——热分析试验方法
JB/T 12021.4—2014	智能仪表可靠性试验与评估——第4部分 智能温度变送器可靠性试
JJG 858—2013	标准铑铁电阻温度计检定规程
JJF 1366—2012	温度数据采集仪校准规范
JJF 1309—2011	温度校准仪校准规范
JJF(浙)1037—2009	辐射温度变送器校准规范
JJF(民航)0049—2009	H294、H394型温度测试仪
JB/T 7486—2008	温度传感器系列型谱
QB/T 2909—2007	温度压力安全保护阀
JJF 1007—2007	温度计量名词术语及定义
JJF 1183—2007	温度变送器校准规范
QC/T 208—2007	汽车用温度报警器
JJF 1184—2007	热电偶检定炉温度场测试技术规范
JJG 160—2007	标准铂电阻温度计检定规程
JJF 1178—2007	用于标准铂电阻温度计的固定点装置校准规范
JJF 1170—2007	负温度系数低温电阻温度计校准规范
JJG 874—2007	温度指示控制仪检定规程
JJF(浙)1003—2007	温度校准器校准规范

（四）温度测量仪表常用标准

QX/T 24—2004	气象用铂电阻温度传感器
JJG 985—2004	高温铂电阻温度计工作基准装置检定规程
JJG 213—2003	分布(颜色)温度标准灯检定规程
JJG 67—2003	工作用全辐射温度计检定规程
JJF 1107—2003	测量人体温度的红外温度计校准规范
SJ 20847—2002	宽温度范围液晶材料规范
TB/T 3057—2002	机车轴承温度监测报警装置技术条件
JJG 415—2001	工作用辐射温度计检定规程
SJ/T 10798—2000	电子元器件详细规范——MF11 型直热式负温度系数热敏电阻器
SJ/T 10799—2000	电子元器件详细规范——MF53-1 型直热式负温度系数热敏电阻
JJG 951—2000	模拟式温度指示调节仪检定规程
JB/T 9240—1999	比色温度计
JB/T 9231—1999	动圈式温度指示仪——桥式电阻、标度设计计算导则
JB/T 9474—1999	正温度系数热敏电阻器
JB/T 9475—1999	临界温度热敏电阻器
JB/T 9477.1—1999	直热式普通用负温度系数热敏电阻器
JB/T 9477.2—1999	直热式测温型负温度系数热敏电阻器
JB/T 9477.3—1999	直热式稳压型负温度系数热敏电阻器
JB/T 9477.4—1999	旁热式负温度系数热敏电阻器
JB/T 9266—1999	显示仪表温度测量范围
SJ 20722—1998	热电阻温度传感器总规范
JJF 1049—1995	温度传感器动态响应校准
JB/T 7696.3—1995	工程机械用温度表
JB/T 7386.1—1994	工业自动化仪表术语——温度仪表
JJF 1217—1990	90.188~273.15K 温度副基准操作技术规范
JJG 350—1994	标准套管铂电阻温度计
JJG 855—1994	数字式量热温度计
JJG 856—1994	500℃以下工作用辐射温度计
YB/T 5244—1993	正温度系数恒弹性合金 3J63
JJG(机械)94—1992	数字温度测量仪检定规程
SJ 20275—1993	正温度系数热敏电阻器详细规范
SJ 20276—1993	MZ11A 型正温度系数热敏电阻器详细规范
SJ 20047—1992	MF11 型负温度系数热和敏电阻器详细规范
JJG 2030—1989	色温度(分布温度)计量器具检定系统
SJ 2709—1986	印制板组装件温度测试方法
SJ 2028.2—1983	MZ61 型控温用正温度系数热敏电阻器
SJ 2028.1—1983	MZ11 型补偿用正温度系数热敏电阻器

（五）加速度测量仪表常用标准

GB/T 18029.6—2009	轮椅车——第 6 部分　电动轮椅车最大速度、加速度和减速度的测定
GB/T 13823.20—2008	振动与冲击传感器的校准方法——加速度计谐振测试——通用方法
GB/T 14412—2005	机械振动与冲击——加速度计的机械安装
GB/T 13823.12—1995	振动与冲击传感器的校准方法——安装在钢块上的无阻尼加速度计

续表

（五）加速度测量仪表常用标准

JB/T 10237—2014	滚动轴承——圆锥滚子轴承振动(加速度)技术条件
JB/T 5314—2013	滚动轴承——振动(加速度)测量方法
JJF 1427—2013	微机电(MEMS)线加速度计校准规范
JJF 1426—2013	双离心机法线加速度计动态特性校准规范
JJF 1371—2012	加速度型滚动轴承振动测量仪校准规范
JJG 1071—2011	线加速度计检定装置(重力场法)
JB/T 8923—2010	滚动轴承——钢球振动(加速度)技术条件
JJG 233—2008	压电加速度计检定规程
JJG 791—2006	冲击力法冲击加速度校准装置
JJF 1116—2004	线加速度计的精密离心机校准规范
SJ 20811/1—2002	CA-YZ-001 型压阻式冲击振动加速度传感器详细规范
SJ 20811—2002	压阻式加速度传感器总规范
JB/T 6822—1993	压电式加速度传感器
JB/T 6825—1993	电阻应变式加速度传感器
JB/T 5516—1991	加速度计校准仪——技术条件
ISO 2669—1995	航空器设备的环境试验——稳态加速度
BS 6955-22—1997	振动和冲击拾音器的校正——加速度计共振试验 一般方法
KS C 0238—2001	环境试验方法(电气,电子)加速度试验方法
KS W 0924—1999	航空器环境试验——正常加速度
KS B 0714—2001	机械振动及冲击——加速度计的机械设计
AS 3696.6—1990	轮椅——第 6 部分 电动轮椅最大速度,加速度和减速的测定 ISO
HB 6167.16—2014	民用飞机机载设备环境条件和试验方法——第 16 部分 加速度试验
JJG(海洋)04—2003	重力加速度式波浪浮标检定规程
DB34/T 1485—2011	汽车用主动安全加速度传感器
DIN EN 3841-508—2005	航空和航天断流器试验方法——第 508 部分 离心加速度
BS ISO 16063-42—2014	振动和冲击传感器校准方法——采用重力加速度的高精度地震仪校准

（六）位置和运动测量常用仪表

SJ 20956—2006	接近开关通用规范
IEC 62323—2005	感应接近开关用铁氧体制成的半罐形磁芯的尺寸
ASTM F2071—2000	光纤接近开关(非接触式)或限制开关(机械接触)规格
DIN EN 60947-5-2—2008	低压开关设备和控制设备——第 5 部分 控制电路电器和开关元件
BS EN 60947-5-2—1999	低压开关设备和控制设备规范——控制电路设备和开关元件 接近开关
JC/T 2141—2012	节气门位置传感器厚膜陶瓷电阻板
SN/T 1431.7—2013	进出口低压电器检验规程——第 7 部分 行程开关
CB/T 4338—2013	船用隔爆型行程开关
MT 719—2007	煤矿用隔爆型行程开关
JB/T 5553—2006	行程开关
JB/T 4313—1986	隔爆型行程开关
NF C63-145—1986(R2011)	低压工业设备,控制辅助元件,有金属外壳的行程开关的质量标准
JB/T 11503—2013	球栅线位移传感器
JB/T 10030—2012	光栅线位移测量装置
JB/T 8371—2012	容栅线位移测量系统——数显组件

（六）位置和运动测量常用仪表

JB/T 10037—2012	磁栅线位移测量系统
JB/T 10080.1—2011	光栅线位移测量系统——第 1 部分　光栅数字显示仪表
JB/T 9943—2011	磁栅线位移传感器
JB/T 10080.2—2011	光栅线位移测量系统——第 2 部分　光栅线位移传感器
JJF 1305—2011	线位移传感器校准规范
JJG 341—1994	光栅线位移测量装置
ASTM F2537—2006(2011)	微动作测量用线位移传感器系统校准规程
JJF(机械)007—2008	长度至 1000mm 玻璃光栅线位移标准尺校准规范
JJF(机械)006—2008	分离式光栅线位移测量系统校准规范

参 考 文 献

[1] 崔宏敏,陈关君,董加国,等.压力传感器的电磁兼容设计[J].传感器与微系统,2004,6(23):27-29.

[2] 陈天殷.汽车电器电磁兼容性及电磁干扰的抑制[J].汽车电器,2007,1(1):56-59.

[3] 魏守水,田力军.超声电机阻抗匹配变压器的设计[J].电机与控制学报,2000,1(4):13-16.

[4] 潘仲明,祝琴.压电换能器阻抗匹配技术研究[J].应用声学,2007,6(26):357-361.

[5] 艾红.多点测温与长线传输在分布式测温系统中的研究[J].自动化仪表,2011,32(2):63-65.

[6] 李忠明.复杂工业现场传感器信号长距离传输研究[J].电气传动自动化,2003,25(4):33-35.

[7] 席文明,郑梅生,颜景平.视觉引导下的机器人跟踪复杂焊缝的研究[J].东南大学学报(自然科学版),2000,30(2):79-83.

[8] 毛鹏军,黄石生,薛家祥,等.弧焊机器人焊缝跟踪系统研究现状及发展趋势[J].电焊机,2001,10(31):9-12.

[9] 毛志伟,张华,郑国云.旋转电弧传感弯曲焊缝移动焊接机器人结构设计[J].焊接学报,2005,11(26):51-54.

[10] 赵燕.传感器原理及应用[M].北京:北京大学出版社,2011.

[11] 张玉莲.传感器与自动检测技术[M].北京:机械工业出版社,2009.

[12] 董建民,李东晶.过程检测仪表[M].北京:电子工业出版社,2014.

[13] 唐文彦.传感器[M].5版.北京:机械工业出版社,2014.

[14] 孙传友,孙胜玉,张一.测控电路及装置[M]北京:北京航空航天大学出版社,2002.

[15] 张朝晖.检测技术及应用[M].2版.北京:中国质检出版社,2011.

[16] 夏银桥,吴亮,李莫.传感器技术及应用[M].武汉:华中科技大学出版社,2011.

[17] 贾民平,张洪亭.测试技术[M].北京:高等教育出版社,2010.

[18] 蔡武昌,孙淮清,纪纲.流量测量方法和仪表的选用[M].北京:化学工业出版社,2002.

[19] 王俊杰,曹丽.传感器与检测技术[M].北京:清华大学出版社,2011.

[20] 姜忠良,陈秀云.温度的测量与控制[M].北京:清华大学出版社,2005.

[21] 耿拥军,张鹏,任建新.质量流量计在油田计量中的应用[J].石油工业技术监督,2001,3(17):25-28.

[22] 魏学业,周永华,祝天龙.传感器应用技术及其范例[M].北京:清华大学出版社,2015.

[23] 王克华,于洪庆,程家明.集输站库原油精密盘库计量系统设计[J].西安石油大学学报(自然科学版),2012,4(7):62-65.

[24] 何晓龙.水泥配料自动化系统的研制[D].南京:南京理工大学,2007.

[25] 谢孝宏,王永强,刘润华.超声波流量计在输油管道泄漏检测与定位系统中的应用[J].石油化工自动化,2007,2:78-81.

[26] 梁富琳,陈远明,邱守强,等.基于海事卫星C站的船舶燃油监测系统设计[J].制造业自动化,2014,36(7):136-139.

[27] 徐科军.传感器与检测技术[M].3版.北京:电子工业出版社,2011.

[28] 王倢婷.传感器应用技术[M].北京:中国劳动社会保障出版社,2012.

[29] 夏伟强.传感器技术发展的新进展[J].计测技术,2009,29(4):1-4.

[30] [美]Jon S. Wilson.林龙信等.传感器技术手册[M].北京:人民邮电出版社,2009.

[31] 孙宝元,杨宝清.传感器及其应用手册[M].北京:机械工业出版社,2004.

[32] 马良珵,冯任贤,徐德炳.应变电测与传感器技术[M].北京:中国计量出版社,1993.

[33] 郑旭初,施昭云,施朝华.超大应变测量中输出线性化问题的解决[J].实验力学,1998,13(2):257-261.

[34] 彭承琳.生物医学传感器-原理与应用[M].重庆:重庆大学出版社,1992.

[35]　陈裕泉.现代传感器原理及应用[M].北京：科学出版社,2007.

[36]　周传德.传感器与测试技术[M].重庆：重庆大学出版社,2009.

[37]　高国富.机器人传感器及其应用[M].北京：化学工业出版社,2005.

[38]　宋文绪.传感器与检测技术[M].北京：高等教育出版社,2004.

[39]　王平.现代生物医学传感技术[M].杭州：浙江大学出版社,2003.

[40]　陈照章,朱湘临.光电测速传感器及其信号调理电路[J].传感器技术.2002,8(18)：53-55.

[41]　曾光宇,李博、杨湖,等.现代传感器技术与应用基础[M].北京：北京理工大学出版社,2006.

[42]　叶卿,徐建闽,林培群.基于计算机视觉的停车位车辆存在性检测方法[J].交通信息与安全,2014,6(32)：39-43.

[43]　吕海洋.基于 GMR 传感器的无线车辆检测系统研究与设计[D].杭州：杭州电子科技大学,2013.

[44]　Giuffrè T,Siniscalchi S M,Tesoriere G. A novel architecture of parking management for smart cities[J].Procedia-Social and Behavioral Sciences,2012,53：10-15.

[45]　王元庆.新型传感器原理及应用[M].北京：机械工业出版社,2002.

[46]　 Kohn D,Schillinger J. Stroke sensing device[C]//Proceeding of International Solid sensor and Actuators Conference,418-422,1988.

[47]　郁有文,常健,程继红.传感器原理及工程应用[M].西安：西安电子科技大学出版社.2008.

[48]　王玮,沈继忠.基于磁阻传感器的低功耗车辆检测技术研究[J].电路与系统,2014.

[49]　刘迎春,叶湘滨.现代新型传感器原理与应用[M].北京：国防工业出版社,1998.

[50]　周润景,等.Multisim 和 LabVIEW 电路与虚拟仪器设计技术[M].北京：北京航空航天大学出版社,2014.

图 书 资 源 支 持

感谢您一直以来对清华大学出版社图书的支持和爱护。为了配合本书的使用，本书提供配套的资源，有需求的读者请扫描下方的"书圈"微信公众号二维码，在图书专区下载，也可以拨打电话或发送电子邮件咨询。

如果您在使用本书的过程中遇到了什么问题，或者有相关图书出版计划，也请您发邮件告诉我们，以便我们更好地为您服务。

我们的联系方式：

教学资源·教学样书·新书信息

地　　址：北京市海淀区双清路学研大厦 A 座 701

邮　　编：100084

电　　话：010-83470236　010-83470237

人工智能科学与技术
人工智能|电子通信|自动控制

资源下载：http://www.tup.com.cn

资料下载·样书申请

客服邮箱：tupjsj@vip.163.com

QQ：2301891038（请写明您的单位和姓名）

书圈

用微信扫一扫右边的二维码，即可关注清华大学出版社公众号。